危险化学品安全丛书
（第二版）

“十三五”
国家重点出版物出版规划项目

应急管理部化学品登记中心
中国石油化工股份有限公司青岛安全工程研究院
清华大学
组织编写

危险化学品储运

王凯全　时静洁　袁雄军　黄　涛　等 编著

化学工业出版社
·北京·

内 容 简 介

《危险化学品储运》是“危险化学品安全丛书”（第二版）的一个分册。本书以系统安全认识论和方法论为引导，以危险化学品的储存、运输过程安全为重点，简要介绍了危险化学品储运管理技术的现状和进展、危险化学品储运系统安全原理，详细说明了危险化学品储运包装物及相关标志、风险特征、安全法规要求，仓储和罐区等储存环节的主要工艺设备、风险特征、安全法规要求，道路、管道、铁路、水路、航空等输送环节的主要风险特征、安全法规要求。同时，也归纳、阐述了国内外储运企业安全管理和安全技术的最新成果，分析了我国危险化学品储运典型事故案例。

本书可供从事危险化学品包装、经营、储存、运输、生产、使用等方面的技术人员和管理人员使用，也可为安全工程、化学工程等领域的研究和工作人员参考。

图书在版编目（CIP）数据

危险化学品储运/应急管理部化学品登记中心，中国石油化工股份有限公司青岛安全工程研究院，清华大学组织编写；王凯全等编著．—北京：化学工业出版社，2020.12（2024.8 重印）

（危险化学品安全丛书：第二版）

“十三五”国家重点出版物出版规划项目

ISBN 978-7-122-38303-7

Ⅰ.①危…　Ⅱ.①应…②中…③清…④王…　Ⅲ.①化工产品-危险物品管理-贮运　Ⅳ.①TQ086.5

中国版本图书馆 CIP 数据核字（2020）第 272508 号

责任编辑：高　震　杜进祥　　　　文字编辑：段曰超　林　丹

责任校对：宋　夏　　　　装帧设计：韩　飞

出版发行：化学工业出版社（北京市东城区青年湖南街 13 号　邮政编码 100011）

印　　装：北京机工印刷厂有限公司

710mm×1000mm　1/16　印张 22　字数 382 千字　2024 年 8 月北京第 1 版第 6 次印刷

购书咨询：010-64518888　　　　售后服务：010-64518899

网　　址：http://www.cip.com.cn

凡购买本书，如有缺损质量问题，本社销售中心负责调换。

定　　价：**99.00 元**

“危险化学品安全丛书”（第二版）编委会

丛书序言

人类的生产和生活离不开化学品（包括医药品、农业杀虫剂、化学肥料、塑料、纺织纤维、电子化学品、家庭装饰材料、日用化学品和食品添加剂等）。化学品的生产和使用极大丰富了人类的物质生活，推进了社会文明的发展。如合成氨技术的发明使世界粮食产量翻倍，基本解决了全球粮食短缺问题；合成染料和纤维、橡胶、树脂三大合成材料的发明，带来了衣料和建材的革命，极大提高了人们生活质量……化学工业是国民经济的支柱产业之一，是美好生活的缔造者。近年来，我国已跃居全球化学品第一生产和消费国。在化学品中，有一大部分是危险化学品，而我国危险化学品安全基础薄弱的现状还没有得到根本改变，危险化学品安全生产形势依然严峻复杂，科技对危险化学品安全的支撑保障作用未得到充分发挥，制约危险化学品安全状况的部分重大共性关键技术尚未突破，化工过程安全管理、安全仪表系统等先进的管理方法和技术手段尚未在企业中得到全面应用。在化学品的生产、使用、储存、销售、运输直至作为废物处置的过程中，由于误用、滥用，化学事故处理或处置不当，极易造成燃烧、爆炸、中毒、灼伤等事故。特别是天津港危险化学品仓库“8·12”爆炸及江苏响水“3·21”爆炸等一些危险化学品的重大着火爆炸事故，不仅造成了重大人员伤亡和财产损失，还造成了恶劣的社会影响，引起党中央国务院的重视和社会舆论广泛关注，使得“谈化色变”“邻避效应”以及“一刀切”等问题日趋严重，严重阻碍了我国化学工业的健康可持续发展。

危险化学品的安全管理是当前各国普遍关注的重大国际性问题之一，危险化学品产业安全是政府监管的重点、企业工作的难点、公众关注的焦点。危险化学品的品种数量大，危险性类别多，生产和使用渗透到国民经济各个领域以及社会公众的日常生活中，安全管理范围包括劳动安全、健康安全和环境安全，危险化学品安全管理的范围包括从“摇篮”到“坟墓”的整个生命周期，即危险化学品生产、储存、销售、运输、使用以及废弃后的处理处置活动。“人民安全是国家安全的基石。”过去十余年来，科技部、国家自然科学基金委员会等围绕危险化学品安全设置了一批重大、重点项目，取得了示范性成果，愈来愈多的国内学者投身于危险化学品安全领域，推动了危险化学品安全技术与管理方法的不断创新。

自2005年“危险化学品安全丛书”出版以来，经过十余年的发展，危险化学品安全技术、管理方法等取得了诸多成就，为了系统总结、推广普及危险化学品安全领域的新技术、新方法及工程化成果，由应急管理部化学品登记中心、中国石油化工股份有限公司青岛安全工程研究院、清华大学联合组织编写了“十三五”国家重点出版物出版规划项目“危险化学品安全丛书”（第二版）。

丛书的编写以党的十九大精神为指引，以创新驱动推进我国化学工业高质量发展为目标，紧密围绕安全、环保、可持续发展等迫切需求，对危险化学品安全新技术、新方法进行阐述，为减少事故，践行以人民为中心的发展思想和“创新、协调、绿色、开放、共享”五大发展理念，树立化工（危险化学品）行业正面社会形象意义重大。丛书全面突出了危险化学品安全综合治理，着力解决基础性、源头性、瓶颈性问题，推进危险化学品安全生产治理体系和治理能力现代化，系统论述了危险化学品从“摇篮”到“坟墓”全过程的安全管理与安全技术。丛书包括危险化学品安全总论、化工过程安全管理、化学品环境安全、化学品分类与鉴定、工作场所化学品安全使用、化工过程本质安全化设计、精细化工反应风险与控制、化工过程安全评估、化工过程热风险、化工安全仪表系统、危险化学品储运、危险化学品消防、危险化学品企业事故应急管理、危险化学品污染防治等内容。丛书是众多专家多年潜心研究的结晶，反映了当今国内外危险化学品安全领域新发展和新成果，既有很高的学术价值，又对学术研究及工程实践有很好的指导意义。

相信丛书的出版，将有助于读者了解最新、较全的危险化学品安全技术和管理方法，对减少事故、提高危险化学品安全科技支撑能力、改变人们“谈化色变”的观念、增强社会对化工行业的信心、保护环境、保障人民健康安全、实现化工行业的高质量发展具有重要意义。

中国工程院院士 陈丙珍

中国工程院院士 [签名]

2020年10月

丛书第一版序言

危险化学品，是指那些易燃、易爆、有毒、有害和具有腐蚀性的化学品。危险化学品是一把双刃剑，它一方面在发展生产、改变环境和改善生活中发挥着不可替代的积极作用；另一方面，当我们违背科学规律、疏于管理时，其固有的危险性将对人类生命、物质财产和生态环境的安全构成极大威胁。危险化学品的破坏力和危害性，已经引起世界各国、国际组织的高度重视和密切关注。

党中央和国务院对危险化学品的安全工作历来十分重视，全国各地区、各部门和各企事业单位为落实各项安全措施做了大量工作，使危险化学品的安全工作保持着总体稳定，但是安全形势依然十分严峻。近几年，在危险化学品生产、储存、运输、销售、使用和废弃危险化学品处置等环节上，火灾、爆炸、泄漏、中毒事故不断发生，造成了巨大的人员伤亡、财产损失及环境重大污染，危险化学品的安全防范任务仍然相当繁重。

安全是和谐社会的重要组成部分。各级领导干部必须树立以人为本的执政理念，树立全面、协调、可持续的科学发展观，把人民的生命财产安全放在第一位，建设安全文化，健全安全法制，强化安全责任，推进安全科技进步，加大安全投入，采取得力的措施，坚决遏制重特大事故，减少一般事故的发生，推动我国安全生产形势的逐步好转。

为防止和减少各类危险化学品事故的发生，保障人民群众生命、财产和环境安全，必须充分认识危险化学品安全工作的长期性、艰巨性和复杂性，警钟长鸣，常抓不懈，采取切实有效措施把这项“责任重于泰山”的工作抓紧抓好。必须对危险化学品的生产实行统一规划、合理布局和严格控制，加大危险化学品生产经营单位的安全技术改造力度，严格执行危险化学品生产、经营销售、储存、运输等审批制度。必须对危险化学品的安全工作进行总体部署，健全危险化学品的安全监管体系、法规标准体系、技术支撑体系、应急救援体系和安全监管信息管理系统，在各个环节上加强对危险化学品的管理、指导和监督，把各项安全保障措施落到实处。

做好危险化学品的安全工作，是一项关系重大、涉及面广、技术复杂的系统工程。普及危险化学品知识，提高安全意识，搞好科学防范，坚持化害为利，是各级党委、政府和社会各界的共同责任。化学工业出版社组织编写的“危险化学品安全丛书”，围绕危险化学品的生产、包装、运输、储存、营销、使用、消防、事故应急处理等方面，系统、详细地介绍了相关理论知识、先进工艺技术和科学管理制度。相信这套丛书的编辑出版，会对普及危险化学品基本知识、提高从业人员的技术业务素质、加强危险化学品的安全管理、防止和减少危险化学品事故的发生，起到应有的指导和推动作用。

李毅中

2005 年 5 月

前言

危险化学品是指具有毒害、腐蚀、爆炸、燃烧、助燃等性质，对人体、设施、环境具有危害的剧毒化学品和其他化学品，是化学工业的重要原料或产品。我国作为世界上最大的化学品生产国，随着化学工业的迅速发展，危险化学品种类更加多样、性质更复杂、涉及范围更广，且产量快速增加。

危险化学品的储存、运输虽属于非生产性过程，却是危险化学品生命周期中不可或缺且反复出现的环节。任何生产、经营、使用危险化学品的企业内部、上下游的企业之间、生产领域向消费领域转移的过程中，都不可避免地要进行危险化学品的储存和运输。在化学工业迅速发展的进程中，危险化学品的储存、运输规模日益集中化、扩大化，运输方式日益多样化、复杂化。

安全是危险化学品储存运输环节的首要问题。相对生产过程而言，危险化学品储运具有更加复杂、多元的危险因素和更加严重、较难控制的事故风险。在储存和运输过程中，一方面，危险化学品数量高度集中，位置频繁移动，物理状态经常改变，自然环境复杂难料，安全防范措施相对较弱；另一方面，储运场所和作业过程与人们的社会生活的相关性更加密切、更加多元，危险化学品的“危险性”也就暴露得更加充分。因此，储运环节较危险化学品生产过程事故发生的频率更高，对人员、财产、环境、社会所产生的危害更严重。据统计，发生在危险化学品储运等非生产性环节的事故占全部危险化学品事故的90%以上。近年来发生的一系列重特大事故，如沈海高速温岭大溪镇槽罐车爆炸事故、江苏响水天嘉宜公司危险化学品爆炸事故、天津瑞海公司危险化学品仓库爆炸事故、青岛东黄输油管道爆炸事故、包茂高速延安段甲醇槽车爆炸事故等，都发生在危险化学品的储存、运输环节，都造成了严重的人员、财产损失及环境灾害和社会影响，严重冲击人民群众的幸福感、安全感。

本书以危险化学品的安全储存和运输为主线，以系统安全理论和方法为引导，深入介绍危险化学品储运的相关技术规范和监管要求、安全管理方法和安全技术措施。在编写上力求做到国内与国外相结合，理论与实践相结合，技术与管理相结合，全面反映当前危险化学品安全储存和运输领域的最新科研成果和生产技术水平。

本书共分为六章。第一章概述了危险化学品及其分类、标志，危险化学品储运的产业地位、国内外技术及管理发展趋势以及系统安全的理论视角和思维方法。

第二～四章分别介绍危险化学品储运各环节风险特征和法规要点。第二章介绍危险化学品包装物种类、标记以及包装环节的风险特征和法规要点；第三章在危险化学品储存风险分析的基础上，介绍危险化学品储存基本安全要求、消防安全要求、专类危险化学品储存和仓库罐区的安全要求以及加油加气站的安全管理要点；第四章在危险化学品运输风险分析的基础上，介绍危险化学品道路运输、管道运输、铁路运输、水路运输、航空运输等相关法律法规的安全要求。

第五、六章主要介绍危险化学品储运企业安全管理与技术。第五章以落实危险化学品储运企业主体责任为中心，对危险化学品储运责任关怀体系构建、企业安全标准化建设规范和评审要点、行为安全管理原理和方法、设备安全管理和措施、事故应急预案管理以及储运过程安全信息化管理等作了较详细的阐述。第六章以实现危险化学品储运企业本质安全化为目标，结合示例介绍了风险评估技术、风险管控和隐患排查技术，简要介绍了危险化学品储运事故防控技术、安全屏障保障技术、静电防治技术、事故应急处置技术等。

另外，在附录部分，分析了我国危险化学品储运事故的典型案例。

本书的编写突出了时代性、权威性、实用性。对我国近年来颁布、修订的相关危险化学品储运的安全法律法规进行了较为系统的梳理，对国内外最新的危险化学品储运安全管理和工程技术经验进行了较为全面的介绍，尽量满足危险化学品储运企业和相关管理部门技术人员的实际需要。

本书由王凯全、时静洁、袁雄军、黄涛、王晓宇、毕海普等同志共同编著，王凯全同志负责本书统稿。本书得到常州大学、化学工业出版社同志们的热情关心、帮助和指导；得到中化国际（控股）股份有限公司方国钰先生、张辉先生的大力支持！同时，书中参考了部分文献和资料，在此对相关作者表示衷心感谢！

由于笔者水平所限，书中难免存在疏漏，诚请同行与读者批评指正。

编著者

2020年12月

目 录

第一章

绪　论

我国是世界第一化工大国，也是危险化学品生产和使用大国。危险化学品与经济、社会发展和人民生活息息相关，难以割舍。危险化学品的生命周期经历了生产、经营、储存、运输、使用、废弃等环节，其中储存、运输是连接危险化学品各环节的中枢和纽带。

危险化学品的储存、运输环节具有数量集中、位置移动、管理责任单位多变、安全防范措施相对较弱、自然环境复杂的特点，存在着发生各类安全事故的危险，存在着对人类自身或生存环境的潜在危害；同时，由于储运过程深入居民生活区域，一旦发生事故对社会危害更大，因此是危险化学品生命周期中事故易发、后果严重的环节。近年来，大部分的危险化学品事故，特别是一些重特大事故，都发生在储运环节。

作为绪论，本章将简要说明危险化学品及其特性、危险化学品储运的基本概念，综合介绍危险化学品储运管理与技术进展，概要阐述危险化学品储运系统安全和风险分析的理念和方法。

第一节　危险化学品储运概述

一、危险化学品

1. 危险化学品的定义

危险化学品是指具有毒害、腐蚀、爆炸、燃烧、助燃等性质，对人体、设施、环境具有危害的剧毒化学品和其他化学品。

在我国，具有实际操作意义的危险化学品，是指国家公布的《危险化学品目录》中的化学品。未在目录中列为危险化学品的应根据危险化学品的分类标准进行技术鉴定，最后由公安、环境保护、卫生、质检等部门确定。

2. 危险化学品与危险货物

在储存和运输环节，由于危险物品、危险货物中除了危险化学品外还包括一些其他具有危险性的货物或物品，因此多称为“危险货物”。《危险货物品名表》（GB 12268—2012）指出，危险货物是具有爆炸、易燃、毒害、感染、腐蚀、放射性等特性，容易造成人身伤亡、财产毁损或者对环境造成危害而需要特别防护的货物。

危险化学品与危险货物的区别在于：

（1）危害的侧重点不同　“危险货物”针对的是该货物的运输环节，强调短期危害性，而“危险化学品”是指它在生产、使用、存储环节中的长期危害性，两者具有必然联系。危险化学品与危险货物中的大部分条目与内容是一致的，但各自也有几百种不在对方的序列中，因此，“危险化学品”不一定就是“危险货物”，而“危险货物”也不一定就是“危险化学品”。

（2）确认的标准不同　危险化学品的确认，国际上是根据联合国统一协调的 GHS 制度（又称“紫皮书”），我国是根据《危险化学品目录》；而“危险货物”的分类和确认，国际上是联合国《关于危险货物运输的建议书：规章范本》的 TDG 制度（又称“橘皮书”），我国是国家标准《危险货物品名表》（GB 12268—2012），它规定了 3495 种危险货物，既包含了“紫皮书”中规定的 2828 项危险化学品中的大多数，也列入了 2828 项以外未列入的第 9 类危险品。

表 1-1 示例说明了两者的区别。

表 1-1　危险化学品与危险货物的区别示例

序号	货物名称	危险化学品	危险货物	说明
1	甲醇	是	是	挥发性液体、易爆、有毒
2	六溴联苯醚	是	否	致癌，短期无明显危害
3	锂电池	否	是	易爆易燃，但不属于化学品范畴
4	氯化钠	否	否	化学稳定性好（食盐的主要成分）
5	二苯基甲烷二异氰酸酯	是	否	低毒，运输中一旦泄漏与水反应，生成脲类化合物，不会造成危害

值得注意的是，在储运环节两者有大致相同的管理要求，但对包装生产企业、销售环节而言，其重点关注的是“危险货物”，而非“危险化学品”。

考虑到本书不以具体的危险物品为研究的对象，故书中一般多用“危险化学品”一词，仅在特别需要区别之处采用“危险货物包装”（即危包）的称谓。

3. 危险化学品重大危险源

国家标准根据危险化学品储存的数量来判定是否属于重大危险源。《危险化学品重大危险源辨识》（GB 18218—2018）规定：危险化学品重大危险源，是指长期地或者临时地生产、搬运、使用或者储存危险物品，且危险物品的数量等于或者超过临界量的单元（包括场所和设施）。

（1）重大危险源的辨识依据

① 危险化学品重大危险源的辨识依据是危险化学品的危险特性及其数量，具体见表 1-2 和表 1-3。

② 危险化学品临界量的确定方法如下：

a. 在表 1-2 范围内的危险化学品，其临界量按表 1-2 确定。

b. 未在表 1-2 范围内的危险化学品，依据其危险性，按表 1-3 确定临界量；若一种危险化学品具有多种危险性，按其中最低的临界量确定。

表 1-2 危险化学品名称及其临界量

序号	危险化学品名称和说明	别名	CAS 号	临界量/t
1	氨	液氨；氨气	7664-41-7	10
2	二氟化氧	一氧化二氟	7783-41-7	1
3	二氧化氮		10102-44-0	1
4	二氧化硫	亚硫酸酐	7446-09-5	20
5	氟		7782-41-4	1
6	碳酰氯	光气	75-44-5	0.3
7	环氧乙烷	氧化乙烯	75-21-8	10
8	甲醛(含量>90%)	蚁醛	50-00-0	5
9	磷化氢	磷化三氢；膦	7803-51-2	1
10	硫化氢		7783-06-4	5
11	氯化氢(无水)		7647-01-0	20
12	氯	液氯；氯气	7782-50-5	5
13	煤气(CO,CO 和 H_2、CH_4 的混合物)			20
14	砷化氢	砷化三氢；胂	7784-42-1	1
15	锑化氢	三氢化锑；锑化三氢	7803-52-3	1
16	硒化氢		7783-07-5	1

续表

序号	危险化学品名称和说明	别名	CAS号	临界量/t
17	溴甲烷	甲基溴	74-83-9	10
18	丙酮氰醇	丙酮合氰化氢;2-羟基异丁腈;氰丙醇	75-86-5	20
19	丙烯醛	烯丙醛;败脂醛	107-02-8	1
20	氟化氢		7664-39-3	1
21	1-氯-2,3-环氧丙烷	环氧氯丙烷(3-氯-1,2-环氧丙烷)	106-89-8	20
22	3-溴-1,2-环氧丙烷	环氧溴丙烷;溴甲基环氧乙烷,表溴醇	3132-64-7	20
23	甲苯二异氰酸酯	二异氰酸甲苯酯;TDI	26471-62-5	100
24	一氯化硫	氯化硫	10025-67-9	1
25	氰化氢	无水氢氰酸	74-90-8	1
26	三氧化硫	硫酸酐	7446-11-9	75
27	3-氨基丙烯	烯丙胺	107-11-9	20
28	溴	溴素	7726-95-6	20
29	乙撑亚胺	吖丙啶;1-氮杂环丙烷;氮丙啶	151-56-4	20
30	异氰酸甲酯	甲基异氰酸酯	624-83-9	0.75
31	叠氮化钡	叠氮钡	18810-58-7	0.5
32	叠氮化铅		13424-46-9	0.5
33	雷汞	二雷酸汞;雷酸汞	628-86-4	0.5
34	三硝基苯甲醚	三硝基茴香醚	28653-16-9	5
35	2,4,6-三硝基甲苯	梯恩梯;TNT	118-96-7	5
36	硝化甘油	硝化丙三醇;甘油三硝酸酯	55-63-0	1
37	硝化纤维素[干的或含水(或乙醇)＜25％]			1
38	硝化纤维素(未改型的,或增塑的,含增塑剂＜18％)			1
39	硝化纤维素(含乙醇≥25％)	硝化棉	9004-70-0	10
40	硝化纤维素(含氮≤12.6％)			50
41	硝化纤维素(含水≥25％)			50
42	硝化纤维素溶液(含氮量≤12.6％,含硝化纤维素≤55％)	硝化棉溶液	9004-70-0	50
43	硝酸铵(含可燃物≥0.2％,包括以碳计算的任何有机物,但不包括任何其他添加剂)		6181-52-2	5

续表

序号	危险化学品名称和说明	别名	CAS号	临界量/t
44	硝酸铵(含可燃物≤0.2%)		6484-52-2	50
45	硝酸铵肥料(含可燃物≤0.4%)			200
46	硝酸钾		7757-79-1	1000
47	1,3-丁二烯	联乙烯	106-99-0	5
48	二甲醚	甲醚	115-10-6	50
49	甲烷,天然气		74-82-8(甲烷) 8006-14-2(天然气)	50
50	氯乙烯	乙烯基氯	75-01-4	50
51	氢	氢气	1333-74-0	5
52	液化石油气(含丙烷、丁烷及其混合物)	电石气(液化的)	68476-85-7 74-98-6(丙烷) 106-97-8(丁烷)	50
53	一甲胺	氨基甲烷;甲胺	74-89-5	5
54	乙炔	电石气	74-86-2	1
55	乙烯		74-85-1	50
56	氧(压缩的或液化的)	液氧、氧气	7782-44-7	200
57	苯	纯苯	71-43-2	50
58	苯乙烯	乙烯苯	100-42-5	500
59	丙酮	二甲基酮	67-64-1	500
60	2-丙烯腈	丙烯腈;乙烯基氰;氰基乙烯	107-13-1	50
61	二硫化碳		75-15-0	50
62	环己烷	六氢化苯	110-82-7	500
63	1,2-环氧丙烷	氧化丙烯;甲基环氧乙烷	75-56-9	10
64	甲苯	甲基苯;苯基甲烷	108-88-3	500
65	甲醇	木醇;木精	67-56-1	500
66	汽油(乙醇汽油、甲醇汽油)		86290-81-5(汽油)	200
67	乙醇	酒精	64-17-5	500
68	乙醚	二乙基醚	60-29-7	10
69	乙酸乙酯	醋酸乙酯	141-78-6	500
70	正己烷	己烷	110-54-3	500
71	过乙酸	过醋酸;过氧乙酸,乙酰过氧化氢	79-21-0	10
72	过氧化甲基乙基酮(10%<有效氧含量≤10.7%,含A型稀释剂≥48%)		1338-23-4	10

续表

序号	危险化学品名称和说明	别名	CAS号	临界量/t
73	白磷	黄磷	12185-10-3	50
74	烷基铝	三烷基铝		1
75	戊硼烷	五硼烷	19624-22-7	1
76	过氧化钾		17014-71-0	20
77	过氧化钠	双氧化钠;二氧化钠	1313-60-6	20
78	氯酸钾		3811-04-9	100
79	氯酸钠		7775-09-9	100
80	发烟硝酸		52583-42-3	20
81	硝酸(发红烟的除外,含硝酸＞70%)		7697-37-2	100
82	硝酸胍	硝酸亚氨脲	506-93-4	50
83	碳化钙	电石	75-20-7	100
84	钾	金属钾	7440-09-7	1
85	钠	金属钠	7440-23-5	10

表1-3 未在表1-2中列举的危险化学品类别及其临界量

类别	符号	危险性分类及说明	临界量/t
健康危害	J (健康危害性符号)	—	—
急性毒性	J1	类别1,所有暴露途径,气体	5
	J2	类别1,所有暴露途径,固体、液体	50
	J3	类别2、类别3,所有暴露途径,气体	50
	J4	类别2、类别3,吸入途径,液体(沸点≤35℃)	50
	J5	类别2,所有暴露途径,液体(除J4外)、固体	500
物理危险	W (物理危险性符号)	—	—
爆炸物	W1.1	—不稳定爆炸物 —1.1项爆炸物	1
	W1.2	1.2、1.3、1.5、1.6项爆炸物	10
	W1.3	1.4项爆炸物	50
易燃气体	W2	类别1和类别2	10
气溶胶	W3	类别1和类别2	150(净重)
氧化性气体	W4	类别1	50

续表

类别	符号	危险性分类及说明	临界量/t
易燃液体	W5.1	—类别 1 —类别 2 和 3,工作温度高于沸点	10
	W5.2	—类别 2 和 3,具有引发重大事故的特殊工艺条件包括危险化工工艺、爆炸极限范围或附近操作、操作压力大于 1.6MPa 等	50
	W5.3	—不属于 W5.1 或 W5.2 的其他类别 2	1000
	W5.4	—不属于 W5.1 或 W5.2 的其他类别 3	5000
自反应物质和混合物	W6.1	A 型和 B 型自反应物质和混合物	10
	W6.2	C 型、D 型、E 型自反应物质和混合物	50
有机过氧化物	W7.1	A 型和 B 型有机过氧化物	10
	W7.2	C 型、D 型、E 型、F 型有机过氧化物	50
自然液体和自然固体	W8	类别 1 自燃液体 类别 1 自燃固体	50
氧化性固体和液体	W9.1	类别 1	50
	W9.2	类别 2、类别 3	200
易燃固体	W10	类别 1 易燃固体	200
遇水放出易燃气体的物质和混合物	W11	类别 1 和类别 2	200

(2) 重大危险源的辨识指标　生产单元、储存单元内存在危险化学品的数量等于或超过表 1-2、表 1-3 规定的临界量，即被定为重大危险源。单元内存在的危险化学品的数量根据危险化学品种类的多少区分为以下两种情况：

① 生产单元、储存单元内存在的危险化学品为单一品种时，该危险化学品的数量即为单元内危险化学品的总量，若等于或超过相应的临界量，则定为重大危险源。

② 生产单元、储存单元内存在的危险化学品为多品种时，按式(1-1) 计算，若满足式(1-1)，则定为重大危险源：

$$S=q_1/Q_1+q_2/Q_2+\cdots+q_n/Q_n\geqslant 1 \tag{1-1}$$

式中　S——辨识指标；

q_1，q_2，…，q_n——每种危险化学品实际存在量，单位为吨 (t)；

Q_1，Q_2，…，Q_n——与每种危险化学品相对应的临界量，单位为吨 (t)。

二、危险化学品的标志、标签与技术说明书

1. 危险化学品的标志

危险化学品种类、数量较多，危险性各异，为了危险化学品的运输、储存及使用的安全，需要对危险化学品进行标志。危险化学品的安全标志是通过图案、文字说明、颜色等信息鲜明、形象、简单地表征危险化学品特征和类别，向作业人员传递安全信息的警示性资料。目前通行的危险化学品的安全标志有两种。

（1）按《危险货物分类和品名编号》的分类标志　按《危险货物分类和品名编号》（GB 6944—2012）分类，将危险货物分为 9 大类，共 21 项。

① 标志规范。

a. 标志的种类。根据常用危险化学品的危险特性和类别，设主标志 16 种、副标志 11 种。

b. 标志的图形。主标志为表示危险特性的图案、文字说明、底色和危险品类别号四个部分组成的菱形标志。副标志图形中没有危险品类别号。

c. 标志的尺寸、颜色及印刷按《危险货物包装标志》（GB 190—2009）的有关规定执行。

② 标志的使用。当一种危险化学品具有一种以上的危险性时，应用主标志表示主要危险性类别，并用副标志来表示重要的其他危险性类别。

③ 标志图案。

a. 主标志见表 1-4。

表 1-4　危险化学品主标志

底色：橙红色	底色：正红色
图形：正在爆炸的炸弹（黑色）	图形：火焰（黑色或白色）
文字：黑色	文字：黑色或白色
爆炸品 1 标志 1 爆炸品标志	易燃气体 2 标志 2 易燃气体标志

续表

底色:绿色	底色:白色
图形:气瓶(黑色或白色)	图形:骷髅头和交叉骨形(黑色)
文字:黑色或白色	文字:黑色
 标志 3 不燃气体标志	 标志 4 有毒气体标志
底色:红色	底色:红白相间的垂直宽条(红 7、白 6)
图形:火焰(黑色或白色)	图形:火焰(黑色)
文字:黑色或白色	文字:黑色
 标志 5 易燃液体标志	 标志 6 易燃固体标志
底色:上半部白色	底色:蓝色,下半部红色
图形:火焰(黑色或白色)	图形:火焰(黑色)
文字:黑色或白色	文字:黑色
 标志 7 自燃物品标志	 标志 8 遇湿易燃物品标志
底色:柠檬黄色	底色:柠檬黄色
图形:从圆圈中冒出的火焰(黑色)	图形:从圆圈中冒出的火焰(黑色)
文字:黑色	文字:黑色
 标志 9 氧化剂标志	 标志 10 有机过氧化物标志

续表

底色:白色	底色:白色
图形:骷髅头和交叉骨形(黑色)	图形:骷髅头和交叉骨形(黑色)
文字:黑色	文字:黑色
 标志 11 有毒品标志	 标志 12 剧毒品标志
底色:白色	底色:上半部黄色
图形:上半部三叶形(黑色),下半部白色,下半部一条垂直的红色宽条	图形:上半部三叶形(黑色),下半部两条垂直的红色宽条
文字:黑色	文字:黑色
 标志 13 一级放射性物品标志	 标志 14 二级放射性物品标志
底色:上半部黄色,下半部白色	底色:上半部白色,下半部黑色
图形:上半部三叶形(黑色),下半部三条垂直的红色宽条	图形:上半部两个试管中液体分别向金属板和手上滴落(黑色)
文字:黑色	文字:白色(下半部)
 标志 15 三级放射性物品标志	 标志 16 腐蚀品标志

b. 副标志见表 1-5。

表 1-5　危险化学品副标志

<table>
<tr><td>底色:橙红色</td><td>底色:红色</td></tr>
<tr><td>图形:正在爆炸的炸弹(黑色)</td><td>图形:火焰(黑色)</td></tr>
<tr><td>文字:黑色</td><td>文字:黑色或白色</td></tr>
<tr><td>

标志 17 爆炸品标志</td><td>

标志 18 易燃气体标志</td></tr>
<tr><td>底色:绿色</td><td>底色:白色</td></tr>
<tr><td>图形:气瓶(黑色或白色)</td><td>图形:骷髅头和交叉骨形(黑色)</td></tr>
<tr><td>文字:黑色</td><td>文字:黑色</td></tr>
<tr><td>

标志 19 不燃气体标志</td><td>

标志 20 有毒气体标志</td></tr>
<tr><td>底色:红色</td><td>底色:红白相间的垂直宽条(红 7、白 6)</td></tr>
<tr><td>图形:火焰(黑色)</td><td>图形:火焰(黑色)</td></tr>
<tr><td>文字:黑色</td><td>文字:黑色</td></tr>
<tr><td>

标志 21 易燃液体标志</td><td>

标志 22 易燃固体标志</td></tr>
</table>

续表

底色:上半部白色,下半部红色	底色:蓝色
图形:火焰(黑色)	图形:火焰(黑色)
文字:黑色或白色	文字:黑色
标志 23 自燃物品标志	标志 24 遇湿易燃物品标志
底色:柠檬黄色	底色:白色
图形:从圆圈中冒出的火焰(黑色)	图形:骷髅头和交叉骨形(黑色)
文字:黑色	文字:黑色
标志 25 氧化剂标志	标志 26 有毒品标志
底色:上半部白色,下半部黑色	
图形:上半部两个试管中液体分别向金属板和手上滴落(黑色)	
文字:白色(下半部)	

标志 27 腐蚀品标志

(2) 按《全球化学品统一分类和标签制度》[1] 的分类标志 《全球化学品统一分类和标签制度》(GHS) 是由联合国出版的作为指导各国控制化学品危害和保护人类、环境的统一分类制度文件。对危险化学品物理、健康和环境危险这三大类危险统一规定使用 9 种象形图 (pictogram, GHS 中应当使用的标准符号）来标示化学品危险特性。所有的象形图都是方块形状，使用黑色符号加白色背景，红框要足够宽，以便醒目，如表 1-6 所示。

表 1-6　GHS 中应当使用的标准符号

序号	危险特性	象形图	序号	危险特性	象形图	序号	危险特性	象形图
1	爆炸危险		2	燃烧危险		3	加强燃烧危险	
4	加压气体		5	腐蚀危险		6	毒性危险	
7	警告		8	健康危险		9	危害水环境	

例如危险化学品硫化氢（H_2S），由于它同时具有燃爆、毒性、健康和环境四种危险，就可以使用以上象形图“统一”标示出其危险性（见图 1-1）。

图 1-1　危险化学品硫化氢（H_2S）的标志

操作人员通过这样“统一”的管理标示，可一目了然地“全面”了解硫化氢的全部“危险”特性（即 HSE 特性），包括职业危害特性，甚至环境危害特性。

2. 化学品安全标签

化学品安全标签是指危险化学品在市场上流通时应由供应者提供的附在化学品包装上的用于提示接触危险化学品人员的一种标识。国家标准《化学品安全标签编写规定》（GB 15258—2009）规定，安全标签用简单、明了、易于理解的文字、图形表述有关化学品的危险特性及其安全处置的注意事项，向作业人员传递安全信息，以预防和减少化学危害，达到保障安全和健康的目的。

（1）标签的内容

① 化学品和其主要有害组分标识。

a. 名称。用中文和英文分别标明化学品的通用名称。名称要求醒目、清晰，位于标签的正上方。

b. 分子式。用元素符号和数字表示分子中各原子数，居名称的下方。若是混合物此项可略。

c. 化学成分及组成。标出化学品的主要成分和有害组分、含量或浓度。

d. 编号。标明联合国危险货物编号和中国危险货物编号，分别用 UN No. 和 CN No. 表示。

e. 标志。标志采用联合国《关于危险货物运输的建议书》和《化学品分类和危险性公示 通则》（GB 13690）规定的符号。每种化学品最多可选用两个标志。标志符号居标签右边。

② 警示词。根据化学品的危险程度和类别，用“危险”“警告”“注意”三个词分别进行危害程度的警示。具体规定见表 1-7。当某种化学品具有两种及两种以上的危险性时，用危险性最大的警示词。警示词位于化学品名称的下方，要求醒目、清晰。

表 1-7 警示词与化学品危险性类别的对应关系

警示词	化学品危险性类别
危险	爆炸品、易燃气体、有毒气体、低闪点液体、一级自燃物品、一级遇湿易燃物品、一级氧化剂、有机过氧化物、剧毒品、一级酸性腐蚀品
警告	不燃气体、中闪点液体、一级易燃固体、二级自燃物品、二级遇湿易燃物品、二级氧化剂、有毒品、二级酸性腐蚀品、一级碱性腐蚀品
注意	高闪点液体、二级易燃固体、有害品、二级碱性腐蚀品、其他腐蚀品

③ 危险性概述。简要概述化学品燃烧爆炸危险特性、健康危险和环境危险，居警示词下方。

④ 安全措施。表述化学品在处置、搬运、储存和使用作业中所必须注意的事项和发生意外时简单有效的救护措施等，要求内容简明扼要、重点突出。

⑤ 灭火。化学品为易（可）燃或助燃物质，应提示有效的灭火剂和禁用

的灭火剂以及灭火注意事项。

⑥ 批号。注明生产日期及生产班次。生产日期用××××年××月××日表示，班次用××表示。

⑦ 提示向生产销售企业索取安全技术说明书。

⑧ 生产企业名称、地址、邮编、电话。

⑨ 应急咨询电话。化学品生产企业和国家化学事故应急咨询电话。

化学品安全标签见图 1-2。

(a) 安全标签样例

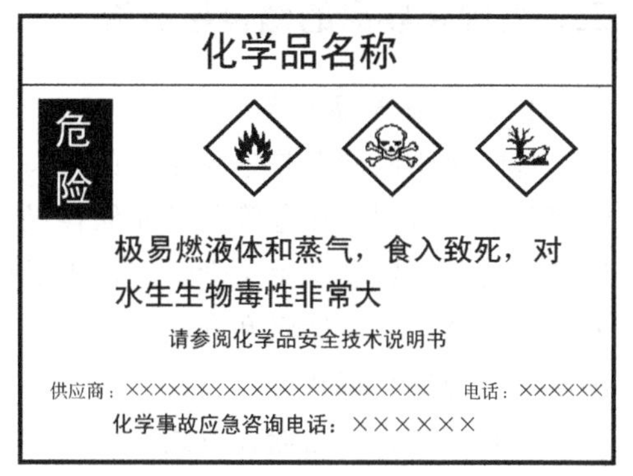

(b) 简化标签样例

图 1-2　化学品安全标签

（2）标签的使用

① 使用方法　安全标签应粘贴、挂拴或喷印在化学品包装或容器的明显位置。当与运输标志组合使用时，运输标志可以放在安全标签的另一面板，将之与其他信息分开，也可放在包装上靠近安全标签的位置，后一种情况下，若安全标签中的象形图与运输标志重复，安全标签中的象形图应删掉。对组合容器，要求内包装加贴（挂）安全标签，外包装上加贴运输象形图，如果不需要运输标志可以加贴安全标签。

② 位置　安全标签的粘贴、喷印位置规定如下：桶、瓶形包装，位于桶、瓶侧身；箱状包装，位于包装端面或侧面明显处；袋、捆包装，位于包装明显处。

3. 化学品安全技术说明书

化学品安全技术说明书（material safety data sheet，MSDS），国际上称作化

学品安全信息卡，是化学品生产商和经销商按法律要求必须提供的了解危险化学品性能，以及能够有针对性地采取各项安全防范和正确有效的应急救援措施的必备文件。由于在化学品的生产、经营、储运、销售、使用等环节都涉及其安全特性、毒性评估、审核、职业健康、生态环境等问题，因此国际上都将MSDS规范的编制和应用作为企业安全、职业健康和环境科学管理的重要内容。

《化学品安全技术说明书编写指南》（GB/T 17519—2013）规定，化学品安全技术说明书应包括16项的内容，分别为：化学产品及标识；成分、组分信息；危险性概述；急救措施；燃爆特性及消防措施；泄漏应急处理；操作处置和储存；防护措施；理化特性；稳定性和反应活性；毒理学信息；环境资料；废弃；运输信息；法规信息；其他信息。

三、危险化学品的储存与运输

1. 危险化学品储存

危险化学品储存是危险化学品保持其物理化学特性状态下的保护、管理、储藏状态和过程。在危险化学品储存过程中，为了控制其危险和有害性，防止泄漏或与其他物品产生化学反应，需要根据其化学性质、物理形态，采取特定的承装容器，满足储藏和仓储条件，实施维护和保管措施，保持适当的温度、湿度、压力等物理状态。

（1）危险化学品储存方式

① 隔离储存（segregated storage）。指在同一房间或同一区域内，不同的物料之间分开一定的距离，非禁忌物料间用通道保持空间的储存方式。

② 隔开储存（cut-off storage）。指在同一建筑或同一区域内，用隔板或墙将其与禁忌物料分离开的储存方式。

③ 分离储存（detached storage）。指在不同的建筑物或远离所有建筑的外部区域内的储存方式。

（2）危险化学品仓库分类　危险化学品仓库是集中储存各种危险化学品的固定场所。其分类方式主要有：

① 根据存放物品的火灾危险性分类。按存放物品的火灾危险性，将危险化学品仓库分为甲、乙、丙、丁、戊五类。甲类仓库的危险等级是最高的，甲类仓库在原则上来说是可以放置甲、乙、丙、丁、戊类物质的；乙类仓库除了不能放置甲类物质，其余类的物质都可以放置；丙类仓库不能放甲、乙类物质，但是可以放置丙、丁、戊类的物质，并以此类推。

② 根据危险化学品储存规模分类。按使用性质和规模大小，可分为三种

类型：面积大于 9000m^2 的为大型危险品库，通常为大型的商业、外贸、物资和交通运输等部门的专业性储备或中转仓库；面积在 550～9000m^2 的为中型危险品库，通常为中型的厂矿、企事业单位的生产附属仓库；面积在 550m^2 以下的为小型危险品库，属于一些企业、学校、科研单位甚至商店等。

③ 根据危险品库的结构形式分类。按其结构形式分为地上危险品库、地下危险品库、半地下危险品库。

(3) 危险化学品储罐及其分类　危险化学品储罐是储存各种气、液态危险化学品的固定场所。其分类方式主要有：

① 按结构特征分类。

a. 球形储罐。球形储罐与圆筒储罐相比，具有容积大、承载能力强、节约钢材、占地面积小、基础工程量小、介质蒸发损耗少等优点，但也存在制造安装技术要求高、焊接工程量大、制造成本高等缺点。

b. 立式储罐。立式储罐以大型油罐最为典型，其由基础、罐底、罐壁、罐顶及附件组成。按罐顶的结构不同可分为拱顶罐、浮顶罐和内浮顶罐。

c. 卧式储罐。卧式储罐与立式储罐相比，容积较小，承压能力变化范围宽，适宜在各种工艺条件下使用，在中小型油库中用卧式储罐储存汽油、柴油及数量较少的润滑油。另外，汽车罐车和铁路罐车也大多用卧式储罐。

② 液体储罐分类。其分类如图 1-3 所示。

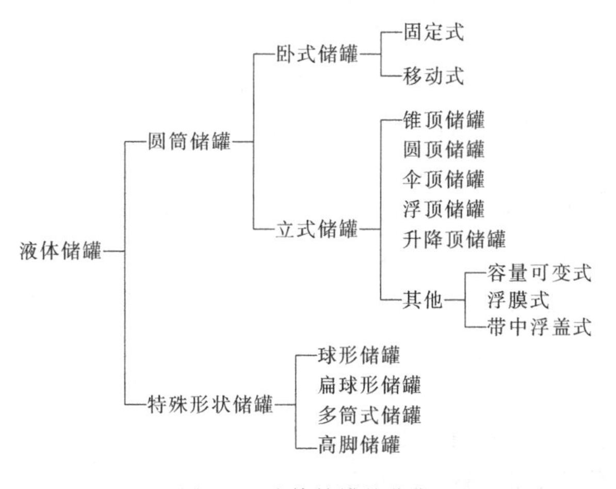

图 1-3　液体储罐的分类

③ 气体储罐分类。其分类如图 1-4 所示。

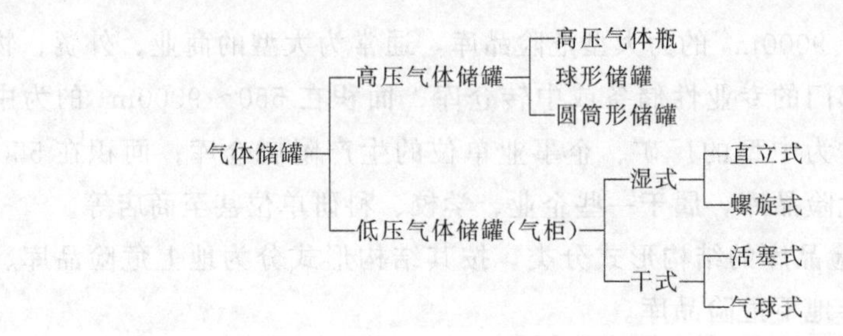

图 1-4 气体储罐的分类

2. 危险化学品运输

危险化学品运输是采用专用的运输设备、工具，通过指定的运输路径，将危险化学品从一个地点向另一个地点运送的物流活动。危险化学品的运输，一般都不改变其性质和物态，仅在长途海运中，为了降低成本或便于输送，有将液态或气态化学品转化成低温固态运输的情况。

(1) 危险化学品运输方式

① 公路运输（highway transportation）即在公路上，用槽车、货车等运输危险化学品。由于公路运输的主要工具是汽车，因此又称为汽车运输。我国公路网密度高、分布广，汽车调度、运动便捷，可以实现高效率、“门到门”运输，因此公路运输是我国危险化学品最主要的运输方式。同时，由于路况、车况复杂，易受环境干扰，危险化学品公路运输事故也较多。

② 铁路运输（railway transportation）即在铁路上，用槽车、列车等运输危险化学品。其特点是运送量大，运输平稳，速度快，成本较低，一般不受气候条件限制，适合危险化学品长途运输，是目前最安全、国际社会鼓励的危险化学品运输方式。而在我国，由于危险化学品的用户分布广、铁路网布设不够发达，铁路运输危险化学品还难以大范围推行。

③ 水路运输（waterway transportation）即在海洋、河流和湖泊上，用船舶运输危险化学品。相对而言，水路运输速度较慢，受水流、气象影响较大，但成本最低，特别适合一次运输量大的海洋运输，至今仍是国际间货物（包括危险化学品）运输的最重要方式。但在国内，因水网分布有限、容易污染水体等原因，水路运输危险化学品难以推广。

④ 航空运输（air transportation）即采用飞机、直升机及其他航空器运输危险化学品。航空运输具有快速、机动的优点，但成本高、运量小，受气候、场地影响大，不宜大量运输危险化学品。

⑤ 管道运输（pipeline transportation）即用管道作为运输工具输送液态、气态危险化学品。可采用埋地、地面和架空管道方式，短输管道多用于厂区、

园区内部运输，长输管道（主要用于输送石油、天然气）则可以跨省界、国界运输。管道运输有效率高、成本低、投资少、污染小的优点，但由于其仅限液态、气态物质的输送，且每条管道仅可输送一个品种，因此，适合管道运输危险化学品的情况不多。

在上述运输方式中，道路（公路、铁路）运输是危险化学品运输的主要方式，我国每天有近300万吨危险化学品要通过道路运输，占运输总量的70%。道路运输也是事故频率最高、事故灾害最严重的运输方式，占危险化学品运输事故总量的85%以上。

（2）危险化学品运输主要设备设施　危险化学品运输设备设施的功能是完成装运过程、保障装运安全，主要包括各种承运危险货物的运输工具、装载危险货物的集装箱、堆卸危险货物的搬运机具，以及与其配套的安全附件、应急物资装备等，见图1-5。

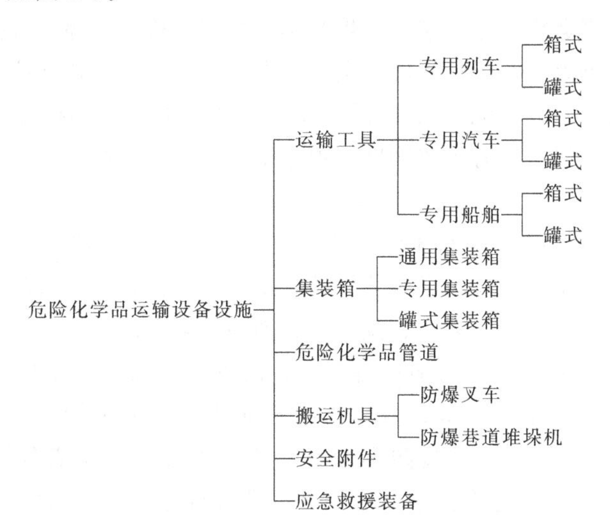

图1-5　危险化学品运输主要设备设施

其中，运输工具包括列车、汽车、船舶等，采用罐体运输液化气体、粉状危险货物最常见。罐体车按其用途可分为：轻油类罐车、黏油类罐车、酸碱类罐车、液化气体类罐车、粉状货物类罐车等；按装卸方式可分为：上装上卸罐车、上装下卸罐车。箱式车主要用于运输粉状、小包装气液态危险货物，常见如带有押运室的黄色铁路有毒品运输车，可用于运输有毒农药、放射性矿石和矿砂等危险货物，其代号W5、W6分别表示载重50t、60t。

危险货物集装箱分为通用集装箱、专用集装箱。通用集装箱适用于大多数危险货物，与普通集装箱相比，在设计、结构上大体相同，但对箱体的隔热性、抗腐蚀性、防雨性、抗静电性以及清洗的便捷性等有较高的、特殊的要求。专用集装箱有专用于爆炸品、毒害品、压缩气体和液化气体等危险货物的，其功能须满足相应货物的特殊要求。

还有一种罐式集装箱，专用于装运液态危险货物，如聚乙烯材料做成的方形储罐，具有无焊接缝、不渗漏、无毒性、抗老化、抗冲击、便于装运的优点。与前述的罐式、箱式相比，使用罐式集装箱运输，损耗降低、安全方便，因而在液态货物运输中被广泛应用。

危险化学品管道按输送介质分为：毒性介质（氯、氰化物、氨、沥青、煤焦油等）、可燃与易燃易爆介质（油品油气、水煤气、乙炔、乙烯等），以及窒息性、刺激性、腐蚀性、易挥发性介质管道。输送这类介质的管道，除必须保证足够的机械强度以外，还应满足密闭性好、安全性好、放空与排泄快的要求。

危险货物搬运机具主要包括防爆叉车（其钢制机具摩擦、碰撞易产生火花的部位须做防爆处理，须配套防爆电机、电器，须具有作业环境可爆气体浓度超标报警和自动停车功能等）、防爆巷道堆垛机（要求运动构件和电气元件不得产生火花，金属构件有足够刚度，停车平稳，并配有过载、断绳、超速保护设施等）。

安全附件是运输设备上确保作业过程安全的各种保护、警示、应急等设施。如液化石油罐车按规定必须装设的安全附件包括：装卸阀门、安全阀、紧急切断装置、液面计、压力表、温度计、消除静电及消防灭火装置等。

应急救援装备是各种运输设备上必备的事故应急处置器具，起到第一时刻消除事故隐患、消灭事故萌芽、保护作业人员等的关键作用。主要包括：应急器材（灭火器）、驾驶员防毒面具、防雨篷布、防漏堵漏器材等；还要有应急救援安全卡、危险化学品告知牌、危险标志牌、卫星定位系统等应急装备。

四、储存运输安全在危险化学品产业中的地位

1. 危险化学品产业链及安全问题

危险化学品产业链分为上、中、下游三部分。上游是重化工原料生产行业，以石油、化工行业为主；中游是作为一种非工业中间体的危险化学品和非危险化学品生产行业；下游是化学品的应用，其应用范围广泛，涵盖了化学化工、医药、采矿、能源、运输、仓储、建筑、农业、轻工、日化、食品、卫生、科研、教育等诸多行业领域。危险化学品产业链见图 1-6。

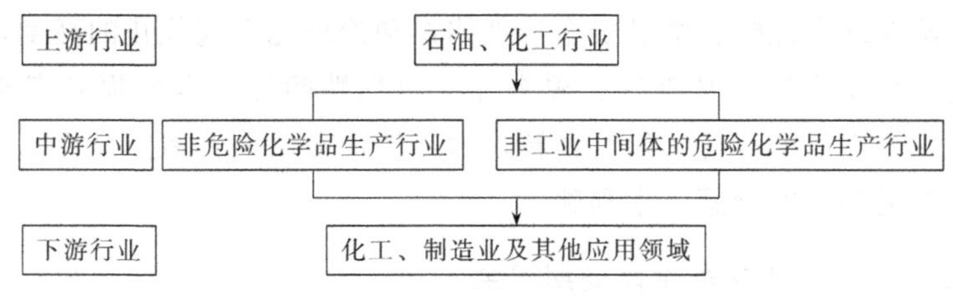

图 1-6　危险化学品产业链

我国是世界第一化工大国，也是危险化学品生产和使用大国。截至 2018 年底，危险化学品生产经营单位达 21 万家，涉及 2800 多个种类，产值占国内生产总值（GDP）的 13.8%，在国民经济和社会发展中具有重要地位。但是，由于危险化学品易燃易爆性、毒害性和腐蚀性等特点，容易在产业链的各个环节发生泄漏、火灾、爆炸事故[2]。

目前，我国在危险化学品生产、储存、运输、使用、废弃处置等环节整体安全条件差、管理水平低、重大安全风险隐患集中，已经形成了系统性安全风险，导致重特大事故时有发生，严重损害人民群众生命财产安全，严重影响经济高质量发展和社会稳定。据统计，2013～2019 年，我国共发生危险化学品事故 5169 起，死亡 2560 人。其中，泄漏事故占 48.10%，爆炸事故占 24.48%，火灾事故占 20.57%，中毒事故占 6.85%，详见表 1-8[3]。危险化学品的特性和事故频发的局面决定了安全是产业链中最需要关注和解决的问题，“安全第一”对危险化学品产业具有更加现实的意义。

表 1-8　2013～2019 年我国危险化学品事故

时间	爆炸			火灾			泄漏			中毒		
	事故数量/起	受伤人数/人	死亡人数/人	事故数量/起	受伤人数/人	死亡人数/人	事故数量/起	受伤人数/人	死亡人数/人	事故数量/起	受伤人数/人	死亡人数/人
2013 年	163	179	247	167	18	42	397	46	66	23	10	44
2014 年	215	400	251	210	22	30	876	26	90	34	8	45
2015 年	601	1238	336	463	64	34	953	102	82	178	262	179
2016 年	118	385	166	94	66	45	124	155	6	55	127	88
2017 年	124	483	145	96	88	115	121	199	18	46	222	129
2018 年	32	105	101	24	8	30	14	14	11	12	28	36
2019 年	12	664	95	9	11	0	1	0	5	6	47	30
合计	1265	3454	1341	1064	277	296	2486	542	278	354	704	551

注：数据取自本章参考文献［3］。

面对我国危险化学品安全与发展不平衡不充分的系统性风险和矛盾突出的问题，维护危险化学品行业稳定和发展的关键是坚持问题导向、目标导向和结果导向，站在国家危险化学品安全治理体系和治理能力现代化的高度，着力解决危险化学品安全生产基础性、源头性、瓶颈性问题，全面提升安全发展水平，推动安全生产形势持续稳定好转，为经济社会发展营造安全稳定环境，让人民群众有更多的安全感、幸福感。

2. 储运与危险化学品生命周期安全

危险化学品在其生命周期中，经历了生产、储存、使用、经营（购销）、运输、废弃处置等多个环节[4]，见图 1-7。

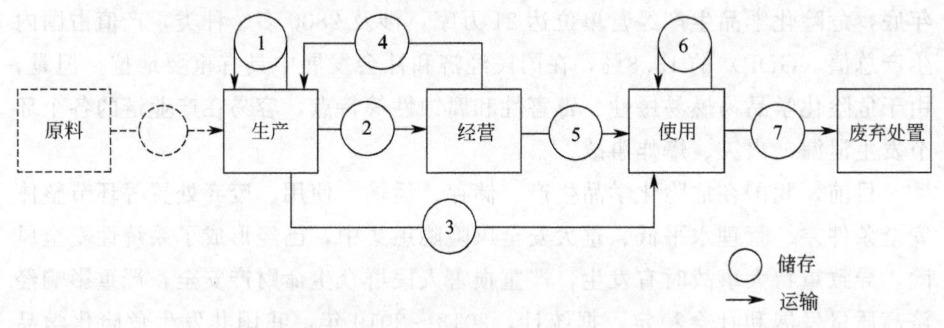

图 1-7　危险化学品生命周期

其中，储存和运输具有两方面的突出特点：

（1）储运是连接危险化学品生命各环节的中枢和纽带　危险化学品储运涵盖危险化学品生命周期的全过程，将生产、经营、使用、废弃处置等各个环节连接起来，是其中必不可少的、反复出现的状态和过程，是危险化学品产业链得以延续和发展的关键环节。由图 1-7 可见，危险化学品的储运过程主要发生在：①生产企业内部或邻近生产企业之间（如化工园区内部）；②生产企业向危险化学品经营企业；③生产企业向使用企业；④经营企业向精细化生产企业；⑤经营企业向使用企业；⑥使用企业内部或邻近使用企业之间；⑦使用企业向废弃处置企业。可以说，储运是危险化学品生命体的大动脉，其畅通或堵塞决定危险化学品产业的兴衰。

（2）储运是危险化学品生命周期中与社会活动关联最密切的环节　储存运输使危险化学品在其生命周期内频繁分装、出入库和异地间流动。这种状态可能发生在生产企业（或化工园区）的内部或外部。其中，内部储存和运输（如图 1-7①以及部分③、⑥）是本企业（或本园区）生产、经营工作的一部分，管辖方便，责任明确，受外部因素干扰较少，安全管理的环节和要素相对简单，安全风险相对要小；外部储存和运输（如图 1-7②、③、④、⑤、⑥、⑦）状态和条件则要复杂得多，安全管理的要素相对复杂，安全风险就更大。

目前，在我国内部储运只占总量的不到5%，而95%以上的危险化学品需要相对危险的外部储存和运输。因此，保证危险化学品外部储运过程中的安全、稳定，是维系危险化学品产业发展的关键。

伴随危险化学品储运规模增长，储运环节事故频发，安全形势依然严峻，对应危险化学品安全形势总体向好的趋势，储运安全成了危险化学品产业链中相对薄弱的环节。2008～2018年，我国发生的4000起涉及危险化学品事故中9%发生在仓储阶段，77%发生在运输阶段，两者和占86%[5]。近年来发生的一系列重特大事故，如2020年6月13日沈海高速温岭大溪镇槽罐车爆炸事故、2019年3月21日江苏响水天嘉宜公司危险化学品爆炸事故、2018年11月28日张家口盛华化工重大爆燃事故、2017年5月23日张石高速浮图峪五号隧道危险化学品运输车燃爆事故、2016年2月5日贵阳市兴鑫烟花爆竹厂仓库爆炸事故、2015年8月12日天津瑞海公司危险化学品仓库爆炸事故、2014年7月19日沪昆高速“7·19”乙醇泄漏爆燃事故、2013年11月22日青岛东黄输油管道爆炸事故、2012年8月26日包茂高速延安段甲醇槽车爆炸事故、2011年11月1日黔南州福泉市炸药车爆炸事故、2010年7月16日大连输油管道爆炸事故等也都发生在危险化学品的储存、运输环节，造成了严重的人员、财产损失及环境灾害和社会影响。

第二节 危险化学品储运管理与技术进展

一、危险化学品储运行业现状和发展趋势

1. 危险化学品储运行业发展现状

我国是全球规模最大的危险化学品制造国和消费国，主要危险化学品生产量、用量均居世界第一。随着产量与需求的快速增长，危险化学品储运规模不断扩大。近年来，我国危险化学品物流市场规模保持着10%以上的增长速度，2018年达到1.69万亿元，同2017年比上涨13.4%[6]，见图1-8。

（1）危险化学品仓储行业发展现状　截至2018年，我国约有各种类型的仓储企业共5000家，危险化学品仓储面积达到1亿平方米，共有1.15万家危险化学品运输企业。

大型仓库数量占30%，仓库容积可达上万平方米，多为大型石化企业自己建造；小型及以下仓库数量占70%，储量仅占40%。东南沿海、长三角、

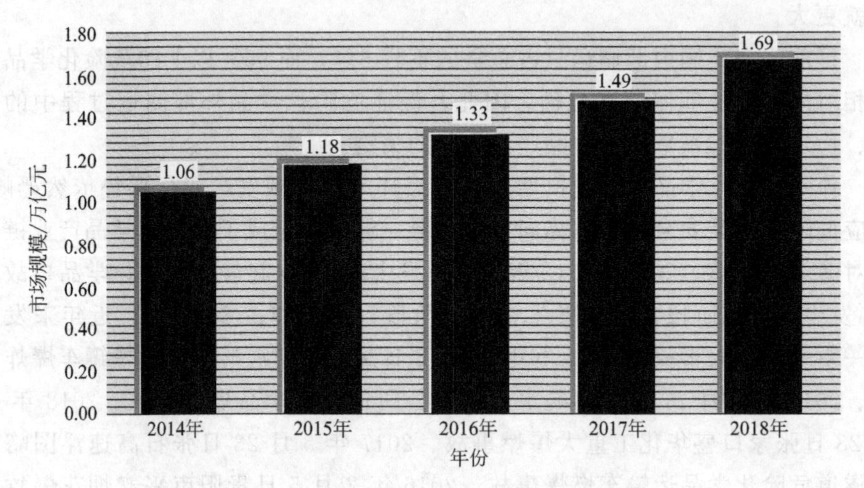

图 1-8 2014～2018 年我国危险化学品物流行业的发展

珠三角、环渤海湾地区占我国危险化学品仓储业的70%以上，中西部地区不足30%，且大多分布在大中城市和能源产地，地域性集中分布的特点非常明显。

(2) 危险化学品运输行业发展现状

① 公路运输。公路运输是危险化学品的主要运输方式，占总量的70%。近年来随着其他运输方式的发展，公路运输的市场份额有下降趋势。截至2018年底，全国共有危险货物道路运输企业1.23万家，车辆37.3万辆，从业人员160万人，运量12亿吨[7]。2018年运输规模为3955亿元。预计到2025年将达到6310亿元。

② 铁路运输。危险化学品铁路运输近年来发展迅速，市场份额不断上升。2018年运输规模达1886亿元，运量1.26亿吨。预计到2025年将达到3540亿元。

③ 水路运输。因水域丰富、化工企业密集，我国危险化学品水路运输多集中在沿海地区和华中地区。近年来危险化学品水路运输保持快速增长，2018年运输规模为1217亿元，运量3亿吨。预计到2025年将达到2052亿元。

④ 航空运输。我国危险化学品航空运输市场份额较低，但近年来保持快速增长，2018年为411亿元。预计到2025年将达到770亿元。

⑤ 管道运输。危险化学品管道运输近年来保持快速增长，2018年达到1521亿元。预计到2025年将达到2745亿元。

随着我国大宗货物“公转铁、公转水”的发展，今后道路运输将会受到一定冲击，铁路和水路运输等方面会进一步增强。

2. 危险化学品储运行业发展趋势

化工产业的蓬勃发展，提质升级和融合共享将成为危险化学品储运行业发展的方向，总体看来，危险化学品储运行业呈现出四大发展趋势[8]。

(1) 供应链持续创新升级　作为化工产业供应链中的重要环节，危险化学品储运将从整个供应链上创新升级，提升上下游的运力、仓储匹配能力，提升安全、降本增效，实现企业规模化。“陆、水、铁”等的多式联运将是危险化学品物流供应链提升效率的重心。将努力克服长期存在的装备不统一、信息不能互通、铁路运力的开放性不足等主要短板。开展液体化工（甲醇、成品油）罐式集装箱“铁、公、海”多式联运示范工程，推动铁路政策放开，以补足运力短板，提升危险化学品物流效率，降低企业物流成本。

除第三方物流外，为前三方物流提供规划、咨询、信息系统、供应链管理等内容服务的第四方物流正在兴起并有望获得快速发展。第四方物流将以“强强联合＋区域联合＋板块联合”的模式，通过商业模式和物流模式的创新、资源的整合及资本的有效运用，为危险化学品储运提供安全、高效、一体化和精准化的物流服务，降低物流成本，促进危险化学品储运走上开放、联合、高效的供应链发展创新之路。

另外，智慧物流将得到快速发展，智能仓储、车货匹配、无人机、无人驾驶、无人码头、物流机器人等一批国际领先技术在物流领域得到应用；无车承运、甩挂运输、多式联运、绿色配送等一批行业新模式得到推广，现代供应链正在成为新的增长点和发展新动能。

(2) 园区成为重要物流载体　化工企业搬迁入园的政策正在对物流模式产生新影响。物流企业将以园区为主要载体，集中经营成为提高管理水平的突破口。

我国化工园区的发展建设多处于沿海、沿江、化工经济重点区域和化工资源产地，这些地区临近港口码头和公铁路交通要道，为仓储企业发展提供了便利条件；而丰富的资源和高密度的石油化工企业，也为仓储企业提供了充足的货源和稳定的市场需求，提供了发展空间。推动仓储企业入园，加强园区危险化学品物流服务配套设施的功能性与安全性，港区化工码头、罐区和公路港等将成为危险化学品园区物流服务工作的重心。

(3) 电商＋平台开始发力　化工行业被认为是全球第三大电子商务市场，也是当前电子商务发展的增长热点。以互联网＋高效物流为标志的智慧物流加速起步，无疑给危险化学品储运平台化注入了新动力。由于对安全要求的特殊性，危险化学品车货匹配平台面临着比普货更大的难题，特别是安全风险防控极为重要。因此，必须建立严格的企业认证体系；在服务规模化企业的同时尽可能扩大对小、散户的吸纳与整合，让这些企业也能享受到电子商务的便利；理性面对危险化学品运输的风险性，合理防范；注重平台信息的时效性和准确性。

(4) 环保安全智能化升级　国家对危险化学品仓储企业的环保工作提出了高标准、严要求，这些标准和要求已成为危险化学品仓储企业准入门槛和运营许可的“硬条件”，规模化、集约化、绿色物流正在加快发展步伐。例如，在道路运输方面，将着重提到要提升危险化学品车辆安全性，优化机动车产品结构，提升道路交通安全科技支撑能力，提高危险货物道路运输安全环保水平。

随着人工智能、物联网、大数据、云计算和主动安全防护等新技术的诞生应用，不仅提升了危险化学品储运的管理水平、运行效率，还大幅提升了行业的安全和环保水平，如轮胎压力分析、自动驾驶等智能控制技术，可有效减少运输中的车辆事故。随着《机动车运行安全技术条件》(GB 7258)、新版《危险货物道路运输规则》(JT/T 617) 等国家及行业标准和法律法规的颁布和实施，加快主、被动安全技术的应用，推动道路交通安全研究成果转化和资源共享等，都将是危险化学品储运的工作重心。

二、强化危险化学品储运的安全监管

强化对危险化学品储运的安全监管，是规范行业安全行为、提高行业安全水平的重要途径。在这方面，既要健全法律法规体系、强化安全管理、建立事故救援体系等，也要借鉴国外先进的、适用的管理技术手段和方法。

1. 我国对危险化学品储运的安全监管

(1) 完善法律法规　为了保证危险化学品储存运输的安全，我国不断强化安全监管法制建设，颁布并不断完善一系列法律法规。主要规定有：

①《安全生产法》规定：安全生产工作应当以人为本，坚持安全发展，坚持安全第一、预防为主、综合治理的方针，强化和落实生产经营单位的主体责任，建立生产经营单位负责、职工参与、政府监管、行业自律和社会监督的机制。

生产经营单位必须遵守本法和其他有关安全生产的法律、法规，加强安全生产管理，建立、健全安全生产责任制和安全生产规章制度，改善安全生产条件，推进安全生产标准化建设，提高安全生产水平，确保安全生产。

生产经营单位的主要负责人对本单位的安全生产工作全面负责。

②《危险化学品安全管理条例》规定：危险化学品安全管理，应当坚持安

全第一、预防为主、综合治理的方针，强化和落实企业的主体责任。

生产、储存、使用、经营、运输危险化学品的单位的主要负责人对本单位的危险化学品安全管理工作全面负责。应当具备法律、行政法规规定和国家标准、行业标准要求的安全条件，建立、健全安全管理规章制度和岗位安全责任制度，对从业人员进行安全教育、法制教育和岗位技术培训。从业人员应当接受教育和培训，考核合格后上岗作业；对有资格要求的岗位，应当配备依法取得相应资格的人员。

③《危险化学品经营许可证管理办法》规定：从事危险化学品经营的单位应当依法登记注册为企业，并具备下列基本条件：

a. 经营和储存场所、设施、建筑物应符合《建筑设计防火规范（2018 年版）》（GB 50016）、《石油化工企业设计防火标准（2018 年版）》（GB 50160）、《汽车加油加气站设计与施工规范（2014 年版）》（GB 50156）、《石油库设计规范》（GB 50074）等相关国家标准、行业标准的规定。

b. 企业主要负责人和安全生产管理人员应具备与本企业危险化学品经营活动相适应的安全生产知识和管理能力，经专门的安全生产培训和安全生产监督管理部门考核合格，取得相应安全资格证书；特种作业人员经专门的安全作业培训，取得特种作业操作证书；其他从业人员依照有关规定经安全生产教育和专业技术培训合格。

c. 有健全的安全生产规章制度和岗位操作规程。

d. 有符合国家规定的危险化学品事故应急预案，并配备必要的应急救援器材、设备。

e. 应符合法律、法规和国家标准或者行业标准规定的其他安全生产条件。

（2）细化安全监管职责 《危险化学品安全管理条例》明确了危险化学品的生产、储存、使用、经营、运输实施安全监督管理相关部门监管职责：

① 安全生产监督管理部门负责危险化学品安全监督管理综合工作，组织确定、公布、调整危险化学品目录，对新建、改建、扩建生产、储存危险化学品（包括使用长输管道输送危险化学品）的建设项目进行安全条件审查，核发危险化学品安全生产许可证、危险化学品安全使用许可证和危险化学品经营许可证，并负责危险化学品登记工作。

② 公安机关负责危险化学品的公共安全管理，核发剧毒化学品购买许可证、剧毒化学品道路运输通行证，并负责危险化学品运输车辆的道路交通安全管理。

③ 质量监督检验检疫部门负责核发危险化学品及其包装物、容器（不包括储存危险化学品的固定式大型储罐）生产企业的工业产品生产许可证，并依

法对其产品质量实施监督，负责对进出口危险化学品及其包装实施检验。

④ 环境保护主管部门负责废弃危险化学品处置的监督管理，组织危险化学品的环境危害性鉴定和环境风险程度评估，确定实施重点环境管理的危险化学品，负责危险化学品环境管理登记和新化学物质环境管理登记；依照职责分工调查相关危险化学品环境污染事故和生态破坏事件，负责危险化学品事故现场的应急环境监测。

⑤ 交通运输主管部门负责危险化学品道路运输、水路运输的许可以及运输工具的安全管理，对危险化学品水路运输安全实施监督，负责危险化学品道路运输企业、水路运输企业驾驶人员、船员、装卸管理人员、押运人员、申报人员、集装箱装箱现场检查员的资格认定。铁路监管部门负责危险化学品铁路运输及其运输工具的安全管理。

⑥ 卫生主管部门负责危险化学品毒性鉴定的管理，负责组织、协调危险化学品事故受伤人员的医疗卫生救援工作。

⑦ 工商行政管理部门依据有关部门的许可证件，核发危险化学品生产、储存、经营、运输企业营业执照，查处危险化学品经营企业违法采购危险化学品的行为。

⑧ 邮政管理部门负责依法查处寄递危险化学品的行为。

(3) 全面加强危险化学品安全生产工作　为全面加强危险化学品安全生产工作，有力防范化解系统性安全风险，坚决遏制重特大事故发生，有效维护人民群众生命财产安全，2020 年 2 月，中共中央办公厅、国务院办公厅印发了《关于全面加强危险化学品安全生产工作的意见》[9]，对危险化学品储存运输的安全提出具体要求：

① 加强重点环节安全管控。涉及“两重点一重大”的化工装置或储运设施自动化控制系统装备率、重大危险源在线监测监控率均达到100%。加强全国油气管道发展规划与国土空间、交通运输等其他专项规划衔接。督促企业大力推进油气输送管道完整性管理，加快完善油气输送管道地理信息系统，强化油气输送管道高后果区管控。严格落实油气管道法定检验制度，提升油气管道法定检验覆盖率。加强涉及危险化学品的停车场安全管理，纳入信息化监管平台。强化托运、承运、装卸、车辆运行等危险货物运输全链条安全监管。提高危险化学品储罐等储存设备设计标准。研究建立常压危险货物储罐强制监测制度。严格特大型公路桥梁、特长公路隧道、饮用水源地危险货物运输车辆通行管控。加强港口、机场、铁路站场等危险货物配套存储场所安全管理。加强相关企业及医院、学校、科研机构等单位危险化学品使用安全管理。

② 强化废弃危险化学品等危险废物监管。全面开展废弃危险化学品等危险废物排查，对属性不明的固体废物进行鉴别鉴定，重点整治化工园区、化工企业、危险化学品单位等可能存在的违规堆存、随意倾倒、私自填埋危险废物等问题，确保危险废物储存、运输、处置安全。

③ 强化激励措施。全面推进危险化学品企业安全生产标准化建设，提高危险化学品生产储存企业安全生产费用提取标准。推动危险化学品企业建立安全生产内审机制和承诺制度，完善风险分级管控和隐患排查治理预防机制，并纳入安全生产标准化等级评审条件。

④ 提高科技与信息化水平。研究建立危险化学品全生命周期信息监管系统，综合利用电子标签、大数据、人工智能等高新技术，对生产、储存、运输、使用、经营、废弃处置等各环节进行全过程信息化管理和监控，实现危险化学品来源可循、去向可溯、状态可控，做到企业、监管部门、执法部门及应急救援部门之间互联互通。

⑤ 完善监管体制机制。按照“管行业必须管安全、管业务必须管安全、管生产经营必须管安全”“谁主管谁负责”原则，严格落实相关部门危险化学品各环节安全监管责任，实施全主体、全品种、全链条安全监管。按照《危险化学品安全管理条例》规定，应急管理、交通运输、公安、铁路、民航、生态环境等部门分别承担危险化学品生产、储存、使用、经营、运输、处置等环节相关安全监管责任。

⑥ 健全执法体系。建立健全省、市、县三级安全生产执法体系。危险化学品重点县（市、区、旗）、危险化学品储存量大的港区，以及各类开发区特别是内设化工园区的开发区，应强化危险化学品安全生产监管职责，落实落细监管执法责任，配齐配强专业执法力量。

2. 国外对危险化学品储运的安全监管

（1）欧盟对危险化学品储运的安全监管　近年来，将危险化学品的储运管理视为危险化学品的生命周期管理的一个重要部分，系统化、全方位地加强全生命周期中各个阶段的安全管理，成为以欧盟为代表的国际社会危险化学品管理的发展趋势[10]。

随着欧盟化学品新政策（包括 REACH 法规、CFP 法规）正式实施，欧盟对约三万种常用化学品通过注册、评估和许可三个环节实行全面安全监控。此外，还针对危险化学品的生产、运输、废弃环节颁布了新的管理法规和指令，从而建立了从进口、生产到废弃的全生命周期的完整法规体系，其法规标准见表 1-9。

表 1-9 欧盟危险化学品全生命周期中不同阶段法规标准汇总表

生命周期阶段	法规名称	备 注
生产	关于防止危险物质重大事故危害的指令96/82/EC	重大危险源设施的判定基准，主要安全管理制度
	关于现有化学品风险评估与控制的法规793/93/EEC	优先测试化学品名单，优先物质的风险评价
加工处理	关于保护工人避免在作业场所暴露在化学、物理和生物因子的指令 80/1107/EEC	职业安全和劳动保护
运输	联合国《关于危险货物运输的建议书·规章范本》(TDG) 国际海运危险品法规(IMDG) 国际航协危险品法规(IATA DGR) 欧洲铁路运输中心局《国际铁路运输危险货物技术规则》(RID) 欧经会《国际公路运输危险货物协定》(ADR)和《国际内河运输危险货物协定》(ADN)	危险化学品的运输要求和限制
使用	有关某些危险物质和制剂限制销售和使用的指令 76/769/EEC	旨在限制某些有害物质及混合物的销售及使用
	关于化学品安全数据说明书的指令 91/155/EEC	欧盟内上市危险物质安全数据说明书内容要求
	关于农作物保护产品上市销售的指令 91/414/EEC	农药上市销售、使用、包装标签以及登记资料要求等
	关于某些危险化学品进出口的理事会法规EEC No. 2455/92	禁止或严格限制化学品进出口规定和报告制度
废弃	关于申报物质对人类和环境风险评价原则的指令 93/67/EEC	风险评价的原则，对人类健康和环境风险评价的要求
	关于限制某些活动和装置有机溶剂使用产生的 VOC 排放的指令 1999/13/EC 关于限制大型焚烧装置某些空气污染物排放的指令 2001/80/ EC	焚烧装置大气污染物排放控制，减少形成酸雨的酸性污染物和臭氧前体的排放 有机溶剂使用过程中挥发性有机化合物的排放控制
其他综合性法规	欧盟 CLP 法规 欧盟 REACH 法规	目前全球最完善、最先进的危险化学品分类，标记和包装方法。是对所有化学品实施统一管理的系统，是《化学品的注册、评估、许可和限制》的简称

(2) 美国对危险化学品储运的安全监管 美国要求储存企业须公开危险化学品种类分级，将危险化学品的危险等级由低到高分为三类，按照不同安全级别实行依次增强的包装、运输、储存办法。在运输方面，美国成立运输事故应急委员会[11,12]。委员会内包括企业、运输商、分销商、政府等，专门向危险化学品运输途中经过地区提供应急救援信息和技术援助。在存储方

面，当地政府、消防要与存储、使用危险化学品的企业保持密切沟通，企业必须清楚并公布自己公司内存储的危险化学品种类及属性。当地消防部门要知道哪些企业有危险化学品，并且要掌握存储危险化学品的关键位置和设备，另外还要通过培训确保接触危险化学品的每一个员工知道自己接触的危险化学品的毒性、最大允许暴露值、稳定性等属性，一旦发生意外应知晓如何处置。

（3）英国对危险化学品储运的安全监管　英国成立国家化学事故应急咨询中心，该中心设立危险化学品 24h 应急专家电话，向消防、公安、医疗等系统提供危险化学品存储、运输、事故处理等相关问题的专业意见和技术援助。运输危险化学品的司机应经过培训，获得危险货物运输车辆驾驶证书方可驾驶，应熟知危险化学品的属性，运输中应保持中速行车。驾驶员培训合格证书有效期为 5 年，每 5 年要重新培训、认证一次。

（4）德国对危险化学品储运的安全监管　德国危险化学品集装箱设自动消防装置，采用罐式集装箱包装危险化学品，像装甲一样防止泄漏及引燃引爆。集装箱中转站遍布消防水龙头、消防泡沫罐等消防设施。根据危险化学品种类，有的还有自动消防装置，保证几十秒甚至几秒内能自动启动救灾。存储地设置最低排水口，排水口通向特定集水池。一旦发生泄漏，保证存储地所有的危险化学品都排向此集水池，防止危险化学品漫流散布。对员工、客户和辅助人员进行情况通报和安全教育，掌握紧急情况的应对技能，确保接触危险化学品每个环节的工作人员熟知危险化学品种类、属性及应急措施。

（5）日本对危险化学品储运的安全监管　在储存上，日本从事危险化学品储存的工作人员须持证上岗。将危险化学品分为甲、乙、丙三种，甲种危险化学品从业者除了要有资格证，还需要具有 2 年以上危险物品处理经验。所有危险化学品相关从业者每 3 年要进行一次集中培训，更新危险化学品处理知识与技能。在运输上，规定驾驶员每 4h 运送作业中要有 30min 休息时间，要填写驾驶时间记录。对从事危险化学品运输的驾驶员实行驾驶员确认制度，要求驾驶员负责确认危险化学品的品名、数量、注意事项、灭火器捆绑等是否完备。日本化学工业协会还在各条重要运输线路途中设立紧急联络地点。

（6）新加坡对危险化学品储运的安全监管　新加坡对化工项目布局有整体规划，炼化设施大多集中在距主岛不足两公里的裕廊岛以及附近一些岛屿上。建立新的工业设施必须位于合适的工业区内，并且符合污染控制标准。如果要处理一定量的可能造成污染的危险化学品，则必须远离人们的居住区域。化工行业的企业必须向政府有关部门提交量化风险分析报告，列明危险化学品的使用、存储和运输过程中所有可能存在的危险和风险。

三、推进危险化学品储运责任关怀

危险化学品储运企业是安全生产工作责任的直接承担主体。全面落实主体责任，发挥储运企业自身安全管理、安全投入的积极性、主动性，是实现行业安全的根本措施。而由于储运的作业范围往往突破企业厂区的周界，储运事故危及社区民众安全，甚至造成环境污染，因此，落实危险化学品储运企业的安全责任，还要落实对公众的安全、环境责任。

1. 责任关怀的产生和发展

责任关怀（responsible care）属于道德规范的范畴，是为了赢得公众对化工行业的信心与信任、持续地提高人民生活水平和生活质量而许下的承诺。1985年由加拿大政府首先提出，1992年被国际化工协会理事会（International Council of Chemical Associations，ICCA）接纳并形成在全球推广的计划。

责任关怀是指全球化工行业自发地在健康、安全和环保（HSE）方面所采取的行动计划。企业以自愿通过与政府和其他利益相关者进行合作的方式，达到或超越法规要求的承诺，致力于在一个对提高社会生活水平和生活质量至关重要的行业中建立信心和信任[13]。

近30年来，“责任关怀”在全球50多个国家和地区得到推广，几乎所有跻身世界500强的化工企业都践行了这一理念。

进入21世纪以来，我国对“责任关怀”事业给予不断地关注。2002年，中国石油与化学工业协会［现中国石油和化学工业联合会（CPCIA）］与国际化学品制造商协会（AICM）签署推广“责任关怀”合作意向书。2005年、2007年、2009年、2011年召开了四届全国责任关怀促进大会。2008年开始制定我国责任关怀实施准则，2010年CPCIA与AICM签署了战略合作协议。2011年颁布我国责任关怀实施准则，即化工行业标准《责任关怀实施准则》（HG/T 4184—2011），同时成立中国石油和化学工业联合会责任关怀工作委员会，2018年正式成为国际化工协会理事会（ICCA）的会员。

2. 我国危险化学品储运的责任关怀

落实责任关怀要遵循6个方面的行动准则[14-16]，即社区认知和应急响应准则（community aware-ness and emergency response）、储运安全准则（distribution）、污染防治准则（pollution prevention）、工艺安全准则（process safety）、职业健康安全准则（employee health & safety）、产品安全监管准则（product stewardship），详细的行为标准都是围绕这6方面制定的。

储运安全准则被列为6项准则之一，可见其在化工行业的重要地位。化工产品被生产出来后都要在工厂暂时储存，然后采取不同运输方式运往本地或外地的分销商、用户等。在储运过程中，管理稍有不善，就会发生安全事故。在危险化学品储运环节推行责任关怀就是要引导企业积极践行储运安全准则，并通过工作经验的交流提升行业储运安全管理能力和技术水平，进一步在专业化层面推动责任关怀活动的有序开展，从而提升石油和化学工业在公众心目中的正面形象。

针对我国危险化学品储运企业自律不够、安全理念不强，造成事故易发多发的现象，为了提高危险化学品运输的安全管理水平，2015年3月在上海召开的第二届中国危险化学品物流与道路运输国际高峰论坛上，提出将责任关怀理念注入危险化学品物流与运输环节，通过推行责任关怀，进一步提高运输安全水平。

2015年12月，中国责任关怀储运安全组年度工作会议上确认，包括我国危险化学品海运、陆运、仓储的前30名高端企业在内的156家会员单位均践行责任关怀储运安全管理准则，取得了明显成效，为提升我国危险化学品储存、运输整体安全管理水平做出了重要贡献。

在危险化学品储运环节推行责任关怀的关键是：

（1）突出风险管理　在危险化学品储运环节推行责任关怀首先需要对风险进行识别，根据风险评价的结果制定相关作业流程，减少向外界环境排放危险化学品的风险。保护储运链中涉及的所有人员，这些程序应有具体细致的操作规程，并予以严格遵守。同时还要制定危险化学品储存、装卸、运输、安全处置控制程序，确立企业危险化学品装卸程序，制定危险化学品容器的拆除、报废、清洗作业标准，为下游用户提供搬运、储存、使用等环节技术指导。

（2）抓住关键环节　责任关怀在储运企业成功实施有四个关键之处：一是企业纪律要严格，要管理好员工、设备和车辆，在运输中不超速、不超载；二是危险化学品物流相关协会要发挥协作领导作用，帮助企业了解和学习国家最新政策；三是制定合理的法律法规约束和规范危险化学品运输市场；四是危险化学品物流的责任关怀需要媒体及公众来进行监督。

同时，危险化学品储运企业要加强与外界的沟通，接受公众的监管，让危险化学品运输在安全下运行。

（3）塑造安全文化　责任关怀是一个理念的问题，其基础是安全文化。在企业、客户和物流商之间建立强大的责任关怀和产品监管的文化，是管理危险化学品运输风险的最佳途径。这对避免事故，避免人员伤亡，避免损害公司、产品和国家声誉至关重要。责任关怀要求从业人员不断改进健康、安全、环保水平，同时也需要保持和公众的沟通。而且，责任关怀的认识不单单局限于安全与风险管理的理性资料，也应该给予感性的意义和目标。因为责任关怀关系到保护人们的生命安全，每个从业人员都应当承担起自己的责任。

（4）注重微观细节　在危险化学品物流与运输方面，有诸多微观细节的工作需要认真对待。例如，液氯钢瓶等回收时需严格执行登记制度。若判断残留物可能不是原装化学品，应取样化验，明确残留物的品种，并应彻底去除，钢瓶还应定期进行清洗。再如，危险化学品包装容器重复使用这样的“小事”。诸如此类的事，显然危险化学品储运各个环节的从业者都是可以做到的。

践行责任关怀，最重要的还是理念上的转变与创新。只要打开视野、创造新途径，推广责任关怀就能够取得新的实效。

四、危险化学品储存管理与技术进展

1. 国外危险化学品储存

危险化学品的储存风险与储存数量、储存种类和储存场所等密切相关。国外对于危险化学品的储存管理非常重视，制定了一系列标准[17,18]，例如澳大利亚和新西兰的“*The storage and handling of mixed classes of dangerous goods, in packages and intermediate bulk containers*”（AS-NZS 3833：2007）对小量储存、零售储存、中转储存和废弃储存分别进行了规定，美国等对危险化学品的混合储存开发了指导软件，对多种危险化学品混合储存进行更准确的指导。

（1）小量储存　小量储存是指危险化学品以商业或产品形式使用包装或中型散装容器盛装，储存数量小于或等于表 1-10 中的数量。表 1-10 中的可燃液体包括易燃液体，以及任何具有闪点且闪点低于沸点的液体，划分为两个类别：类别 C1 的液体闪点小于等于150℃；类别 C2 的液体闪点高于150℃。允许在同一时间和同一区域内储存不同包装级别的最大限制数量的危险化学品，即包装类别Ⅰ、Ⅱ、Ⅲ以及可燃液体的最大数量可以在同时同区域储存。对于5.2 项有机过氧化物，最小储存量的限制是 10kg 或者 10L。

表 1-10　小量储存数量限制　　单位：kg 或 L

项目	包装类别Ⅰ	包装类别Ⅱ	包装类别Ⅲ	可燃液体
数量	25	250	1000	1500

（2）零售储存　当危险货物以小包装零售时，对零售店和零售配送中心提出相应的储存要求。对于满足表 1-11 数量限制的零售环节的危险化学品，储

存的货架要有足够的通风，能够分散粉尘、烟雾或蒸气。货架的设计要合理，能够承受所堆载危险化学品的最大承载量，货架应使用能吸收液体且与所储存危险化学品相容的材质。液体危险化学品不能储存在同体危险化学品的上方，瓶装液体危险化学品应当储存在较低的货架上。

表 1-11 危险货物零售最大尺寸

<table>
<tr><th>类别</th><th>最大包装量</th><th>最大限量</th><th>隔离要求</th></tr>
<tr><td>2.1(不可再充装)</td><td>1L</td><td>100L</td><td>类别 2 以及气雾剂应与其他易燃液体隔离 1.5m 以上</td></tr>
<tr><td rowspan="3">2.2
气雾剂(不具有 2.3 或 6.1 的副危险性)</td><td>120mL</td><td>100L</td><td rowspan="3">隔离至少 20m</td></tr>
<tr><td>1L</td><td>2000L</td></tr>
<tr><td>20L</td><td>包装类别Ⅱ:3×250L；
包装类别Ⅲ:3×500L；
如果使用 20L 容器，总量不能超过 200L</td></tr>
<tr><td>可燃液体 C1 和 C2</td><td>20L</td><td>C1:2000L
C2:2500L</td><td></td></tr>
<tr><td>4.1</td><td>500g</td><td>1000kg(或 L)</td><td>与类别 2 以及气雾剂隔离距离至少 1.5m，与 5.1 项隔离距离至少 3m</td></tr>
<tr><td>4.3</td><td>500g(或 mL)</td><td>20kg</td><td>不能在含水物质的下方储存，且与含水物质的隔离距离至少为 1.5m</td></tr>
<tr><td rowspan="2">5.1</td><td>20kg(或 L)</td><td>1200kg</td><td>5.1 项应与类别 3 以及可燃液体隔离至少 3m，与食品隔离至少 5m，不同游泳池化学品之间隔离至少 1m</td></tr>
<tr><td>10kg(片状游泳池杀菌氯)</td><td>加油站:250kg
一般零售店:2000kg
游泳池用品商店:4000kg(或 L)</td><td></td></tr>
</table>

如果包装发生泄漏，应不影响其他危险化学品，不相容的危险化学品不能储存在同一货架上，6.1 项和第 8 类危险化学品应远离食品储存。应急程序应与商店的规模相适应，所有人员在就业时应接受适当的应急程序培训，并提供适当的个人防护设备。

(3) 货物运输前的中转储存　危险化学品在提交运输之前有暂时的储存过程，储存过程超过 12h，但少于 5 个工作日，一般储存于自然环境中，而不是正规的储存仓库。多种类别危险化学品的储存应当互相隔离，且与其他储存区域距离至少 15m。危险化学品之间的隔离应满足表 1-12 要求。

表 1-12 多种危险化学品混储时的隔离要求

总量/kg(或 L)		最小距离/m
包装类别Ⅰ,包装类别Ⅱ	包装类别Ⅲ,UN1950 的气雾剂以及可燃液体 C1 和 C2	
	≤4000	3
≤4000	≤16000	5
≤7000	≤28000	6
≤10000	≤40000	7
≤14000	≤56000	8
≤20000	≤80000	9

注：对于包装类别Ⅰ，仅适用于相容的危险化学品。

对危险化学品中转储存的要求：

① 每个中转储存区域的危险化学品总量不能超过 200t；

② 每一个托盘或堆垛的最大数量在中转仓库区域不得超过 25t，且托盘或堆垛之间等至少隔离 5m 的距离；

③ 当 5.1 项危险化学品中转储存时，与其他类别的危险化学品的隔离距离最小为 5m；

④ 第 6.1 项和第 8 类危险化学品在中转储存时与食品区域的隔离距离至少为 3m；

⑤ 第 2.1 项、第 3 类、第 4.1 项、第 4.2 项、第 4.3 项、第 5.1 项和第 5.2 项危险化学品在中转储存时，1m 之内不能有固定火源；

⑥ 储存区域每 150m 内应当至少有 1 个灭火器。

(4) 废弃储存　任何储存危险化学品的场所都应该有储存危险化学品废弃物的设施。对于满足危险化学品定义的待处理的化学废弃物，应满足相应的储存隔离和消防要求。对于继续储存或者需要回收的废弃物，应当进行评估。

(5) 混储禁配要求

①《危险化学品活性危害与混储危险手册》。《危险化学品活性危害与混储危险手册》论证了化学品的化学结构特点与常态或加工条件下的稳定性的关系，两种以上化学品混合后，发生危险活性反应的可能性，反应失控的可能性，为化工安全设计、工艺变更或设备变更的安全提供技术依据或指导，为化学品的储运提供技术支持。

② 化学品相容性表。目前通用的化学品相容性分类是 1983 年由美国海岸警卫队（USCG）提出的，即化学品相容性表（USCG Incompatibility Chart）。根据相容性将化学品分为两大族：反应族和非反应族。其中，反应族又分为 22 类，包括氧化性无机酸、有机酸、醛、氨基化合物等；非反应族分为 21

类，包括烯烃、芳香烃、硝基化合物等。非反应族的各类之间，相互可相容；反应族的各类之间、反应族与非反应族各类之间，相互间存在着不相容性。

③ 化学反应性工作表。美国国家海洋和大气管理局（NOAA）的响应和恢复办公室与环境保护局、化工过程安全中心开发的化学反应性工作表（chemical reactivity worksheet，CRW）包括多种常见有害化学品的反应信息数据库。数据库包括每种化学品的特别危害和是否与空气、水或其他物质反应的信息。该工作表可以预测数据库内化学品混合可能产生的危险反应。例如，在表中输入保险粉和硝酸钠后，就可以知道这两种化学品混合后可能发生的危害反应。

2. 我国危险化学品储存的进展

危险化学品储存技术与管理的进展主要体现在企业、政府两个层面上[19,20]。

（1）企业方面

① 进一步明确主体责任。仓储企业主要负责人是安全第一责任人，应贯彻落实法律法规，建立健全安全管理机构。同时，企业主要负责人自身应提升安全意识，落实主体责任，加强自身管理，完善自身的规章制度，严惩违规操作，杜绝员工不安全行为。

② 全面推进仓储安全生产标准化管理。适当选址，合理布局，从而建立良好的仓储环境；严格按照规定提取和使用安全费用，完善相应的设备、设施，及时维修更换旧设备；规范危险化学品出入库的登记上报制度，严格按照标准进行存放，做好危险化学品保管、盘点检查及保卫工作；认真开展巡检管理，及时发现并处理事故隐患，不断加强企业安全生产标准化建设，持续提高安全生产标准化管理的水平。

③ 运用现代信息手段，构建仓储管理系统。运用现代信息技术、物联网技术、GPS技术等，构建仓储管理信息系统，并实现企业危险化学品出入库及仓储信息与政府监管部门共享，实现仓储管理信息化。提升企业安全管理科学性、有效性，同时也提高事故应急处置的科学性和有效性。

④ 提升专业管理水平。引进专业的技术人员、专业的管理人才，提高企业的技术水平和管理水平，降低事故发生概率。

⑤ 完善企业应急救援预案。严格遵循法律法规做好危险化学品登记申报工作，明确企业内的危险化学品种类、数量，掌握各类危险化学品的特性和火灾特点，制定针对性较强的应急预案，统一指挥。经常进行消防演练，同时救援行动需要社会各方面力量的密切配合和协同。

⑥ 加强社会监督。仓储企业应公开企业事故风险、事故发生后的应急避险措施，应邀请周边群众参与企业组织事故应急演练，确保员工、群众的监督权和知情权。

（2）政府方面

① 推进法制化、标准化建设。虽然目前已有《危险化学品安全管理条例》《常用化学危险品贮存通则》（GB 15603）等多项法律法规及标准，但是对于危险化学品仓储企业的针对性不强，因此要逐步整合、完善相关法律法规及标准，使企业按照统一的法律法规及标准的要求进行仓储活动和安全管理，落实危险化学品仓储企业主体责任。

② 严格安全监管。要严格执行《危险化学品经营许可证》的发放制度，对危险化学品事故高发地区、事故高发企业、事故高发时间段进行专项监督检查，重视数据的收集与分析。

③ 消除监管盲区。目前危险化学品企业监管部门众多，且不同监管部门依据的标准要求不统一、各部门的责权范围不是很明确、缺少联合执法，容易出现执法盲区。因此，应简化和合并职能基本相同的监管部门，进一步明确各监管部门的责权范围，推行联合执法，避免出现执法盲区。

④ 开展专项整治。着重于法律法规的落实，坚决打击非法仓库，取缔废旧仓库；仓库应明确专人管理，并加强监督。对仓储事故原因、相关责任人的处罚面向全社会公开，从而提高整个行业的仓库管理水平。

⑤ 引进先进的仓储管理理念。适当地开放市场，积极向国外学习，总结经验教训；推动校企合作，为企业培养专业的管理人才、操作人才以及技术人才；加强资源整合，建立仓储网络，辨证地采用国外的仓储标准，与国际化学品管理体系接轨。

五、危险化学品运输管理与技术进展

1. 国外危险化学品运输

（1）国际组织危险货物运输安全管理　当前，许多国际组织具有危险货物运输安全管理的职能，负责危险货物运输安全和相关法律规范的编制等工作[21]。依据这些组织的管辖范围，可以将其分成两类：一类是国际性的组织，如联合国危险货物运输专家委员会、国际海事组织、国际民间航空组织、国际原子能机构等；另一类是地区性的国际组织，如欧盟经济委员会、欧洲铁路运输局等。这些国际组织，目前已形成了联合国化学品分类和标志全球协调系统、以危险货物运输专家委员会为中心的包含各单项国际组织和地方组织的危险货物运输安全管理的组织体系。

联合国危险货物运输专家委员会是国际上进行危险货物运输安全管理的最高层组织。该委员会每年组织两次专家会议，由小组委员会主席主持，政府组织和非政府组织的专家代表参加，政府组织包括中国在内的22个成员国。国际铁路运输多边组织（OTIF）等政府间组织，国际原子能机构（IAEA）、国际海事组织（IMD）、国际民航组织（ICAO）等联合国专门机构也派代表参加。议题主要包括：爆炸品和相关事项；一览表、分类和包装；电能存储系统；电子数据交换（EDI）；对危险货物运输规章范本的一些补充建议；关于危险货物运输规则与联合国规章范本的协调以及其他议题。

（2）美国危险货物运输管理　美国运输部机构单一，是所有运输方式唯一的管理机构，下设美国运输部管道与危险物品安全管理局、联邦汽车运输安全管理局、联邦铁路局、联邦航空总署四个部门，各自均对其管辖范围内的危险运输企业进行监管，部门职责界定清晰。不仅如此，美国运输部有很多专业技术工程师，可以为法规制定提供支持，同时将各种所需专业人才归入综合部门，由单一机构管理，节省人力资源，提高效率。美国运输部管道与危险物品安全管理局下设7个办公室。如果对法规进行修改时，美国政府会将信息公开化，放在一个公共网站上，让所有政府部门和公众来了解法规。此外，美国在对危险品运输收费或罚款后，会将这笔费用作为基金，培训当地危险品运输企业。目前美国也参与了多个国际危险品运输组织，如联合国危险货物运输专家委员会、联合国化学品分类和标志全球协调系统专家委员会、国际民航组织危险品专家小组等。

（3）欧洲危险货物运输管理　欧洲各国基本上都有对危险品运输管理的专门机构，它们中的绝大部分都已纳入道路运输（含危险货物运输）管理机构[22]。欧洲建立了统一、规范、针对性强的危险品道路运输行业标准，如《危险货物国际道路运输欧洲公约》。欧洲各国对危险货物运输的准入条件相当苛刻，包括驾驶证、老板是否有前科、起始资金等。另外，值得借鉴的是所有的标准、法规均有MSDS（货品安全信息卡——化学品生产商和进口商用来阐明化学品的理化特性以及对使用者的健康可能产生危害的一份文件）及各种运输单证在生产商、货运代理、运输车队、船舶公司、航空公司、仓储、接收站、分销商、下游企业、消费者等各个流转环节的交接转移的要求。

（4）日本危险货物运输管理　日本对危险货物物流的管理较严格，近年来，为了应对国际化发展趋势，通过了《消防法》《火药取缔法》《毒剧物取缔法》等法律制度，对危险品的储藏、运送、保管、处理等做了较为详细的规定，同时对从事危险品业务的企业进行了严格的规定，设施设备要符合标准，上岗人员要具有资格等[23]。另外，从事危险品业务的企业在得到管理部门的营业许可证后，还必须将企业的状况、经营方位、设施状况等在业务开始之前向所在地的消防和市政部门提出，消防和市政部门有权到运输设施内进行检查和防灾指导。规定从事危险品处理工作的人员，每 3 年以内，必须接受一次都、道、府、县举行的集中学习。在危险品运输事故防止对策上，推行运行管理员制度，对运行速度进行管理，实行驾驶员确认制度。

2. 我国危险化学品运输的进展

（1）公路运输　危险货物道路运输不仅涵盖托运、承运、装卸、车辆运行等多个环节，还包括车辆、容器、包装等多个要素，系统性、整体性、协同性强，涉及交通运输、工业和信息化、公安、生态环境、应急管理、市场监管等多个部门监管职责。

2019 年 11 月 28 日，由交通运输部、工业和信息化部、公安部、生态环境部、应急管理部、市场监督管理总局六部门联合制定的《危险货物道路运输安全管理办法》统筹了现行危险货物道路运输管理相关法律法规和标准规范，注重吸取事故教训、解决行业突出问题，注重接轨国际规则、借鉴先进经验，强化政策衔接和多部门协同监管，着力构建“市场主体全流程运行规范、政府部门全链条监管到位、运输服务全要素安全可控”的危险货物道路运输全链条安全监管体系[24]。

《危险货物道路运输安全管理办法》提出了公路危险货物运输 10 个方面的管理和技术创新要求[25,26]：

① 建立托运清单制度，强化源头安全管理。《危险货物道路运输安全管理办法》明确托运人在危险货物信息确定、妥善包装、标志设置及相关单证报告提供等方面的义务，要求托运人在托运危险货物时应当提交托运清单，不得匿报谎报，强化运输源头管理。

② 强化装货环节安全管理，堵住制度漏洞。《危险货物道路运输安全管理办法》要求装货查验“五必查”：车辆是否具有有效行驶证和营运证；驾驶人、押运人员是否具有有效资质证件；运输车辆、罐式车辆罐体、可移动罐柜、罐箱是否在检验合格有效期内；所充装或者装载的危险货物是否与危险货物运单载明的事项相一致；所充装的危险货物是否在罐式车辆罐体的适装介质列表范围内，或者满足可移动罐柜导则、罐箱适用代码的要求。

③ 建立运单制度，强化运输过程安全管理。《危险货物道路运输安全管理办法》明确规定“禁止危险货物运输车辆挂靠经营”；建立危险货物运单制度；明确运输企业在发车例检、安全告知及车辆动态监控等方面的义务。

④ 建立常压危险货物运输罐车检验制度。《危险货物道路运输安全管理办法》规定，只有经具备专业资质检验机构检验合格的罐车罐体方可出厂使用，重大维修改造需重新检验合格方可重新投入使用。

⑤ 完善货物与车辆安全性能匹配制度。《危险货物道路运输安全管理办法》规定，危险货物承运人应当使用安全技术条件符合国家标准要求且与承运危险货物性质、重量相匹配的车辆、设备进行运输。通过完善危险货物类别（危险性）与车辆安全性能要求匹配制度，落实“放管服（简政放权、放管结合、优化服务）”要求，加强事中事后监管。

⑥ 强化从业人员安全教育培训。《危险货物道路运输安全管理办法》规定托运人、承运人、装货人应当按照相关法律法规和《危险货物道路运输规则》（JT/T 617）要求，对本单位相关从业人员进行岗前安全教育培训和定期安全教育。未经岗前安全教育培训考核合格的人员，不得上岗作业。

⑦ 统一车辆通行管理政策。针对各地危险化学品车辆通行管控措施不统一的问题，《危险货物道路运输安全管理办法》明确公安机关可以对 5 类特定区域、路段、时段限制危险化学品运输车辆通行，并应提前向社会公布，确定绕行路线。

⑧ 完善应急救援措施。《危险货物道路运输安全管理办法》规定，托运人应当在危险货物运输期间保持应急联系电话畅通。

⑨ 实施小件危险品豁免管理。针对 84 消毒液等小包装日化品以及气雾剂和化工品试剂等低度危害物品合规运输成本高问题，《危险货物道路运输安全管理办法》完善了例外数量和有限数量管理制度，对符合要求的豁免按照普通货物进行管理。

⑩ 强化多部门协同监管。《危险货物道路运输安全管理办法》明确了交通运输部主管，县级以上地方交通运输主管部门负责，工业和信息化、公安、生态环境、应急管理和市场监管等相关部门按职责监督检查的管理体制。明晰部门监管职责，建立联合执法协作机制和违法行为移交机制。

（2）铁路运输

① 加快车辆和相关设施的更新改造。针对从事危险化学品铁路运输的车辆更新还不彻底，有部分车况较差的车辆仍在从事危险化学品铁路运输，部分企业自备槽罐安全管理不够到位，未定期对槽罐及安全设施进行检测、维护保养，充装和计量装置不够完好、准确等，应开发、完善相应的技术设施和管理手段，满足装载危险化学品需要。

② 加强过程的监督管理。针对在运输过程中超装和混装、押运人员思想麻痹、忽视安全的现象，必须在危险化学品承运过程中全面落实受理、

承运、装车、押运、编组、隔离、仓储保管、交付等各环节的签认制度以及押运区段负责制；全面强化过程监督，杜绝押运员中途擅离职守，未严格执行禁止溜放、限速连挂、编组隔离的规定，对成组连挂的随意分解，对停留在固定线上的罐车未采取防止溜车措施等现象；全过程、全方位开展事故隐患排查，消除一切未定期对驾驶人员、押运人员进行教育、培训，安全防护用品配备不足，在装卸过程中有时由于安全管理松懈、违章作业、装卸设施安全条件不符合要求等可能造成的事故隐患；完善事故后应急处置措施。

(3) 水路运输　近年来，我国港口行业产值及沿海、内河、远洋货运量都呈持续高速增长态势[27]。水上运输的不断发展，也带来不少深层次矛盾，如沿海散杂货运力不足、铁路运力与港口通过能力布局不够协调、港口综合集疏运系统需要进一步完善、沿海主要枢纽港口和主要内河通道能力偏紧等。这些矛盾，也对危险化学品的水路运输带来不利影响，产生了一系列安全问题。

① 加强港口安全管理。由于管理不严、操作不规范等原因，有的港口发生了作业人员伤亡和机械损坏事故，有的港口发生了危险货物瞒报装船，造成船舶发生重大火灾事故等。港口安全管理主要解决两个方面的问题：一是部分港口行政管理部门安全管理不到位，管理不够严格；二是有些地区港口危险品设施与城市生活区域布局不够合理，存在隐患，需要进行调整。

② 加强船舶和人员安全管理。从事危险化学品水上运输的船舶方面的问题主要有：安全技术条件水平不一，大量的老旧船舶仍在进行危险化学品的运输作业，为水上运输的安全带来隐患；部分个体运输户不具备安全技术条件的船舶仍在水上运行。这些船舶安全管理漏洞较多，过期未检，船上安全设施不全，未配备足量的消防器材，消防设施不符合要求，人员未经过专业培训持证上岗等，因此应加强对船舶和人员的安全管理。

(4) 管道运输　我国石油、天然气储运设施建设正在高峰期，已有14条油气输送管道投用，形成"两纵、两横、四枢纽、五气库"，总长超过1万千米的油气管输格局。管道运输需要解决的安全问题主要有：主要在役石油、天然气、成品油管线逐渐进入服务年限的后期，其故障率曲线从平稳期向耗损期过渡，事故增加、安全状况堪忧，而油气管输一旦发生安全事故，对社会和环境造成的影响将是灾难性的；安全管理依然存在缺陷，管道运行中时常发生超压、凝管、结蜡等事故，管道的腐蚀引起的泄漏现象比较严重，人员操作失误或违章作业也可能造成事故的发生；长输管道安全监管还存在漏洞，打孔盗油案件也频频发生，给管道运输的安全运行造成了极大的危害。

第三节 危险化学品储运系统安全

系统是相互联系、相互作用的诸元素的综合体。从系统学的观点看，危险化学品储存、运输系统的层次性十分鲜明。它作为一个相对独立的系统，既是危险化学品生命周期系统中的子系统或元素，又是由包装、储存、运输环节和其具体的作业过程汇集的上一级系统。危险化学品储运安全，既是危险化学品生命系统安全的重要内容，也是其下级元素安全性能的综合反映。危险化学品储运安全系统特征，决定了必须用系统安全的视角理解和处置其安全问题。

一、危险化学品储运的系统安全思维

1. 系统安全及其认识论

系统安全（system safety）的关键词是“系统”和“安全”，其寓意是“系统”的“安全”，即系统观指导下的、系统全寿命周期的、全局性的、协同的安全[28]。

系统安全思想认识论是系统安全的思维基础。表现在哲学上，是以整体性、辨证观去认识客观世界；表现在工程实践上，是从事物之间相互联系的角度去改造客观世界。具体表现为著名的系统安全三命题：

（1）安全是相对的思想　系统安全思想认为，世界上任何事物中都包含不安全因素，具有一定的危险性，不可能彻底消除一切危险源和危险性，安全意味着对系统危险性的容忍程度。因此，安全工作的首要任务就是在主观认识能够真实地反映客观存在的前提下，在允许的安全限度内，判断系统危险性的程度。

（2）安全伴随着系统生命周期的思想　系统安全思想认为，由于安全是相对的，那么，安全工作宁可降低系统整体的危险性，而不是只消除几种选定的危险源及其危险性；不应满足于阶段性的或局部的安全成果，而应追求贯穿于系统整个生命周期的本质安全化，使系统具有可靠且稳定的安全品质特性、安全管理质量和完善的安全防护、救助功能，使系统各要素始终处于最佳匹配和协调状态，系统安全状态始终处于动态的良性循环之中，系统风险降低到公认的安全指标以下。

（3）系统中的危险源是事故根源的思想　系统安全思想认为，系统的危险性源于系统中潜在的各种不安全因素，正是这些危险源在受到某些条件的触发后导致了事故发生。因此，实现系统本质安全化就必须辨识各类危险源，采取措施控制危险源和可能触发事故的不利因素。

系统安全认识论是指导危险化学品储运安全工作的思想基础。对于危险化学品储运系统而言，无论其储运对象、技术手段、工程装备等如何变化，无论安全措施如何完善、有效，系统中的危险化学品都不可能消除，储运安全工作永无止境；同时，无论危险化学品产业链如何发展，储运系统将永远存在并涵盖危险化学品生命周期的全过程，储运安全工作必须结合危险化学品产业系统性风险变化，持续不断地控制储运环节危险源和不安全因素，堵漏洞、补短板，才能实现系统的本质安全。

2. 系统安全方法论

系统安全思维指导下的安全工程实践方法，应始终坚持以下原则[29]：

（1）工程目标的整体化　即从整体观念出发，不仅把研究对象视为一个整体，还可以把系统分解为若干个子系统，对每个子系统的安全性要求要与实现整个系统的安全性指标相符合。要抓住系统中主要危险源和主要危险因素，协调各子系统、要素的关系，改进系统的机构和功能，实现系统整体的安全功能的提升。

（2）技术应用上的综合化　即从系统观点出发，将系统内部要素间的关系和不安全状态用互联网、大数据、云计算等现代技术量化表示，使人们能深刻、全面地了解和掌握系统安全发展趋势，综合、精准地应用多种学科技术，并使之相互配合，做出最优决策，保证整个系统能按预定计划达到安全目标。

（3）安全管理的科学化　即充分利用和不断创新现代安全管理理论和方法，寻找、发现系统事故隐患；预测由故障引起的危险；选择、制定和调整安全措施方案和安全决策；组织安全措施和对策的实施；对实施的效果进行全面的评价；持续改进，以求得最佳效果。

系统安全方法论是处理危险化学品储运安全问题的基本途径。在实施危险化学品储运系统安全的进程中，也必须坚持上述原则。在工程目标的整体化方面，就是要树立全局观念，辨识系统中的主要风险，克服薄弱环节，补齐系统短板。例如，针对道路运输风险突出、占储运事故比例较大情况，在一段时期内采取集中进行危险化学品道路运输安全整治、重点突破的措施，就能够整体、事半功倍地推进危险化学品储运系统安全；在技术应用上的综合化方面，就是要能够充分应用互联网技术，实时、动态、准确地掌握储运风险要素的状态，实现事故的有效预防、预警、应急处置；在安全管理的科学化方面，就是要突破传统安全管理体制、模式的束缚，不断总结成功经验，引入国内外先进理论和实践成果，变粗犷式、经验式安全管理为系统化、集约化、法制化安全管理。

二、危险化学品储运系统风险特征

运用系统安全认识论指导危险化学品储运安全工作，首先要认识危险化学品储运系统的风险特征。

1. 风险

（1）风险是描述储运系统危险性的客观量 风险（risk）是人们所关注事件发生、发展的不稳定、不确定性[30]。针对其不稳定、不确定程度，可以分为三种情况：

① 对于具有一定稳定性和确定性，且风险事件只有不幸后果的系统，风险是描述系统危险性的客观量。生产系统都是按照人们的意愿构建的，人们对其事故发生及其后果具有一定的预见性。因此，生产系统的事故风险可以基本确定。

② 对于稳定性和确定性较弱，且风险事件只有不幸后果的系统，风险是不幸事件发生不确定、损失难以预知的状态。对于自然灾害，人类目前还不具备预报、预防、预控的能力，其风险难以确定。

以上两种风险都只有损失的后果而无从中获利的可能，被统称为纯粹风险（pure risks）。

③ 投机风险（speculative risk）与纯粹风险相对应，是指稳定性和确定性较弱，但其后果既可能是不幸的也可能是有利的系统。经济系统的某些风险，其结果可能是危险和机遇并存，如投资、炒股、购买期货等，就存在投机风险。企业生产经营活动，也有投机风险的性质。

对于可知性和可控性较强的风险，根据国际标准化组织的定义（ISO 13702—2015），风险是衡量危险性的指标，是某一有害事故发生的可能性（概率）与事故后果（严重度）的组合。

储运系统和其他生产系统的风险都属于这种情况，其危险性可以用风险事件的概率、风险事件后果的严重度两个指标来综合衡量，如风险矩阵图（图 1-9）。

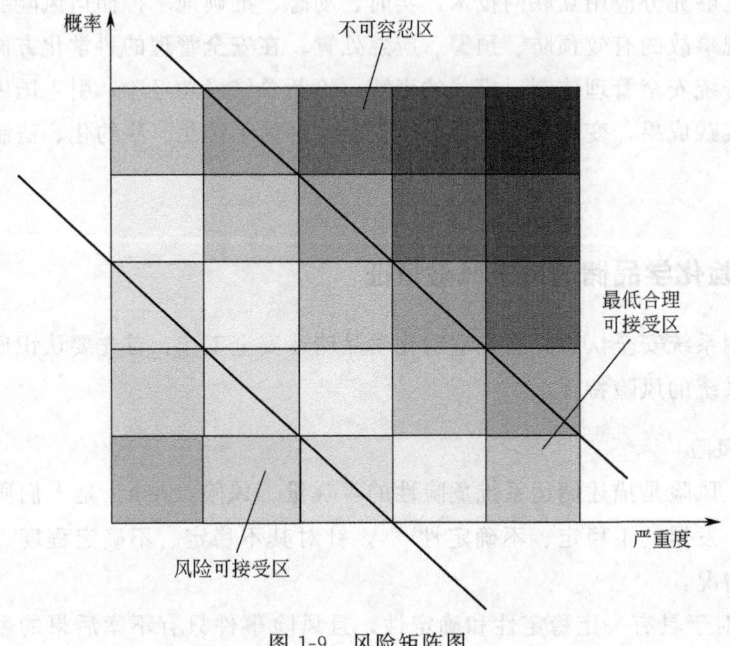

图 1-9 风险矩阵图

在图 1-9 中，横轴表示严重度指标，纵轴表示概率指标。考虑到风险具有一定的不确定性，图中用不同颜色的方块来大致确定系统风险指标的位置。根据风险指标值距原点的远近，可以将系统的危险性划为三个等级：处于风险可接受区的生产系统是可以达到安全要求的；处于不可容忍区的生产系统则具有完全不能接受的危险性；介于两者之间的是最低合理可接受区（as low as reasonably practically，ALARP），必须采取一系列最基本的安全措施，才能使生产系统的风险处于可接受的状态。

（2）风险指标与储运系统的两类危险源相关联　在众多事故致因理论中，能量意外释放事故致因理论最适合解释危险化学品储运事故机理。这个理论认为，人类的生产过程就是利用能量和控制能量，使其按照人们的意图产生、转换和做功的过程。如果由于某种原因失去了对能量的控制，使其突破了人们预设的屏障和约束，就会发生违背人类意愿的意外释放，造成事故，导致人员伤亡和财产损失。两类危险源在事故连锁中的作用见图 1-10。

这样，在事故的发生、发展过程中，就存在着两类相互依存、相互作用的危险源（即事故的根源）：第一类危险源是能够发生意外释放能量（如危险化学品储运中的化学能、电能、势能、动能等）和危险物质（如有毒、有害、可

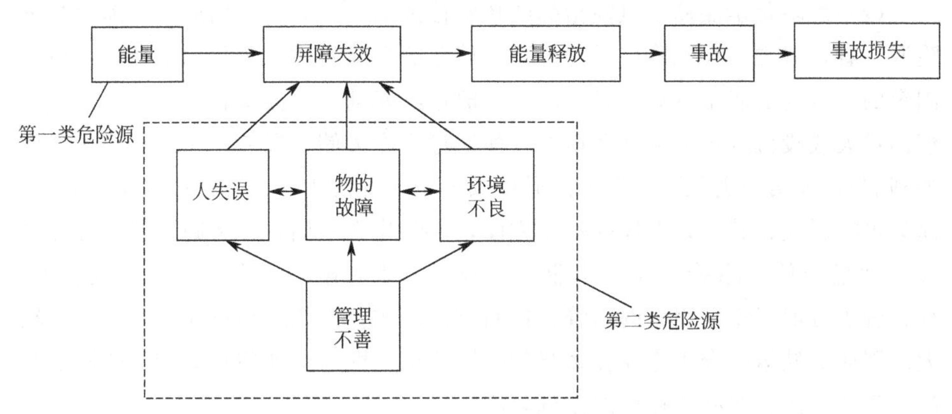

图 1-10 两类危险源在事故连锁中的作用

燃、可爆等危险化学品）的不安全因素，它是导致人员伤害或财物损坏的能量主体，决定了事故后果的严重程度；第二类危险源是导致屏障和约束失效的不安全因素（主要表现为相互作用的人失误、物的故障、环境不良三个方面及其背后的管理不善的因素），它是引发事故的直接原因，它出现的难易决定事故发生的可能性的大小。

可见，在储运系统中，第一类危险源与风险事件后果的严重度相关联，第二类危险源与风险事件的概率相关联。

2. 危险化学品储运风险的特殊性

（1）危险化学品储运风险的两重性更突出　从风险的概念上看，危险化学品储运是按照人们的意愿构建和运行的生产系统，其事故风险具有较强的可知性、可控性，而事故后果一定是不幸的，因此，属于前述第一种情况的纯粹风险，其风险指标是描述系统危险性的客观量。但是，由于危险化学品储运从本质上说是经济行为，需要通过降低运行成本来获利，否则就可能薄利甚至亏损。而降低成本最简单、最直接的做法只有两种：一是减少一切非直接、非必需的用于危险化学品储存、运输过程的资金、设备、条件、人员、时间、精力等的投入；二是增加危险化学品储存、运输的数量、品种。而这些做法很大程度上都是要以牺牲安全、环境为代价，这就使储运事故风险融进了投机的因素。而由于危险化学品储运过程监控的法律、制度、执行力受主客观各种因素的限制，远不如生产型企业严格、到位，储运作业以劳动密集型为主，作业人员安全意识参差不齐，其投机因素有比较“肥沃的土壤”，投机风险的特征就显得更加突出。因此，如何有效防控投机风险的趋势，是危险化学品储运风险管控的关键。

（2）危险化学品储运风险指标的特殊性鲜明　从风险的构成上（即两类危险源）看，首先，在风险严重性方面，储运的危险物质（危险化学品）一般是固定的，所需的能量（如运输动能）一般也不能削减，甚至有可能随着经营规模的扩大或投机意识的驱动而增加（如通过小库大储、混装、超载、超速来增加利润），即第一类危险源不可能通过减量化、替代化、无害化技术使其消减，而只可能增大；其次，在风险概率方面，危险化学品储存、装卸、储运过程中涉及大量个体、隐蔽、远程作业，政府、企业对第二类危险源——人、机、环、管等方面不安全因素的监管、控制难以落实，即第二类危险源监管难度较大。因此，储运安全工作要在系统危险性认识（即风险评估）基础上严格限制第一类危险源、严格监控第二类危险源。

三、危险化学品储运系统安全的时序维度

运用系统安全方法论指导危险化学品储运安全工作的技术途径是系统安全工程。系统安全工程是运用系统论、风险管理理论、可靠性理论和工程技术手段辨识系统中的危险源，评价系统的危险性，并采取控制措施使其危险性最小，从而使系统在规定的性能、时间和成本范围内达到最佳的安全程度。

系统安全工程认为，任何一项具体的安全工作都可以在时间维度上分解为前后关联、逐项递进的三项基本工作，即危险源辨识、危险性评价、危险控制。无论当前的安全水平如何，只要持续推进这三项基本工作，就可以不断提升系统的安全水平，达到规定的安全标准。系统安全的时序维度见图1-11[31]。

根据风险的概念，危险源辨识、危险性评价两项工作是对系统进行风险识别、风险分析、风险评价的工作，又被称为风险评估或系统安全分析。

1. 危险化学品储运的危险源辨识

危险源辨识又称为风险识别，是发现、识别、确认系统中危险源的工作[32]。

（1）危险源类别

① 危险源种类。根据引发事故的能量和危险物质种类分，储运危险源主要有：火灾危险源、爆炸危险源、毒性危险源，以及粉尘危险源、机械危险源、电气危险源、放射危险源、热媒危险源、冷媒危险源、噪声危险源等。

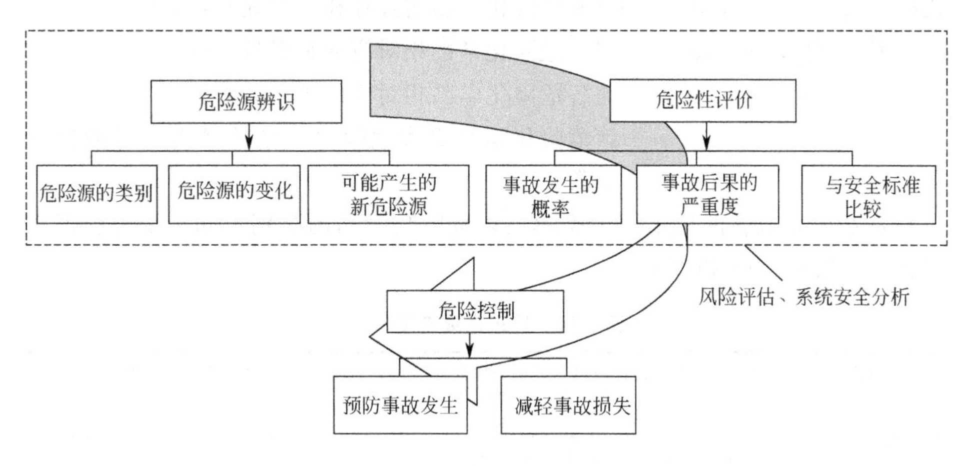

图 1-11 系统安全的时序维度

② 危害因素分析。危害因素是系统中决定危险源的危害程度和引发事故的难易程度的不安全因素。对储运系统危害因素的分析见表 1-13[33]。

表 1-13 危险化学品储运系统危害因素分析

项 目	危险化学品运输	危险化学品储存
危险化学品类别	类别繁多	类别相对固定
危险化学品存量	存量一定	存量变化，取决于生产情况
外部环境	随运输路线变化，较为复杂	基本不变
车辆/装置的复杂性	运输车辆设备较为简单	装置较为复杂
危害的可知性	基本均为已知危害	大部分为已知危害，存在部分未知危害
发生事故的原因	可能为运输车辆自身失效，也可能为外部事故导致	多由生产装置局部失效导致
风险变化程度	风险随外部环境高度动态变化	风险随生产条件变化

③ 危险源等级确定。《危险化学品重大危险源监督管理暂行规定》（国家安全生产监督管理总局令第 40 号）提出了对重大危险源进行分级的要求。采用单元内各种危险化学品实际存在（在线）量与其在《危险化学品重大危险源辨识》（GB 18218）中规定的临界量比值，经校正系数校正后的比值之和 R 作为分级指标。R 的计算方法为：

$$R=\alpha\left(\beta_1 \frac{q_1}{Q_1}+\beta_2 \frac{q_2}{Q_2}+\cdots+\beta_n \frac{q_n}{Q_n}\right) \tag{1-2}$$

式中 q_1，q_2，…，q_n——每种危险化学品实际存在（在线）量，t；

Q_1，Q_2，…，Q_n——与各危险化学品相对应的临界量，t；

β_1，β_2，…，β_n——与各危险化学品相对应的校正系数；

α——该危险化学品重大危险源厂区外暴露人员的校正系数。

a. 校正系数 β 的取值。根据单元内危险化学品的类别不同，设定校正系数 β 值，见表 1-14 和表 1-15。

表 1-14 校正系数 β 取值表

危险化学品类别	毒性气体	爆炸品	易燃气体	其他类危险化学品
β	见表 1-15	2	1.5	1

注：危险化学品类别依据《危险货物品名表》（GB 12268）中分类标准确定。

表 1-15 常见毒性气体校正系数 β 取值表

毒性气体名称	一氧化碳	二氧化硫	氨	环氧乙烷	氯化氢	溴甲烷	氯
β	2	2	2	2	3	3	4
毒性气体名称	硫化氢	氟化氢	二氧化氮	氰化氢	碳酰氯	磷化氢	异氰酸甲酯
β	5	5	10	10	20	20	20

注：未在表中列出的有毒气体可按 $\beta=2$ 取值，剧毒气体可按 $\beta=4$ 取值。

b. 校正系数 α 的取值。根据重大危险源的厂区边界向外扩展 500m 范围内常住人口数量，设定厂区外暴露人员的校正系数 α 值，见表 1-16。

表 1-16 校正系数 α 取值表

厂区外可能暴露人员数量/人	α	厂区外可能暴露人员数量/人	α
100 以上	2.0	1～29	1.0
50～99	1.5	0	0.5
30～49	1.2		

c. 分级标准。根据计算出来的 R 值，按表 1-17 确定危险化学品重大危险源级别。

表 1-17 危险化学品重大危险源级别和 R 值的对应关系

危险化学品重大危险源级别	R 值	危险化学品重大危险源级别	R 值
一级	$R\geqslant100$	三级	$50>R\geqslant10$
二级	$100>R\geqslant50$	四级	$R<10$

(2) 危险源变化 任何系统都是动态的，系统中的危险源也不可能一成不变。约翰逊（Johnson）很早就注意到变化在事故发生、发展中的作用，认为人失误和物的故障的发生都与系统的变化有关，他认为能量的意外释放是由于管理者的计划错误或操作者的行为失误，没有适应生产系统中物的因素或人的因素的变化，从而导致不安全行为或不安全状态，破坏了对能量的屏障或控制，造成了事故。图 1-12 为约翰逊的事故因果连锁模型。

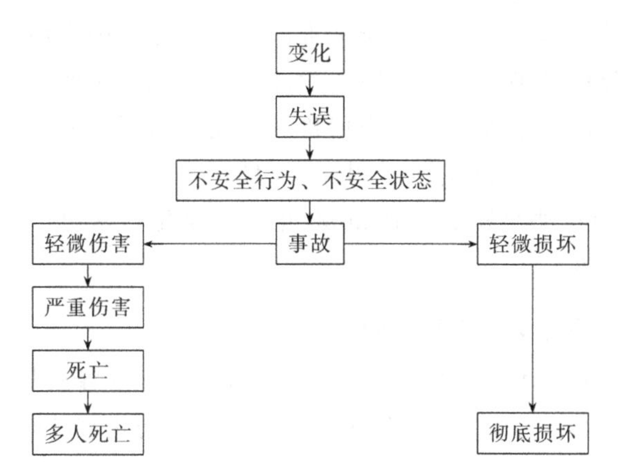

图 1-12 约翰逊的事故因果连锁模型

在危险化学品储运环节，危险源变化是十分频繁的，如数量的变化、位置的变化、运载方式的变化、环境条件的变化等，危险源辨识必须认真分析和识别这些变化。在安全管理工作中，变化被看作是一种潜在的事故致因，应该被尽早地发现并采取相应的措施。

(3) 可能产生的新危险源 随着危险化学品名录的不断更新，新的储运技术和设施的不断出现，也会带来新的危险因素和危险源。例如，随着 LPG、LNG 应用领域的日益广泛，增加了 LPG、LNG 槽车泄漏的危险性。危险源辨识必须认真分析和识别这些新的危险源。

2. 危险化学品储运的危险性评价

危险性评价是系统危险性的量化过程，因此又称为风险评价[34]。危险性评价是评价危险源导致各类事故的可能性、事故造成损失的严重程度，判断系统的危险性是否超出了安全标准，以决定是否应采取危险控制措施以及采取何种控制措施的工作。危险化学品储运的危险性评价包括：

(1) 事故发生概率的确定 事故发生概率指所研究的系统在单位时间内发生事故的次数。危险化学品储运事故发生概率通常根据事故的统计或储运过程安全分析得到。

(2) 事故后果严重度的确定　事故后果严重度指事故造成损失的大小，包括经济损失和非经济损失两部分。由于后者通常难以确定，因此事故后果严重度一般仅考虑经济损失。经济损失是可以用货币折算的损失，是人员伤亡和财产损失的总和，包括直接经济损失和间接经济损失。研究表明，间接经济损失一般是直接经济损失的5～10倍。

(3) 与安全标准的比较　安全标准又称为风险标准，是社会公众允许的、可以接受的危险度。由于安全标准因时、因地、因人而异，因此需要通过具体的风险分析来确定。在危险化学品储运领域，主要应以习总书记提出的“发展绝不能以牺牲人的生命为代价，这是一条不可逾越的红线”以及中共中央、国务院《关于推进安全生产领域改革发展的意见》提出的“到2020年，事故总量明显减少。到2030年，安全生产保障能力显著增强”作为安全工作的标准。

3. 危险化学品储运的危险控制

危险控制的主要理论依据是两类危险源和能量意外释放及其控制理论[35]，主要安全技术可以分为预防事故发生的危险控制及防止或减轻事故损失的危险控制两个方面。

危险化学品储运危险控制技术的具体内容将在本书第六章详述。

四、危险化学品储运系统安全的空间维度

系统安全工程还认为，为了防止能量和危险物质的意外释放，在空间维度上需要构建一个由人、机（物）、环境、管理要素构成的安全屏障系统。这些系统要素的安全状态及相互间的安全保障作用的程度，决定了安全屏障系统的可靠性和有效性。

1. 人、机、环、管要素具有两面性

所谓两面性，是指处于同一安全屏障系统中的人、机、环、管要素的安全属性并不是一成不变的，而是具有正反两种状态：当人、机、环、管要素及其关联功能都处于安全状态，且相互的关联关系促进安全时，安全屏障有效，表现为安全系统要素状态；当人失误、物的故障、环境不良以及背后的管理不善且相互处于劣化作用时，屏障失效导致能量意外释放事故发生，表现为事故系统要素状态。在一个特定的危险化学品储运系统中，安全系统要素和事故系统要素交叉、重叠，甚至可能就是同一要素的两种不同的存在方式。人、机、

环、管要素的两种不同的存在方式及其相互转化促使安全系统与事故系统在同生共存中此消彼长，如图 1-13 所示。

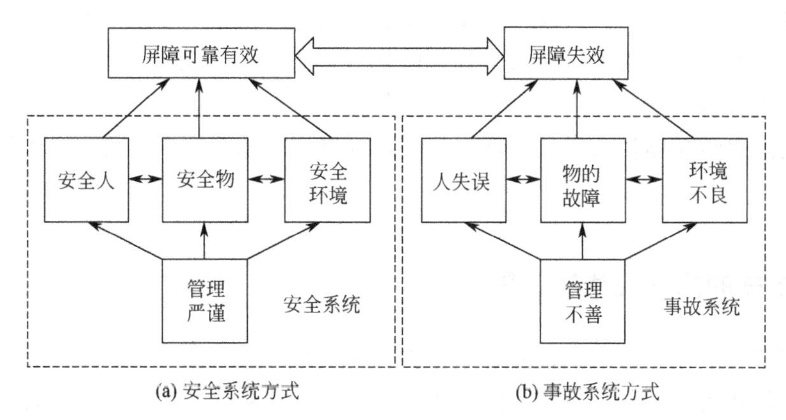

图 1-13 人、机、环、管要素的不同存在方式

如：同一个驾驶员，安全意识较强时，遇到疾风暴雨，会认真观察、小心驾驶、化险为夷；安全意识差时，即使道路平稳、视线开阔，也可能因疲劳或酒驾而发生事故，“无事生非”。又如：同一个 LPG 槽罐，在其完好时，可以安全盛装 LPG；在其发生破损时，就会因泄漏而发生火灾、爆炸，甚至造成连锁事故。

2. 构建和完善安全屏障

如何控制和克服人、机、环、管要素的不安全性，防止其不安全倾向，在空间维度上构建和完善可靠、有效的安全屏障系统，是实现系统安全的关键。

对于人，要通过有效的技术措施杜绝出现不安全行为的机会。如：通过限制驾驶员连续驾驶的时间来防止疲劳驾驶；通过远程监控和超速报警来防止超速；通过指纹和人脸识别防止外人进入危险化学品仓库等。对于机（物），要通过提高设备设施的可靠度来避免故障的出现。如：建立气瓶数据库，落实责任，保证定期更换；以物理、电子双重标定手段保证储罐液位的真实性；采用基于可靠性的检测技术（RBI）来判定存储设备的故障率和检修更新策略等。对于环境，一方面要不断改善作业环境，保证良好的人机功效，如仓储作业环境要整洁明亮，运输设备操作环境要舒适，操作幅度、力度要适合人的生理特征等；另一方面，要采取及时有效的措施规避难以改变的不良环境，如雷雨天要避免进行危险化学品的仓储、装卸作业，运输过程中要限定运行路线、避开危险路段等。对于管理，要在完善并严格执行安全制度的同时，加强人文关怀，尊重员工，充分发挥员工的安全主动性等。

总之，防止两面性，就是要在空间维度上构建“安全的人”“安全的机”“安全的环境”“安全的管理”转化的体制和机制，使系统功能不断趋向本质安全化。例如，对于人的本质安全化，就是要追求“不伤害自己、不伤害他人、不被他人伤害、保护他人不受伤害”的状态。

危险化学品储运人、机、环、管要素控制技术的具体内容将在本书第六章详述。

五、本书的内容及逻辑关联

本书以系统安全认识论和方法论为引导，针对危险化学品储存、运输行业特点和作业流程，进行系统风险分析，解读安全法规要求，介绍国内外先进的管理理念和技术措施，分析典型事故案例。本书各章的研究内容和逻辑关联见图 1-14。

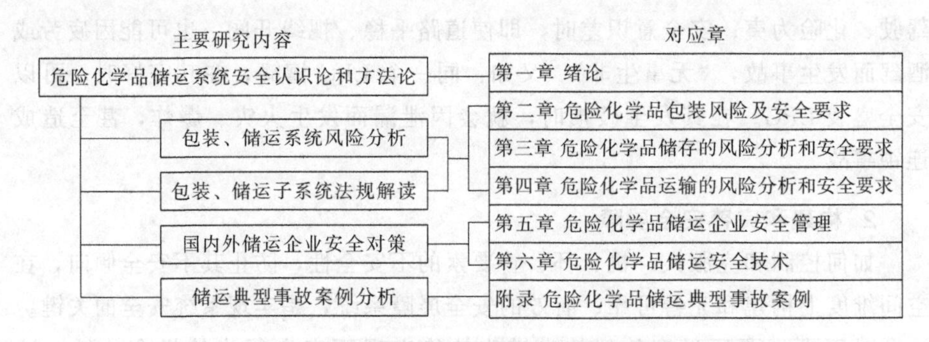

图 1-14　本书各章的研究内容和逻辑关联

参考文献

[1] 联合国. 全球化学品统一分类和标签制度 [Z]. 第六次修订版. 2015.

[2] 王凯全. 危险化学品事故分析与预防 [M]. 北京：中国石化出版社，2009.

[3] 李娜，陈建宏. 2013～2019 年我国危险化学品统计分析 [J]. 应用化工，2020，49 (5)：1261-1265.

[4] 王凯全. 危险化学品经营、储运与使用 [M]. 2 版. 北京：中国石化出版社，2010.

[5] 中国危险化学品物流行业现状 [EB/OL]. (2019-5)[2020-8-19]. https://mp. weixin. qq. com/s/U7mor1HP4hP_JsE_KXZY8g.

[6] 观研天下数据中心. 2019 年我国危险化学品物流行业发展迅速，当前最大细分市场由公路运输领域占据 [EB/OL]. (2019-10)[2020-8-19]. http://free. chinabaogao. com/jiaotong/201910/

102345Ha2019. html.

[7] 吴春耕，徐亚华. 交通运输部 2019 年 11 月份新闻发布会 [EB/OL]. (2019-11) [2020-8-19]. http://www. chinawuliu. com. cn/zixun/201911/28/345704. shtml.

[8] 刘宇航. 危险化学品物流呈现四大趋势 [EB/OL]. (2018-1) [2020-8-19]. http://124.207.49.121/pc/page. do? pName=zghgb&pDate=20200807.

[9] 范梓萌. 中共中央办公厅、国务院办公厅《关于全面加强危险化学品安全生产工作的意见》[EB/OL]. (2020-2) [2020-8-19]. http://www. gov. cn/zhengce/2020-02/26/content_5483625. html.

[10] 胡玉华，胡旦平，蒋建平，等. 探索建立我国危险化学品安全管理系统对策研究——基于欧盟危险化学品生命周期法规复合型评估 [J]. 中国石油和化工标准与质量，2014，34 (12)：23-24.

[11] 张晓熙. 国外石油化工与危险化学品行业安全管理分析 [J]. 当代石油化工，2017，25 (4)：41-46.

[12] 胡志文，高宏. 国外危险化学品安全治理的经验与启示 [J]. 中国工业评论，2015，(10)：72-75.

[13] 国际化工协会联合会. 责任关怀全球宪章 [Z]. 2005.

[14] 中化国际. 中国石油和化学工业联合会责任关怀工作委员会储运安全组工作报告 [R]. 2015.

[15] 陈晴. 责任关怀理念注入危险化学品运输 [EB/OL]. (2015-3)[2020-8-19]. https://www. chem99. com/news/17380065. html.

[16] 刘娜. 责任关怀储运安全工作组扬帆再启航 [EB/OL]. (2019-7)[2020-8-19]. http://www. ccin. com. cn/detail/0f983cd98d4e5eac02b48ee55b9e6307.

[17] 张金梅，郭璐，张玉霞. 国外危险化学品储存管理研究及启示 [J]. 安全、健康和环境，2016，16 (10)：52-55.

[18] 张莲芳. 国外危险化学品储存事故案例分析及危害防治 [J]. 中国安全生产科学技术（增刊），2012，8 (s2)：152-154.

[19] 史先召，马辰信，周宁，等. 危险化学品仓储安全管理现状及对策 [J]. 工业安全与环保，2017，43 (7)：55-57.

[20] 陆旭. 加强危险化学品储存安全监管的思考与建议 [J]. 物流技术与应用，2014，(2)：67-69.

[21] 于向东. 国外危险化学品运输的安全管理 [J]. 交通与港航，2015，(5)：17-19.

[22] 刘智勐. 欧盟国家危险化学品物流管理的模式和经验借鉴 [J]. 物资采购与管理，2013，(4)：24-28.

[23] 胡燕倩. 我国危化品物流发展的现状、原因及策略分析——基于发达国家危险品运输管理经验的借鉴 [J]. 对外经贸实务，2013，(5)：90-92.

[24] 楚峰. 让危货运输更安全更高效——解读《危险货物道路运输安全管理办法》[J]. 运输经理世界，2019，(6)：22-25.

[25] 俞丹，徐逸桥，梁力虎. 我国危险品公路运输业发展现状分析 [J]. 中国储运网，2019，(2)：105-108.

[26] 李柏松. 危险化学品储运安全管理的现状和措施研究 [J]. 化工设计通讯，2018，44 (2)：249-250.

[27] 许文清. 内河水域危险化学品储运研究 [J]. 铁道警察学院学报，2018，28 (4)：52-54.

[28] 王凯全. 安全系统学导论 [M]. 北京：科学出版社，2019.

[29] 王凯全. 安全工程概论 [M]. 北京：中国劳动社会保障出版社，2010.

[30] 王凯全．风险管理与保险［M］．北京：机械工业出版社，2008.
[31] 王凯全．化工安全工程学［M］．北京：中国石化出版社，2007.
[32] 王凯全．石油化工流程的危险辨识［M］．沈阳：东北大学出版社，2002.
[33] 刘若尘．从浙江温岭“6·13”槽罐车爆炸事故谈危险化学品道路运输风险管理［EB/OL］．(2020-7)[2020]. http://ycaqxh.org/portal/article/index/id/11101/cid/103.html.
[34] 王凯全．危险化学品安全评价方法［M］．2版．北京：中国石化出版社，2010.
[35] 王凯全．危险化学品运输与储存［M］．北京：化学工业出版社，2018.

第二章

危险化学品包装风险及安全要求

危险化学品包装物是运输、储存中不可或缺的承载物，不仅是保证产品质量不发生变化、数量完整的手段，还是防止在储存和运输过程中发生着火、爆炸、中毒、腐蚀和放射性污染等灾害性事故的重要措施。由于储运涵盖危险化学品生命周期的全过程，因此，危险化学品包装也是贯穿其生命周期的安全保障。

对多年危险化学品储存和运输中的事故统计表明，因包装方面的原因造成的事故占有较大的比重，主要表现是因包装破损而发生危险化学品泄漏，从而导致火灾、爆炸、毒害事故。例如，2020 年温岭槽罐车爆炸事故就是因槽罐破裂导致 LNG 泄漏而发生的，2015 年天津港危险化学品爆炸事故也是因硝化棉包装损坏导致湿润剂散失而引起的。因此，在危险化学品的安全监督工作中，必须高度重视包装物安全管理。

包装物安全管理的要点是防止包装物破损。具体包括：根据危险化学品的性能选择合适的包装物；采取正确的包装标志和标记；保证包装物的生产质量和耐破坏性；根据可能的影响因素采取有效的管理措施等。

第一节　危险化学品包装的分类和标志

一、危险化学品包装的作用和分类

危险化学品包装是指根据危险化学品的特性，按照有关法规、标准专门设计制造的，用于盛装危险化学品的桶、罐、瓶、箱、袋等包装物和容器，包括用于汽车、火车、船舶运输危险化学品的槽罐。

危险化学品包装的作用：第一是防止被包装物品因受雨、雪、阳光、潮湿空气和杂质影响变质或发生剧烈的化学反应而发生事故；第二是减少被包装物品在储存、运输过程所受到的撞击、摩擦和挤压，使其在包装的保护下处于完整和相对稳定的状态；第三是防止撒（洒）、漏、挥发以及性质相抵触的物品直接接触而发生事故；第四是便于装卸、搬运和储存保管，从而实现安全储存、运输。

危险化学品品种繁多，性能、外形、结构等各有差别，在流通中的实际需要不尽相同，对包装的要求也不同，因而包装的分类方法也有区别。

1. 按流通中的作用分类

（1）内包装。指和物品一起配装才能保证物品出厂的小型包装容器。如火柴盒、打火机用丁烷气筒等，是随同物品一起售于消费者的。

（2）中包装。指在物品的内包装之外，再加一层或两层包装物的包装。如20盒火柴集成的方形纸盒等，很多也随同物品一起售于消费者。

（3）外包装。指比内包装、中包装的体积大很多的包装容器。由于在流通过程中主要用来保护物品的安全，方便装卸、运输、储存和称量，所以外包装又称为运输包装或储运包装。如爆炸品专用箱等。

2. 按用途分类

（1）专用包装。指只能用于某一种物品的包装。如易挥发和易燃的汽油用密封的铁桶包装。

（2）通用包装。指适宜盛装多种物品的包装。如水箱、麻袋、玻璃瓶等。

3. 按制作形式分类

（1）桶。指直立圆形的容器。桶按材质还分可为：铁（钢）桶、纤维板桶、铝桶、胶合板桶、塑料桶、木琵琶桶等。

（2）箱。指矩形体的容器。箱按包装材质还可分为：铁皮箱、木箱、胶合板箱、再生木箱、纤维板箱、塑料箱等。

（3）袋。指用软材料制（织）成的有口容器。袋按材质还可分为：纺织品袋（麻袋、棉袋）、塑料编织袋、塑料薄膜袋、纸袋等。

（4）瓶、坛。瓶是指腹大、颈长而口小的容器，如各种玻璃瓶、塑料瓶等；坛是指用陶土制成的容器，如酒坛、醋坛等。

4. 按制作方式分类

（1）单一包装。指没有内外包装之分，只用一种材质制作的独立包装。这种包装主要是专业包装，如汽油桶等。

（2）组合包装。指由一个以上内包装合装在一个外包装内组成的一个整体的包装。如乙醇玻璃瓶与木箱（外包装）组合的包装。

（3）复合包装。指由一个外包装和一个内容器组成一个整体的包装。这种包装经过组装，即保持为独立的完整包装。如内包装为塑料容器，外包装为钢桶而组成一个整体的包装。

5. 按包装物危险性级别分类

《危险货物运输包装通用技术条件》（GB 12463—2009）根据危险品的特性和包装强度，把危险品包装分成三个等级：

Ⅰ类包装：货物具有较大危险性，包装强度要求高；

Ⅱ类包装：货物具有中等危险性，包装强度要求较高；

Ⅲ类包装：货物具有的危险性小，包装强度要求一般。

危险货物包装级别的代号用小写英文字母表示：

x——该包装符合Ⅰ、Ⅱ、Ⅲ类包装的要求；

y——该包装符合Ⅱ、Ⅲ类包装的要求；

z——该包装符合Ⅲ类包装的要求。

二、危险货物包装的标志

为了保证危险品储存和运输的安全，使储存、运输、经营的相关人员了解危险化学品特性，使其在进行作业时提高警惕，以及一旦发生危险和事故时便于消防人员能及时采取正确的救援措施，危险化学品的包装必须具备国家规定的统一“危险货物包装标志”。

《危险货物包装标志》（GB 190—2009）采用联合国《关于危险货物运输的建议书·规章范本》（Recommendations on the Transport of Dangerous Goods Model Regulations，TDG，简称“橘皮书”）的规定，将危险货物包装标志分为标记和标签。

1. 危险货物包装的标记

(1) 标记图形和颜色　标记图形有4个，见表2-1。

表 2-1　标记

序号	标记名称	标记图形
1	危害环境物质或物品标记	（符号：黑色；底色：白色）

续表

序号	标记名称	标记图形
2	方向标记	（符号：黑色或正红色；底色：白色）
		（符号：黑色或正红色；底色：白色）
3	高温运输标记	（符号：正红色；底色：白色）

（2）标记的使用要求　除另有规定外，根据《危险货物品名表》（GB 12268—2012）确定的危险货物正式运输名称及相应编号，标记应标示在每个包装件上。如果无包装物品，标记应标示在物品上、其托架上或其装卸、储存、发射装置上。

包装件标记的要求：

① 应明显可见且易读；

② 应能够经受日晒、雨淋而不显著减弱其效果；

③ 应标示在包装件外表面的反衬底色上；

④ 不得与可能大大降低其效果的其他包装件标记放在一起。

2. 危险货物包装的标签

（1）标签图形和颜色　危险货物包装标志分为标记和标签。标签有 26 个，其图形分别标示了 9 类危险货物的主要特征，样式和颜色见表 2-2。

表 2-2　标签

序号	标签名称	标签图形	对应的危险货物类项号
1	爆炸性物质和物品	（符号：黑色；底色：橙红色）	1.1 1.2 1.3
		（符号：黑色；底色：橙红色）	1.4
		（符号：黑色；底色：橙红色）	1.5
		（符号：黑色；底色：橙红色） * * 项号的位置，如果爆炸性是次要危险性，留空白； * 配装组字母的位置，如果爆炸性是次要危险性，留空白	1.6

续表

序号	标签名称	标签图形	对应的危险货物类项号
2	易燃气体	 (符号:黑色;底色:正红色)	2.1
		 (符号:白色;底色:正红色)	
	非易燃无毒气体	 (符号:黑色;底色:正红色)	2.2
		 (符号:黑色;底色:绿色)	
	毒性气体	 (符号:黑色;底色:白色)	2.3

续表

序号	标签名称	标签图形	对应的危险货物类项号
3	易燃液体	(符号:黑色;底色:正红色)	3
		(符号:白色;底色:正红色)	
4	易燃固体	(符号:黑色;底色:正红色)	4.1
	易于自燃的物质	(符号:黑色;底色:上白下红)	4.2
	遇水释放出易燃气体的物质	(符号:黑色;底色:蓝色)	4.3
		(符号:白色;底色:蓝色)	

续表

序号	标签名称	标签图形	对应的危险货物类项号
5	氧化性物质	 （符号：黑色；底色：柠檬黄色）	5.1
	有机过氧化物	 （符号：黑色；底色：红色和柠檬黄色）	5.2
		 （符号：白色；底色：红色和柠檬黄色）	
6	毒性物质	 （符号：黑色；底色：白色）	6.1
	感染性物质	 （符号：黑色；底色：白色）	6.2

续表

序号	标签名称	标签图形	对应的危险货物类项号
7	一级放射性	（符号：黑色；底色：白色，附一条红竖条） 黑色文字，在标签下半部分写上： “放射性” “内装物________” “放射性强度________” 在“放射性”字样之后应有一条红竖条	7A
	二级放射性	（符号：黑色；底色：上黄下白，附两条红竖条） 黑色文字，在标签下半部分写上： “放射性” “内装物________” “放射性强度________” 在一个黑边框格内写上：“运输指数” 在“放射性”字样之后应有两条红竖条	7B
	三级放射性	（符号：黑色；底色：上黄下白，附三条红竖条） 黑色文字，在标签下半部分写上： “放射性” “内装物________” “放射性强度________” 在一个黑边框格内写上：“运输指数” 在“放射性”字样之后应有三条红竖条	7C

续表

序号	标签名称	标签图形	对应的危险货物类项号
7	裂变性物质	FISSILE CRITICALITY SAFETY INDEX 7 （符号：黑色；底色：白色） 黑色文字，在标签上半部分写上："易裂变" 在标签下半部分的一个黑边框 格内写上："临界安全指数"	7E
8	腐蚀性物质	8 （符号：黑色；底色：上白下黑）	8
9	杂项危险物质和物品	9 （符号：黑色；底色：白色）	9

（2）标签的使用要求

① 标签表现内装货物的危险性分类，标明包装件在装卸或储藏时应加小心的附加标记或符号也可在包装件上适当标明。

② 表明主要和次要危险性的标签应与表 2-2 中所示的标签图形样式相符。

③ 危险货物一览表具体列出的物质或物品，应贴有《危险货物品名表》（GB 12268—2012）规定的类别或项别标签。

④ 如果某种物质符合几个类别的定义，除了需要有该主要危险性标签外，还应贴危险货物一览表中所列的次要危险性标签。

⑤ 容积超过 450L 的中型散货集装箱和大型容器，应在相对的两面贴标签。

⑥ 标签应贴在反衬颜色的表面上。

⑦ 除特殊规定外，每一标签应：

a. 在包装件尺寸够大的情况下，与正式运输名称贴在包装件的同一表面与之靠近的地方；

b. 贴在容器上不会被容器任何部分、容器配件，或者任何其他标签、标记盖住或遮住的地方；

c. 当主要危险性标签和次要危险性标签都需要时，彼此紧挨着贴。

当包装件形状不规则或尺寸太小以致标签无法令人满意地贴上时，标签可用结牢的签条或其他装置挂在包装件上。

三、国际危险货物的标记

联合国《关于危险货物运输的建议书・规章范本》规定，危险货物提交运输时，其包装应加贴运输危险类别标志（见表 2-1、表 2-2）[1]。以下情况下，还应进行特殊标记。

1. 危害环境物质包装标记

装有危害环境物质（UN 3077 和 UN 3082）的包装除了标记第 9 类危险货物运输危险类别标签外，还要标记危险环境物质特殊标记，如图 2-1(a) 所示。

2. 危险货物有限数量包装标记

《关于危险货物运输的建议书・规章范本》中的危险货物一览表列出了危险货物的有限数量，为按限量包装的危险货物规定了适用于内容器或物品的数量限制，内装有限数量危险货物的包装件应满足以下标记：除空运外，内装有限数量危险货物的包装应按照图 2-1(b) 进行标记。符合国际民航组织《危险品航空安全运输技术细则》要求，空运内装有限数量危险货物的包装应按照图 2-1(c) 进行标记。

3. 危险货物例外数量包装标记

如果运输的危险货物满足例外数量要求，则危险货物包装应加注例外数量标记，如图 2-1(d) 所示。

4. 液态、固态危险货物标记

对盛装液态、固态危险货物的标记做了具体规定，见图 2-2。

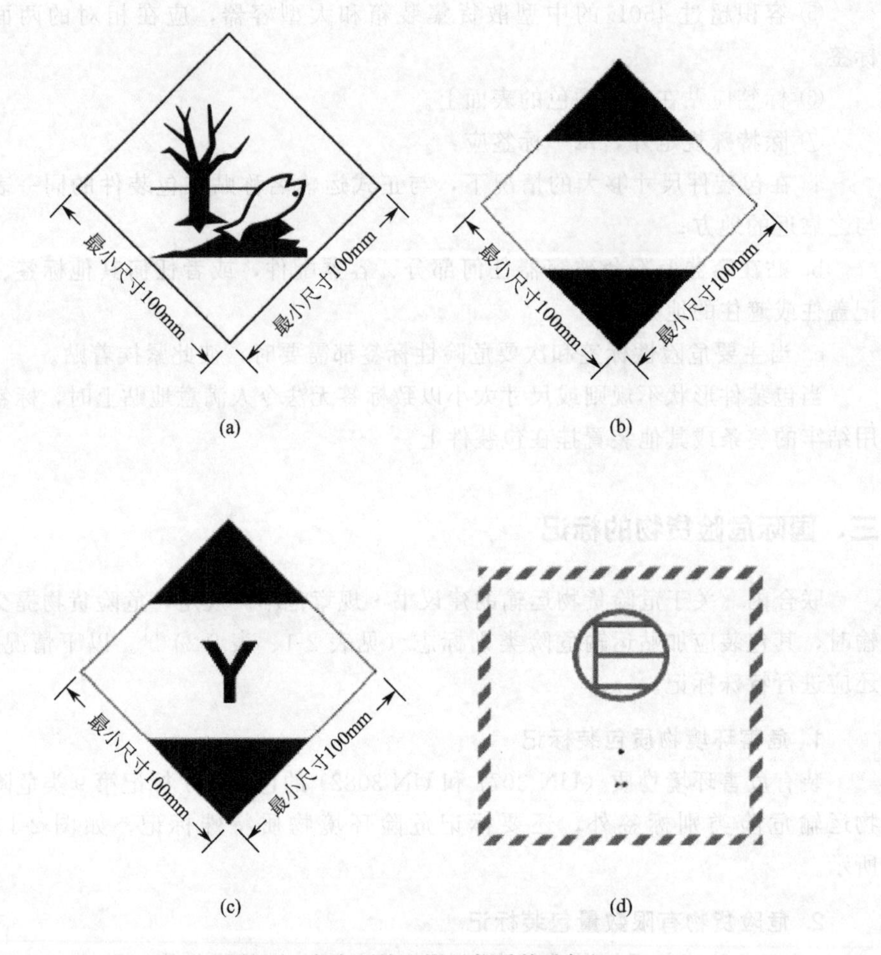

图2-1 危害环境和限量物质特殊标记

(a) 危害环境物质特殊标记；(b) 有限数量包装标记；

(c) 空运有限数量包装标记；(d) 例外数量包装标记

以容量不超过450L，净重不大于400kg的包装容器为例，危险货物包装的标记应包括如下内容[2]：

（1）联合国危险货物包装容器的标记 $\binom{u}{n}$ 符号仅用于证明包装容器符合联合国《关于危险货物运输的建议书·规章范本》的规定。对金属包装，可用模压大写字母“UN”表示。

（2）表示包装容器类型的编码顺序

① 一个阿拉伯数字，表示容器的种类，如1代表桶，2代表暂缺，3代表罐，4代表箱，5代表袋，6代表复合容器等。

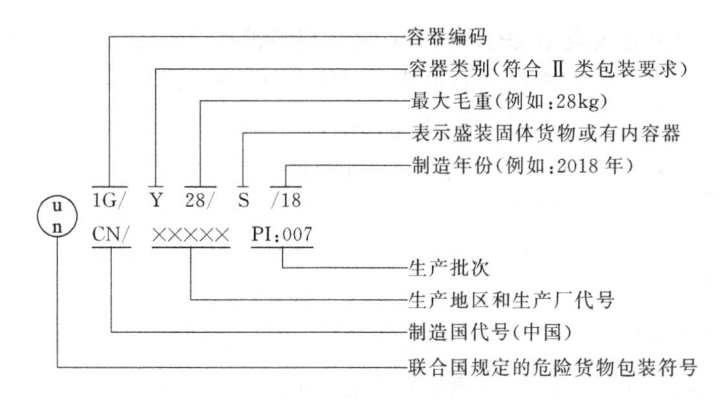

(a) 盛装液态危险货物

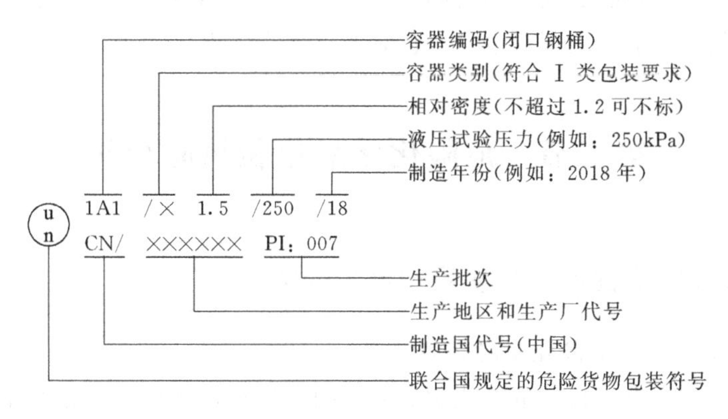

(b) 盛装固态危险货物

图 2-2　危险货物的 UN 标记

② 一个大写拉丁字母，表示材料的性质，如 A 代表钢（一切型号及表面处理），B 代表铝，C 代表天然木，D 代表胶合板，F 代表再生木，G 代表纤维板等。

③ 一个阿拉伯数字，表示容器在其所属种类中的类别，如 1 代表闭口钢桶，2 代表开口钢桶等。

(3) 由两部分组成的代码　第一部分表示容器类别：X 表示Ⅰ类包装，Y 表示Ⅱ类包装，Z 表示Ⅲ类包装。第二部分（对盛装液体的单一包装）：标明相对密度，四舍五入保留 1 位小数，若相对密度不超过 1.2 可省略，如 X1.5 表示盛装液体的相对密度为 1.5；第二部分（对准备盛装固体或带有内包装的包装）：标明以 kg 表示的最大毛重，如 28 表示盛装固体时包装的最大毛重为 28kg。

(4) 在代码后面的标记　对盛装液体的单一包装，标明最高试验压力，单位为 kPa，四舍五入至 10kPa，如 250 表示盛装液体 250kPa；对盛装固体或带有内包装的包装，使用字母“S”标记。

图 2-3 生产月份标记

（5）标明包装制造年份的最后两位数 包装类型为 1H1、1H2、3H1 和 3H2 的塑料包装，还必须正确标出制造月份；可用图 2-3 样式标在包装的其他部位。

（6）生产国代号 中国的代号为大写英文字母 CN。

（7）包装生产企业代码。

（8）包装生产批次，用“PI：×××”标示。

值得说明的是，国际上对危险品流通领域的管理主要是通过对其包装的管理而实施的，危险品的联合国编码、类别、项别、标签、UN 标志等所有信息均体现在其包装上，因此对危险品包装的管理实际上已涵盖了危险品本身。

第二节 危险化学品包装风险分析

一、包装物安全在危险化学品安全中的地位

1. 泄漏是引发危险化学品事故的源头

从事故机理上分析，危险化学品事故的发生和发展连锁可分泄漏引发和非泄漏引发两大类[3]。

（1）源于泄漏的事故连锁

① 易燃易爆化学品→泄漏→遇到火源→火灾或爆炸→人员伤亡、财产损失、环境破坏等；

② 有毒化学品→泄漏→急性中毒或慢性中毒→人员伤亡、财产损失、环境破坏等；

③ 腐蚀品→泄漏→腐蚀→人员伤亡、财产损失、环境破坏等；

④ 压缩气体或液化气体→物理爆炸→易燃易爆、有毒化学品泄漏；

⑤ 危险化学品→泄漏→没有发生变化→财产损失、环境破坏等。

（2）非源于泄漏的事故连锁

① 生产装置中的化学品→反应失控→爆炸→人员伤亡、财产损失、环境破坏等；

② 爆炸品→受到撞击、摩擦或遇到火源等→爆炸→人员伤亡、财产损失等；

③ 易燃易爆化学品→遇到火源→火灾、爆炸或放出有毒气体、烟雾→人

员伤亡、财产损失、环境破坏等；

④ 有毒有害化学品→与人体接触→腐蚀或中毒→人员伤亡、财产损失等；

⑤ 压缩气体或液化气体→物理爆炸→人员伤亡、财产损失、环境破坏等。

大量的事故统计表明，源于泄漏的危险化学品事故占85%以上。因此，防止包装物破损造成危险化学品泄漏是预防事故的关键环节。

2. 包装破损是危险化学品泄漏的主要原因

我国每年因危险化学品包装破损而导致的火灾、爆炸、腐蚀等事故的直接损失高达数百万元[4,5]。近年来，外贸出口的危险化学品索赔数量也呈增长趋势，因包装容器的破损、渗漏等原因造成货物短缺、沾污等问题导致的索赔金额远远超过了危险化学品本身的损失。

（1）包装破损泄漏是危险化学品事故的重要原因　在文献［4］收集的179起危险化学品事故中，直接或间接与包装破损泄漏有关的事故86起，占48.04%。按事故原因分，包装自身因素（包括不能正确选材、不按时保养、不严格检测等）34起，占39.53%；包装作业因素（包括违规储存，野蛮搬运，装卸、堆垛失稳，运输车辆捆扎松散，与尖锐物或侵蚀物混装，驾驶中应急处置不当等）41起，占47.67%；包装环境因素（包括仓储中淋雨、暴晒、锈蚀、第三方刮碰、运输道路颠簸等）11起，占12.79%。可见，保证包装物自身质量和作业安全是预防包装破损的关键，如图2-4所示。

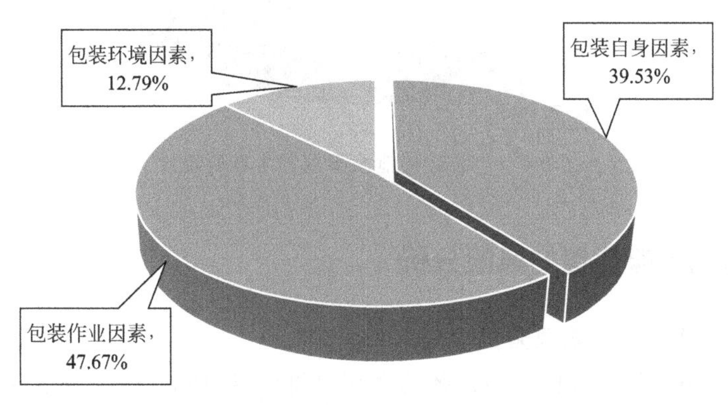

图2-4　包装破损泄漏事故致因统计

（2）包装破损泄漏事故后果严重　统计表明，包装破损泄漏大多造成火灾、爆炸、毒害，导致大量人员伤亡、财产损失和环境灾害等严重后果。例如，上述事故按类型分，包装破损后，仅造成货物短缺、沾污损失的13起，仅占43.33%；造成火灾爆炸事故19起，占42.22%；造成毒害事故54起，占51.92%。可见，严格防范包装破损可能导致的严重后果应是包装事故控制的重点，见图 2-5。

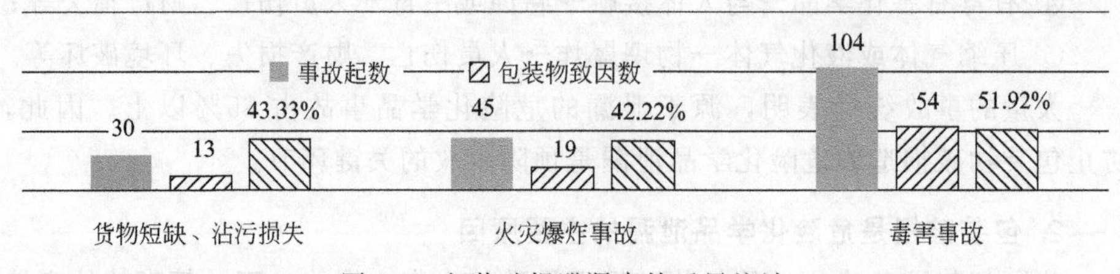

图 2-5 包装破损泄漏事故后果统计

（3）包装破损泄漏事故主要发生在危险化学品储运环节 储运环节中，危险化学品反复移动、搬运、装卸、堆压，环境条件多变，很容易造成包装物的损坏。例如，上述 86 起事故按事故发生的环节分，在危险化学品储存环节发生包装破损 37 起，占 43.02%；运输环节 25 起，占 29.06%；其他环节（生产、使用、销售等）24 起，仅占 27.90%。可见，在储运环节的安全管理过程中必须将防范包装破损作为重要内容，见图 2-6。

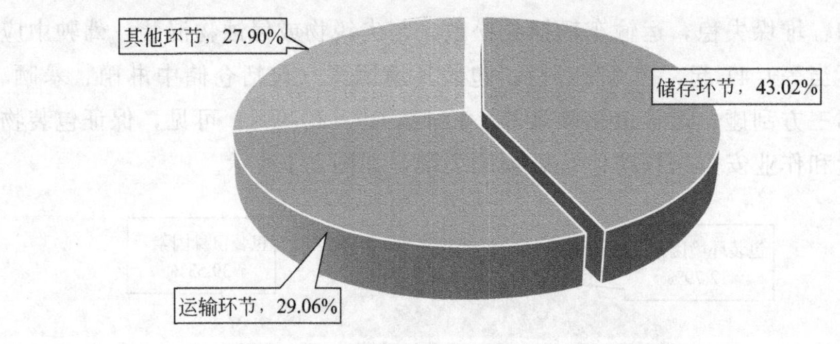

图 2-6 包装破损泄漏事故发生场所统计

二、包装物自身质量的风险分析

1. 包装物自身质量风险的表现

危险货物包装不合格，即包装物存在自身质量风险，是导致危险化学品包装破损事故的主观原因。文献［6］对近 5000 批次样品的包装检测，发现危险货物包装不合格的主要表现有以下几种。

（1）瓦楞纸箱堆码检测不合格 一方面是由于纸箱材质不合格导致纸箱堆码测试不合格；另一方面有部分企业对送检纸箱装运货物的毛重估计不足，将实际装运毛重较低的纸箱按照要求较高毛重的纸箱进行堆码测试，致使不能通过相应级别的性能测试。

（2）塑料桶液压测试不合格　主要是桶体承受不住一定液压产生破裂，导致液体泄漏。究其原因：由于其原料用料配比不合理，在新塑料粒子中添加了过多回料或回收塑料，产品抗冲击能力和抗应力开裂性能比较差；生产工艺不够严谨，部分不合格塑料桶破裂发生在桶把手、桶盖、桶体接缝等部位，这主要是生产中模具的合缝调整不够或桶盖螺纹圈数不足等造成的；许多塑料桶生产企业的设备设施落后，无法保证塑料桶厚度的均匀性，而一旦厚度不均匀就容易造成应力集中，受力后极易发生桶身开裂。

（3）钢塑复合桶液压测试不合格　主要是由于塑料内胆液压测试破裂，导致液体从钢塑复合桶排气孔泄漏。同时，也存在部分桶盖生产工艺不当造成的不合格情况。

（4）钢桶跌落测试不合格　主要是由于接缝焊接不牢固和卷边不达标等导致液体泄漏。液压测试不合格主要为盖子与桶体的配合紧密度不够、桶身接缝不严等。

（5）纸板桶跌落测试不合格　主要出现在桶身胶合板质量差、胶合不好、盖板破裂或者桶箍扣环不牢固等方面，一旦受冲击后纸板桶破裂导致内装物撒漏。

（6）集装袋不合格　主要表现在跌落试验和顶吊试验袋身拼缝及袋底撕裂，造成内装物撒漏。其不合格的原因：一是由于原辅材料质量把关不严，基布、吊带、缝线强度低，造成集装袋的顶部吊拉等试验的不合格，不能达到规定的安全系数；二是缝制工艺不合理，缝制针眼过密，缝线强度较低，缝合处基布搭接太少，从而导致缝制部位强度降低，受力后造成撕裂。

2. 包装物自身质量风险的原因分析

造成危险化学品包装发生质量问题的原因如下。

（1）包装材质原因　由于各种包装容器具有各自的特性，而盛装物的性质也比较复杂，很多企业的包装材料和盛装物的匹配性不强，导致包装不能起到有效的保护作用，在储运过程中容易发生安全事故。如流质或半流质的危险化学品必须采用具有良好防渗漏性能并且密封性能好的包装，可选用金属桶或金属罐。用于盛装吸湿性易受潮危险化学品的包装必须有防潮功能，可选用钢塑复合桶。不怕挤压的粉末或颗粒状危险化学品，可使用塑料编织袋、集装袋等软包装产品。另外，麻袋不能用于盛装腐蚀性的危险化学品，钢桶密封器的橡胶垫圈容易被有机类危险化学品溶解而造成渗漏，塑料桶不能盛装汽油等易燃易爆品以及对塑料有溶胀作用的有机溶剂。

（2）包装设计原因　不合理的设计也是导致隐患的重要因素。如有的木箱尽管材质很好，但由于箱体设计不科学，没有安装侧面挡板，在运输和堆码过程中箱体散架或破损的情况时有发生。有些纸箱在设计上没有充分考虑与内装物品的匹配，装箱后内装物超出或填不满箱体容积，导致内装物在运输途中相互碰撞而损坏。在包装设计中没有考虑到各种危险化学品的不同特点，也是造成包装破损的原因之一。例如，个别厂家生产的罐体包装的两端接缝处防渗漏添加剂多使用聚乙烯材料，而不是根据内装物的差异使用不同的添加剂，从而导致在装运某些有机溶剂时出现渗漏。

(3) 制造工艺原因　制造工艺也是造成包装物破损的主要原因。以金属容器为例，其主要问题是制造过程中焊接和封口不严，导致内装物渗漏。个别钢桶制造厂家在给化工企业出口做配套时，由于运输时间长海运环境恶劣等，容易出现渗漏、脱漆、变形等问题，这种情况可以采用 7 层卷边工艺代替 5 层卷边，从而使钢桶封口咬合力更强，密封性能更好。此外，钢桶外面可采用静电喷涂的工艺代替手工喷漆，使喷漆附着力加强，提高光洁度，且风化后不易变色，从而满足远洋运输的要求。

(4) 包装方法原因　包装是否得当，也对危险化学品运输过程中的安全起到至关重要的作用。有些粉末或颗粒危险化学品包装袋的材质很好，但由于在灌装过程中气体没有排空，残留空气较多，封口后受到挤压造成破损。另外，内装物过满、温度过高、填充物不当也是造成破损的原因之一。

三、储运过程的包装风险分析

储运过程中作业不规范、作业环境不良，是导致危险化学品包装破损事故的客观原因[7,8]。

(1) 装卸作业　危险品从生产者手中转到使用者手中，要经过多次的装卸和短距离搬运作业。在作业过程中，可能从高处跌落、碰撞等，易使包装甚至内容物品受到外力的冲击，导致损坏或引起事故。所以，其装卸次数越多，对包装的影响也就越大。如人工装卸搬运时，一般较大的包装多是用肩扛，高度通常都在 140cm 左右；手搬时，高度为 70cm 左右。不管是用肩扛还是用手搬，跌落时的冲击力都会对包装造成影响。随着现代科学技术的发展，叉车、吊车的广泛应用，使托盘包装、集装箱也广为采用。当吊车吊起或下落时，都有较大的惯性作用于包装上。因此，装卸机械、搬运方式都对包装有着直接的影响。所以在设计制作包装时，要充分考虑装卸机械所产生的外力作用，保证危险品的安全运输与储存。

(2) 运输过程　危险品的长途运输工具，目前主要有汽车、火车、船舶和飞机4种。在使用这些运输工具时，一般包装物品所受到的冲击力没有装卸时大，但受震动损坏的机会较多。如汽车运输时，若公路不平，所产生的冲击力和震动力较大；火车运输时，急刹车也会有较大的冲击力；海上船舶运输时，也会产生颠簸震动力和冲击力。另外，负荷、温度、湿度等的变化也会对包装产生影响。

（3）储存过程　危险品在储存过程中，一般都要堆成具有一定高度的货垛，这样就会对处于下层的包装产生较大的负荷。同时，储存时间的长短、储存条件的好坏（如潮湿、梅雨）等也都会对包装产生影响。

（4）气象条件　危险品在储存和运输过程中，有可能遇到大风、大雨、冰雪等恶劣天气。如大风会使包装堆垛倒塌受到冲击，大雨、大雪会使包装潮湿、受损、锈蚀导致破损、渗漏等。

第三节　危险化学品包装安全管理

一、《危险化学品安全管理条例》包装的安全要求

《危险化学品安全管理条例》对危险化学品包装提出具体要求，主要包括：

（1）危险化学品生产企业应当提供与其生产的危险化学品相符的化学品安全技术说明书，并在危险化学品包装（包括外包装件）上粘贴或者拴挂与包装内危险化学品相符的化学品安全标签。化学品安全技术说明书和化学品安全标签所载明的内容应当符合国家标准的要求。

（2）危险化学品的包装应当符合法律、行政法规、规章的规定以及满足国家标准、行业标准的要求。

（3）危险化学品包装物、容器的材质以及危险化学品包装的形式、规格、方法和单件质量（重量），应当与所包装的危险化学品的性质和用途相适应。

（4）列入国家实行生产许可证制度工业产品目录的危险化学品包装物、容器的生产企业，应当依照《工业产品生产许可证管理条例》的规定，取得工业产品生产许可证。其生产的危险化学品包装物、容器经国务院质检部门认定的检验机构检验合格，方可出厂销售。

（5）运输危险化学品的船舶及其配载的容器，应当按照国家船舶检验规范进行生产，并经海事机构认定的船舶检验机构检验合格，方可投入使用。

（6）对重复使用的危险化学品包装物、容器，使用单位在重复使用前应当进行检查；发现存在安全隐患的，应当维修或者更换。使用单位应当对检查情

况作出记录，记录的保存期限不得少于2年。

二、危险货物运输包装安全技术条件

《危险货物运输包装通用技术条件》（GB 12463）对危险化学品在内的危险货物运输包装提出了具体的安全技术要求。

1. 基本要求

（1）运输包装应结构合理，并具有一定强度，防护性能好。材质、形式、规格、方法和单件质量（重量）应与所装危险货物的性质和用途相适应，并便于装卸、运输和储存。

（2）运输包装应质量良好，其构造和封闭形式应能承受正常运输条件下的各种作业风险，不应因温度、湿度或压力的变化而发生任何渗（撒）漏，包装表面应清洁，不允许黏附有害的危险物质。

（3）运输包装与内装物直接接触部分，必要时应有内涂层或进行防护处理；运输包装材质不得与内装物发生化学反应而形成危险产物或导致包装强度削弱。

（4）内容器应予固定，如内容器易碎易泄漏货物，应使用与内装物性质相适应的衬垫材料或吸附材料衬垫妥实。

（5）盛装液体的容器，应能经受在正常运输条件下产生的内部压力。灌装时必须留有足够的膨胀余量（预留容积），除另有规定外，并应保证在温度55℃时内装液体不完全充满容器。

（6）运输包装封口应根据内装物性质采用严密封口、液密封口或气密封口。

（7）盛装需浸湿或加有稳定剂的物质时，其容器封闭形式应能有效地保证内装液体（水、溶剂和稳定剂）的百分比在储运期间保持在规定的范围以内。

（8）运输包装有降压装置时，其排气孔设计和安装应能防止内装物泄漏和外界杂质进入，排出的气体量不应造成危险和污染环境。

（9）复合包装的内容器和外包装应紧密贴合，外包装不得有擦伤内容器的凸出物。

（10）盛装爆炸品包装的附加要求：

① 盛装液体爆炸品容器的封闭形式，应具有防止渗漏的双重保护。

② 除内包装能充分防止爆炸品与金属物接触外，铁钉和其他没有防护涂料的金属部件不得穿透外包装。

③ 双重卷边接合的钢桶、金属桶或以金属作衬里的包装箱，应能防止爆炸物进入隙缝。钢桶或铝桶的封闭装置必须有合适的垫圈。

④ 包装内的爆炸物质和物品，包括内容器，必须衬垫妥实，在运输中不得发生危险性移动。

⑤ 盛装对外部电磁辐射敏感的电引发装置的爆炸物品时，包装应具备防止所装物品受外部电磁辐射源影响的功能。

（11）包装容器基本结构应符合《一般货物运输包装通用技术条件》（GB/T 9174）的规定。

（12）常用危险货物运输包装的组合形式、标记代号、限制重量等符合 GB 12463 标准的相关要求。

2. 包装容器的安全要求

（1）钢桶　桶端应采用焊接或双重机械卷边，卷边内均匀填涂封缝胶。桶身接缝，除盛装固体或 40L 以下（包括 40L）液体桶可采用焊接或机械接缝外，其余均应焊接。桶的两端凸缘应采用机械接缝或焊接，也可使用加强箍。桶身应有足够的刚度。容积大于 60L 的桶，桶身应有两道模压外凸环筋，或两道与桶身不相连的钢质滚箍套在桶身上，使其不得移动。滚箍采用焊接固定时，不允许点焊，滚箍焊缝与桶身焊缝不允许重叠。

最大容积为 250L。最大净质量为 400kg。

（2）铝桶　制桶材料应选用纯度至少为 99%的铝，或具有抗腐蚀和合适机械强度的铝合金。桶的全部接缝必须采用焊接，如有凸边接缝应用与桶不相连的加强箍予以加强。容积大于 60L 的桶，至少有两个与桶身不相连的金属滚箍套在桶身上，使其不得移动。滚箍采用焊接固定时，不允许点焊，滚箍焊缝与桶身焊缝不允许重叠。

最大容积为 250L。最大净质量为 400kg。

（3）钢罐　钢罐两端的接缝应采用焊接或双重机械卷边。40L 以上的罐身接缝应采用焊接；40L 以下（含 40L）的罐身接缝可采用焊接或双重机械卷边。

最大容积为 60L。最大净质量为 120kg。

（4）胶合板桶　胶合板所用材料应质量良好，板层之间应用抗水黏合剂按交叉纹理粘接，经干燥处理，不应有降低其预定效能的缺陷。桶身至少用三合板制造。若使用胶合板以外的材料制造桶端，其质量应与胶合板等效。桶身内缘应有衬肩。桶盖的衬层应牢固地固定在桶盖上，并能有效地防止内装物撒漏。桶身两端应用钢带加强。必要时桶端应用十字形木撑予以加固。

最大容积为 250L。最大净质量为 400kg。

(5) 木琵琶桶　所用木材应质量良好，无节子、裂缝、腐朽、边材或其他可能降低木桶预定用途效能的缺陷。桶身应用若干道加强箍加强。加强箍应选用质量良好的材料制造，桶端应紧密地镶在桶身端槽内。

最大容积为250L。最大净质量为400kg。

(6) 硬质纤维板桶　所用材料应选用具有良好抗水能力的优质硬质纤维板，桶端可使用其他等效材料。桶身接缝应加钉结合牢固，并具有与桶身相同的强度，桶身两端应用钢带加强。桶口内缘应有衬肩，桶底、桶盖应用十字形木撑予以加固，并与桶身结合紧密。

最大容积为250L。最大净质量为400kg。

(7) 硬纸板桶　桶身应用多层牛皮纸黏合压制成的硬纸板制成。桶身外表面应涂有抗水能力良好的防护层。桶端若采用与桶身相同材料制造，应符合硬质纤维板桶的规定，也可用其他等效材料制造。桶端与桶身的接合处应用钢带卷边压制接合。

最大容积为450L。最大净质量为400kg。

(8) 塑料桶、塑料罐　所用材料能承受正常运输条件下的磨损、撞击、温度、光照及老化作用的影响。材料内可加入合适的紫外线防护剂，但应与桶(罐)内装物性质相容，并在使用期内保持其效能。用于其他用途的添加剂，不能对包装材料的化学和物理性质产生有害作用。桶(罐)身任何一点的厚度均应与桶(罐)的容积、用途和每一点可能受到的压力相适应。

最大容积：塑料桶为250L；塑料罐为60L。最大净质量：塑料桶为250kg；塑料罐为120kg。

(9) 木箱　箱体应有与容积和用途相适应的加强条挡和加强带。箱顶和箱底可由抗水的再生木板、硬质纤维板、塑料板或其他合适的材料制成。满板型木箱各部位应为一块板或与一块板等效的材料组成。平板榫接、搭接、槽舌接，或者在每个接合处至少用两个波纹金属扣件对头连接等，均可视作与一块板等效的材料。

最大净质量为400kg。

(10) 胶合板箱　所用材料应符合胶合板箱的规定。胶合板箱的角柱件和顶端应用有效的方法装配牢固。

最大净质量为400kg。

(11) 再生木板箱　箱体应用抗水的再生木板、硬质纤维板或其他合适类型的板材制成。箱体应用木质框架加强，箱体与框架应装配牢固，接缝严密。

最大净质量为400kg。

(12) 硬纸板箱、瓦楞纸箱、钙塑板箱　硬纸板箱或钙塑板箱应有一定抗水能力。硬纸板箱、瓦楞纸箱、钙塑板箱应具有一定的弯曲性能，切割、折缝时应无裂缝，装配时无破裂、表皮断裂或过度弯曲，板层之间应黏合牢固。箱体接合处，应用胶带粘贴、搭接胶合，或者搭接并用钢钉或U形钉钉合。搭接处应有适当的重叠。如封口采用胶合，应使用抗水胶合剂。钙塑板箱外部表层应具有防滑性能。

最大净质量为60kg。

（13）金属箱　箱体一般应采用焊接或铆接。花格型箱如采用双重卷边接合，应防止内装物进入接缝的凹槽处。封闭装置应采用合适的类型，在正常运输条件下保持紧固。

最大净质量为400kg。

（14）塑料编织袋　袋应用缝制、编织或其他等效强度的方法制作。防撒漏型袋应用纸或塑料薄膜粘在袋的内表面上。防水型袋应用塑料薄膜或其他等效材料黏附在袋的内表面上。

最大净质量为50kg。

（15）纸袋　袋应用质量良好的多层牛皮纸或与牛皮纸等效的纸制成，并具有足够强度和韧性。袋的接缝和封口应牢固、密闭性能好，并在正常运输条件下保持其效能。防撒漏型袋应有一层防潮层。

最大净质量为50kg。

（16）坛类　应有足够厚度，容器壁厚均匀，无气泡或砂眼。陶、瓷容器外部表面不得有明显的剥落和影响其效能的缺陷。

最大容积为32L。最大净质量为50kg。

（17）筐、篓类　应采用优质材料编织而成，形状周正，有防护盖，并具有一定刚度。

最大净质量为50kg。

3. 防护材料的安全要求

防护材料包括用于支撑、加固、衬垫、缓冲和吸附等的材料。

运输包装所采用的防护材料及防护方式，应与内装物性能相容，符合运输包装件整体性能的要求，能经受运输途中的冲击与震动，保护内装物与外包装，当内容器破坏、内装物流出时也能保证外包装安全无损。

三、包装生产许可证管理和试验要求

1. 包装生产许可证管理

关于危险化学品包装的生产许可证管理，目前实行的是国家质量监督检验检疫总局2018年颁布的《危险化学品包装物、容器生产许可证实施细则》[9]。

《危险化学品包装物、容器生产许可证实施细则》将需要许可证管理的危险化学品包装分为危险化学品包装物、容器产品和危险化学品罐体产品两部分。危险化学品包装物、容器产品包含5个单元，15个品种；危险化学品罐体产品包含2个单元，8个品种。详见表2-3。

表2-3 实施生产许可证管理的危险化学品包装

项目	产品单元	产品品种
危险化学品包装物、容器产品	钢桶	钢桶
		黄磷包装桶
		固碱钢桶
		电石包装钢桶
	金属桶罐	钢提桶
		方桶
		工业用薄钢板圆罐
		方罐与扁圆罐
		钢质手提罐
	气雾剂包装	气雾罐
		气雾阀
	塑料包装	危险品包装用塑料桶
		危险品包装用塑料罐
	复合包装	复合式中型散装容器
		钢塑复合桶
危险化学品罐体产品	车载罐体	车载钢罐体
		车载铝罐体
		车载玻璃钢罐体
		车载塑料罐体
	储存用罐体	储存用钢罐体
		储存用铝罐体
		储存用玻璃钢罐体
		储存用塑料罐体

《危险化学品包装物、容器生产许可证实施细则》对发证标准、企业申请生产许可证的基本条件和资料、产品检验报告、证书许可范围、获证企业后置现场审查等做了具体规定。

2. 危险化学品包装试验要求

为了保证危险品包装产品的质量和使用性能，联合国《关于危险货物运输建议书·试验和标准手册》、国家标准《危险货物运输包装通用技术条件》（GB 12463—2009）规定了危险品包装的四种试验：跌落试验、气密试验、液压试验和堆码试验，相对应测试危险品包装的缓冲性能、密封性能、耐压性能和强度性能。

（1）跌落试验　危险化学品包装跌落试验要求见表2-4。

表2-4　危险化学品包装跌落试验要求

包装类型	跌落试验			
	数量	试验方法	跌落高度	合格标准
钢(铁)桶(罐) 铝桶 木琵琶桶 胶合板桶 硬纸板桶 硬质纤维板桶 塑料桶(罐) 桶状复合包装	6个(每次跌落3个)	第一次跌落:应以桶的凸边成对角线撞击在冲击面上,如包装件没有凸边则以圆周的接缝处或边缘撞击; 第二次跌落:以桶的第一次跌落时没有试验到的最薄弱部位撞击在冲击面上,如封闭装置,或圆柱形桶的桶体纵向焊缝处	试件内装物质为固体及液体,或用与被运液体相对密度近似的液体进行试验时: Ⅰ类包装件:1.80m; Ⅱ类包装件:1.20m; Ⅲ类包装件:0.80m	内外包装不应有引起内容物撒漏的任何破损

（2）气密试验　将容器包括其封闭装置钳制在水面下5min，同时施加内部空气压力，钳制方法不应影响试验结果。施加空气压力（表压）见表2-5。

表2-5　危险化学品包装气密试验压力　　单位：kPa

Ⅰ类包装	Ⅱ类包装	Ⅲ类包装
不小于30	不小于20	不小于20

（3）液压试验　金属容器和复合容器（玻璃、陶瓷或粗陶瓷）包括其封闭装置，应经受5min的试验压力。施加的压力见表2-6。

表2-6　危险化学品包装液压试验压力　　单位：kPa

Ⅰ类包装	Ⅱ类包装	Ⅲ类包装
不小于250	不小于100	不小于100

（4）堆码试验　堆码载荷P按下式计算：

$$P=\frac{H-h}{h}m \tag{2-1}$$

式中 P——加载的载荷，kg；

H——堆码高度（不小于 3m），m；

h——单个包装件高度，m；

m——单个包装件质量（毛重），kg。

第四节 危险化学品气体盛装安全

一、气瓶及其标志

气瓶是专门盛装压缩气体或液化气体的金属压力容器。以压缩气体或液化气体形式盛装危险化学品可以大大减少成本，提高效率，但同时也带来新的危险因素。因此，掌握气瓶的安全特性是危险化学品包装安全管理的重要内容。

气瓶是指在正常环境温度（－40～60℃）下，公称工作压力为 1.0～30MPa 且公称容积为 0.4～3000L 的盛装永久气体、液化气体或混合气体的移动式压力容器、分为无缝、焊接和特种气瓶。

1. 气瓶的外观和构造

因为压缩气体或液化气体是在一定压力下装入钢瓶的，且气体有受热膨胀性，所以要求气瓶有较高的强度[10]。制造气瓶的材料，必须选用镇静钢；高压气瓶还必须用合金钢或优质碳素钢。气瓶工作压力大于或等于 12.5kPa 时应采用无缝钢结构。制造焊接气瓶（盛装低压气体）的材料，要具有良好的可焊性。制造气瓶的材料，要根据所装气体的性质选用。气瓶上的连接螺纹，用于可燃气体的为左旋，用于不燃气体的为右旋。氧气瓶的气阀密封填料应采用不燃烧和无油脂的材料，安全帽上应有泄气孔。

一般气瓶的外观如图 2-7 所示。以氧气瓶为例，气瓶的构造见图 2-8。

氧气瓶的阀门应用黄铜制造，并另加安全塞，内装磷铜片（即爆破片），在超过气瓶允许工作压力 10％以上即破裂泄气。安全帽上有泄气孔。在制造气瓶时，对焊缝必须进行射线透视检查。

2. 气瓶的颜色标志和标记

为了直观鉴别气瓶内装气体的种类，国家规定了气瓶的颜色标志，见表 2-7。

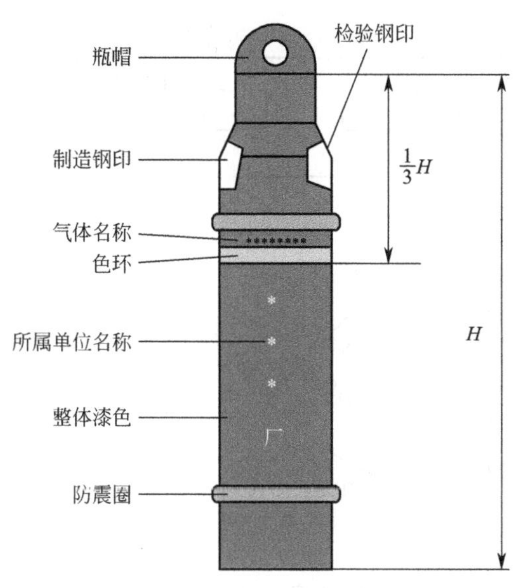

图 2-7　气瓶的外观

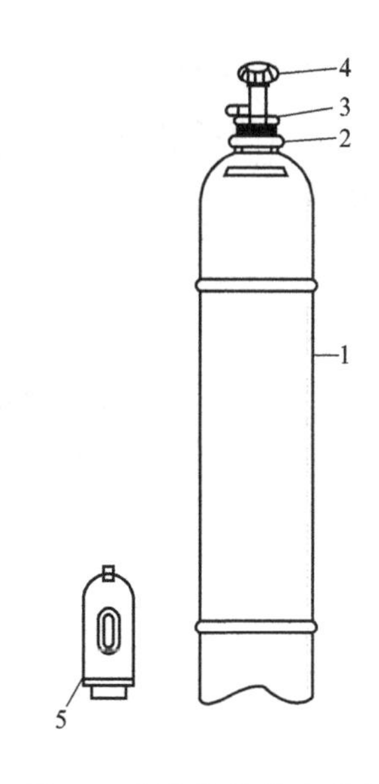

图 2-8　氧气瓶的构造形式
1—瓶身；2—颈部；3—阀门；
4—安全阀；5—安全帽

表 2-7　常用气瓶的颜色标志

气瓶	颜色	字样	字色	色环
氧气	淡蓝	氧	黑	
氢气	淡绿	氢	大红	
氮气	黑	氮	淡黄	
氩气	浅灰	氩	绿	白
乙炔	白	乙炔不可近火	大红	淡黄
二氧化碳	铝白	液化二氧化碳	黑	

为了显示气瓶质量检验情况，国家规范了气瓶的钢印标记，其位置和内容见图 2-9。同时，规定了年检时限，见表 2-8。对库存和停用时间超过一个检验周期的气瓶，启用前应进行检验。

表 2-8　气瓶年检时限

充装气体名称	气体性质	年检时限	备注
二氧化碳、硫化氢等	具腐蚀性	两年一检	
空气、氧气、氮气、氩气、乙炔等	一般气体	三年一检	
氩气、氖气、氦气等	惰性气体	五年一检	
液化石油气		五年一检	>20 年，两年一检

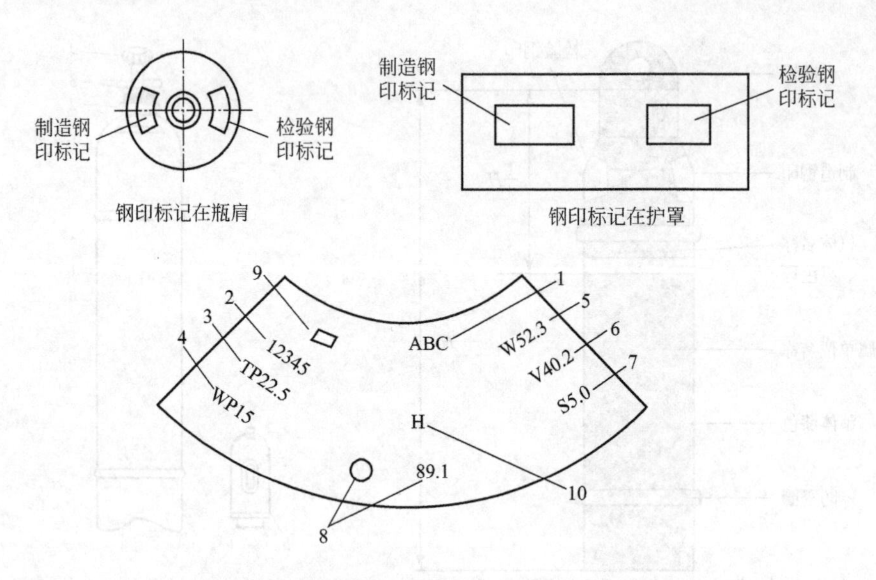

图 2-9 气瓶的检验标记的位置和内容

1—气瓶制造单位代号；2—气瓶编号；3—水压试验压力，MPa；
4—公称工作压力，MPa；5—实际质量，kg；6—实际容积，L；
7—瓶体设计壁厚，mm；8—制造单位检验标记和制造年月；
9—监督检验标记；10—寒冷地区用气瓶标记

二、气瓶的检查和验收

企业应从具有气瓶生产或气瓶充装许可证的厂家采购或充装气瓶，接收前应进行检查验收。

1. 气瓶的检查

对检查不合格的气瓶不得接收。

气瓶使用单位应指定气瓶现场管理人员，在接收气瓶时以及在气瓶使用过程中定期对气瓶的外表状态进行检查。同时按照气瓶安全管理的有关要求，挂贴相应的标签。对有缺陷的气瓶，应与其他气瓶分开，并及时更换或报废。

对气瓶的检查主要包括以下方面：

(1) 气瓶是否有清晰可见的外表涂色和警示标签；

(2) 气瓶的外表是否存在腐蚀、变形、磨损、裂纹等严重缺陷；

(3) 气瓶的附件（防震圈、瓶帽、瓶阀）是否齐全、完好；

(4) 气瓶是否超过定期检验周期；

(5) 气瓶的使用状态（满瓶、使用中、空瓶）。

2. 气瓶的验收

气瓶的验收应包括“五查一登记”：

（1）查气瓶有无定期检验，有无钢印；

（2）查气瓶出厂合格证；

（3）查气瓶有无防震圈；

（4）查气瓶有无安全帽；

（5）查气瓶气嘴有无变形，开关有无缺失，外观是否正常，颜色是否统一，其他附件是否齐全，是否符合安全要求；

（6）气瓶检查合格后验收登记。

三、气瓶的运输和搬运

1. 气瓶的运输

（1）装运气瓶的车辆应有“危险品”的安全标志。

（2）气瓶必须戴好瓶帽、防震圈，当装有减压器时应拆下，瓶帽要拧紧，防止摔断瓶阀造成事故。

（3）气瓶应直立向上装在车上，妥善固定，防止倾斜、摔倒或跌落，车厢高度应在瓶高的2/3以上。

（4）运输气瓶的车辆停靠时，驾驶员与押运人员不得同时离开。运输气瓶的车不得在繁华市区、人员密集区附近停靠。

（5）不应长途运输乙炔气瓶。运输可燃气体气瓶的车辆必须备有灭火器材。运输有毒气体气瓶的车辆必须备有防毒面具。所装介质接触能引燃爆炸，产生毒气的气瓶，不得同车运输。易燃品、油脂和带有油污的物品，不得与氧气瓶或强氧化剂气瓶同车运输。

（6）夏季运输时应有遮阳设施，适当遮盖，避免暴晒。

（7）车辆上除驾驶员、押运人员外，严禁无关人员搭乘。司乘人员严禁吸烟或携带火种。

2. 气瓶的搬运

（1）搬运气瓶时，要旋紧瓶帽，以直立向上的位置移动，注意轻装轻卸，禁止从瓶帽处提升气瓶。

（2）近距离（5m内）移动气瓶，应手扶瓶肩转动瓶底，并且要使用手套。移动距离较远时，应使用专用小车，特殊情况下可采用适当的安全方式搬运。

(3) 禁止凭借体力搬运高度超过 1.5m 的气瓶到手推车或专用吊篮等里面，可采用手扶瓶肩转动瓶底的滚动方式。

(4) 卸车时应在气瓶落地点铺上软垫或橡胶皮垫，逐个卸车，严禁溜放。

(5) 装卸氧气瓶时，工作服、手套和装卸工具、机具上不得沾有油脂。

(6) 提升气瓶时，应使用专用吊篮或装物架。不得使用钢丝绳或链条吊索。严禁使用电磁起重机和链绳提升气瓶。

四、气瓶的存储

(1) 气瓶宜存储在室外带遮阳设施、雨篷的场所。

(2) 存储在室内时，建筑物应符合有关标准要求。气瓶存储室不得设在地下室或半地下室，也不能和办公室或休息室设在一起。

(3) 存储场所应通风、干燥，防止雨（雪）淋、水浸，避免阳光直射。严禁明火和其他热源，不得有地沟、暗道和底部通风孔，并且严禁任何管线穿过。

(4) 存储可燃、爆炸性气体气瓶的库房内照明设备必须防爆，电器开关和熔断器都应设置在库房外，同时应设避雷装置。禁止将气瓶放置到可能导电的地方。

(5) 气瓶应分类存储：空瓶和满瓶分开；氧气或其他氧化性气体气瓶与燃料气瓶和其他易燃材料分开；乙炔气瓶与氧气瓶、氯气瓶及易燃物品分室；毒性气体气瓶分室；瓶内介质相互接触能引起燃烧、爆炸及产生毒物的气瓶分室。

(6) 易燃气体气瓶储存场所的 15m 范围以内禁止吸烟、从事明火存在和生成火花的工作，并设置相应的警示标志。

(7) 使用乙炔气瓶的现场，乙炔气的储存量不得超过 $30m^3$（相当于 5 瓶，指公称容积为 40L 的乙炔瓶）。乙炔气的储存量超过 $30m^3$ 时，应用非燃烧材料隔离出单独的储存间，其中一面应为固定墙壁。乙炔气的储存量超过 $240m^3$（相当于 40 瓶）时，应建造耐火等级不低于二级的存储仓库，与建筑物的防火间距不应小于 10m，否则应以防火墙隔开。

(8) 气瓶应直立存储，用栏杆或支架加以固定或扎牢，禁止利用气瓶的瓶阀或头部来固定气瓶。支架或栏杆应采用阻燃的材料，同时应保护气瓶的底部免受腐蚀。

(9) 气瓶（包括空瓶）存储时应将瓶阀关闭，卸下减压器，戴上并旋紧瓶帽，整齐排放。

(10) 不宜长期存放或限期存放的气体气瓶，如氯乙烯、氯化氢、甲醚等气瓶，均应注明存放期限。容易发生聚合反应或分解反应的气体气瓶，如乙炔气瓶，必须规定存储期限，根据气体的性质控制储存点的最高温度，并应避开放射源。

（11）气瓶存放到期后，应及时处理。

（12）气瓶在室内存储期间，特别是在夏季，应定期测试存储场所的温度和湿度，并做好记录。

（13）存储场所最高允许温度应根据盛装气体性质而确定，存储场所的相对湿度应控制在80%以下。

（14）存储毒性气体或可燃性气体气瓶的室内场所，必须监测空气中毒性气体或可燃性气体的浓度。如果浓度超标，应强制换气或通风，并查明危险气体浓度超标的原因，采取整改措施。

（15）如果气瓶漏气，首先应根据气体性质做好相应的人体保护。在保证安全的前提下关闭瓶阀，如果瓶阀失效或漏气点不在瓶阀上，应采取相应的紧急处理措施。

（16）应定期对存储场所的用电设备、通风设备、气瓶搬运工具、栅栏、防火和防毒器具进行检查，发现问题及时处理。

第五节　危险化学品包装管理和技术进展

一、促进危险品包装相关法规与国际接轨

近年来，随着国民经济的发展和对外开放的不断深入，我国危险化学品贸易蓬勃发展，国际间危险化学品运输日益频繁。加强危险品包装的检测，提高危险品包装质量，促进危险品及其包装的发展与国际接轨，是一个刻不容缓和亟待解决的问题[11,12]。

1. 国际危险品包装的安全监管规章

国际上非常重视危险品包装的安全监管，相关国际规章见表2-9。

表2-9　有关危险品包装的主要国际规章

名称	颁发组织
《关于危险货物运输的建议书·规章范本》(TDG)	联合国危险货物运输专家委员会
《国际海运危险货物规则》(IMDG code)	国际海事组织
《空运危险货物安全运输技术规则》	国际民航组织

续表

名称	颁发组织
《国际公路运输危险货物协定》(ADR)	联合国欧洲经济委员会
《国际铁路运输危险货物规则》(RID)	欧洲铁路运输中心局
《国际内河运输危险货物协定》(ADN)	联合国欧洲经济委员会

另外，在关于危险品管理的主要国际规章、制度中也相应提出了一些危险品包装的安全监管要求，这些国际规章、制度见表 2-10。

表 2-10　有关危险品管理的主要国际规章

名称	颁发组织
《关于危险货物运输的建议书·规章范本》(TDG)	联合国危险货物运输专家委员会
化学品分类及标记全球协调制度(GHS)	国际劳工组织、经济合作与发展组织、联合国危险货物运输专家委员会
《化学品注册、评估、许可和限制》(REACH 法规)	欧盟议会和欧盟理事会

联合国危险货物运输和全球化学品统一分类标签制度（TDG & GHS）专家委员会，是专门研究国际间危险货物安全运输问题的国际组织。该委员会每 2 年修订并出版一次《关于危险货物运输的建议书·规章范本》，其中的一个重要部分是对危险品包装检测的规范和指导。同时，国际上有关危险品及其包装的规章、制度也在不断进行修订，对各种运输方式的危险品包装给出了指导。

欧盟 REACH 法规已于 2007 年 6 月 1 日正式实施，GHS 制度已经在部分国家实施，在一定程度上影响了我国的化工品贸易。随着 GHS 制度和 REACH 法规的实施，对危险品分类、包装标记和公示信息提出了新的要求。

2. 我国危险品包装发展及安全监管的国际化

(1) 我国危险品包装发展趋势

① 包装形式多样化。危险品包装从单一包装形式发展到包括组合包装、中型散装容器（IBC）、大包装、集合包装、可移动罐柜和公路罐车、运输槽车等在内的多种形式[13,14]。

② 包装规模集约化。危险品包装正逐渐向中型化、大型化、集合包装的形式发展。近年来，包装形式扩大化的一个显著例子是中型散装容器（IBC）的推广应用，在一定程度上代替了常规包装塑料桶和钢桶。

③ 包装产品个性化。为了适应危险品运输的要求，一些特殊化的包装形式也不断开发出来。比较典型的一个例子是小型危险品组合式运输包装，其组

合方式有多种，一般包括外包装瓦楞纸箱、模制泡沫缓冲层、滑盖金属罐、塑料瓶或者玻璃瓶。

（2）包装安全监管与国际接轨和创新　面对国际相关规则的不断修订以及我国危险化学品包装行业的快速发展，需要：一方面，实时跟踪相关国际法规的动态变化，及时提出、修订国内的相关法律文件；另一方面，要结合我国的实际，在不突破国际通行原则的基础上有所创新，这是我国危险化学品包装安全监管的时代要求。

《中华人民共和国进出口商品检验法》（简称《商检法》）关于出口危险货物包装检验的规定，奠定了出口危险品包装检验在我国的法律地位。《海运出口危险货物包装检验管理办法》《空运出口危险货物包装检验管理办法》《铁路运输出口危险货物包装容器检验管理办法》《汽车运输出口危险货物包装容器检验管理办法》是《商检法》关于出口危险品包装检验管理规定的具体化、规范化和制度化。

二、加强危险货物包装产业链管理

2020年温岭槽罐车爆炸事故、2015年天津港危险化学品爆炸事故引起国家及业界对于危险货物包装问题的极大关注。加强危险货物包装的全产业链管理是危险货物包装管理的发展趋势[15]。

1. 包装产品标准化

首先，要修订包装产品检测标准。我国现行包装检测尚缺乏统一、具体的标准。现行检测标准没有涉及集装化包装组件，没有考虑机械装置对运输包装组件的力学作用和装卸程序的多样化。如夹抱叉车与托举叉车搬运时对运输包装组件会产生不同的力学作用，那么包装组件的强度也应予以适应，否则造成搬运过程中的运输包装组件损坏，将直接影响后续装卸或产生单元包装破损。标准还要考虑装卸顺序给包装组件带来的影响，通过适应物流环境的运输包装组件性能检验标准来为安全运输提供精准保障。

其次，应制定危险货物包装从业人员资格标准。实行严格的资格认证制度，同时根据包装材料、容器更新速度快的特点，制定对从业人员的水平评价类职业资格标准，依据标准开展培训和鉴定，以此提高从业人员的岗位技能，保障危险货物运输安全。

2. 检验、认证、操作规范化

我国危险货物包装不规范，危险货物的货主缺乏安全意识。应建立将包装的生产质量与使用功能相结合的认证体系，该体系是有效的、符合企业需求的包装质量认证。利用市场经济驱动力来替代行政许可，依靠良性经济、科学手段推动危险货物包装质量认证的发展。应加强对提供危险货物包装检验、新包装容器认定等技术服务机构的规范管理。借鉴国际通行做法，由非政府的法规、技术权威机构负责判定危险货物包装检验结果。

3. 建立完善科学的知识体系

要加强从业人员的教育、培训和知识更新。现代工业发展日新月异，危险品的种类划分也越来越细，对新型化学品的物理、化学性质的认识需要不断试验、积累和总结，才能根据其特性采取安全、有效的包装和储运对策。要以鲜活的事故案例和统计数据为教材，提高培训效果。要将标准化成果融入教育培训之中。通过海事管理部门、港口、货主以及物流企业的生产实践，归纳总结出符合交通联运一般特点的技术文献，最终形成可实际操作且具有指导意义的作业技术指南。

4. 充分发挥互联网、物联网的作用

应充分发挥互联网、物联网的作用，建立相关管理制度和措施，规划设计危险货物物流网络。例如：优化危险源的布局、限制危险货物运输的路径、监管危险货物运输时间，尽量避免在人口密集的地区、时间进行危险货物物流作业，全程监控危险化学品包装物的状态，对危险化学品包装物进行规范、高效、合理、实时的安全监控。

三、推行危险货物包装区块链技术

区块链是新型信息技术化的产物，被誉为继互联网之后的“第四次技术革命”，已被国务院列入“十三五”规划当中[16-18]。习近平总书记指出，要把区块链作为核心技术自主创新的重要突破口，加快推动区块链技术和产业创新发展，积极推进区块链和经济社会融合发展。

1. 区块链核心技术及其主要优势

区块链主要有分布式账本、非对称加密、共识机制、智能合约和时序数据（时间戳）五大核心技术，这五大核心技术的综合运用，在区块链系统内实现多方参与、全景记录、成果共享、智能高效、安全可靠的管理。

(1) 分布式账本指的是去中心化、永久存储数据的记账方式。区块链中的多个节点不依靠中心而是采用数学方法建立互相信任关系，在不同地方共同完成完整交易账目的记账方式。各节点之间地位平等、互为备份，各自具备极高的独立性和合法性，因而保证了区块链能完整、永久、真实地保存账本数据。

(2) 非对称加密是指运用密码学对相关数据进行加密，并借助共识算法抵御外部攻击，以确保区块链上信息的安全性。区块链通过密钥以及数字签名确保存储和访问数据的安全性和准确性，且以此区分账本的访问权限。在这样的方式下，区块链的数据安全难以被篡改，并能根据需要授予用户不同的权限。

(3) 共识机制要求区块链中所有节点对认证原则要形成共识，以此确保记录有效性并防止数据被篡改。在区块链技术下，只有达成共识的节点成员数超过 51%时相关数据才能被认定为真实有效，通过共识机制确认的数据和规则即自动获得区块链上全体成员的认可，具有强制合法性。

(4) 智能合约是指区块链可以提供灵活的脚本系统，帮助用户构建高级的智能合约。运用区块链技术可以完成对链上数据真实性的检验，在各节点监督、符合规则的条件下自动执行用户预先定义好的规则和程序，如自动放行、智能拟制证书等。

(5) 时序数据（时间戳）是指区块链可以通过内带时间戳的链式区块结构进行数据存储，并且为数据生成时序，使得数据与时间一一对应。任意两个区块间通过密码学方法相关联，互为备份且可追溯到任意数据对应的时序，从而保证了区块链数据极强的可追溯性和可验证性。

区块链技术对于传统工作的优势见图 2-10。

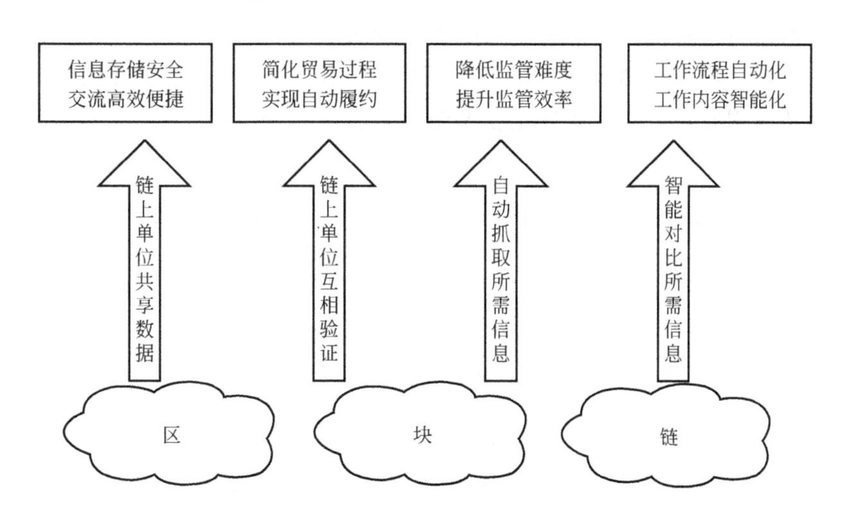

图 2-10　区块链技术对于传统工作的优势

2. 区块链技术用于危险货物包装

区块链的技术优势，特别适用于对危险货物包装的安全监管。危险货物包装在生产、检测、转运、存储、流通过程中，多次变换位置、环境、形态，其间各种作业人员经手、归属不同单位、涉及多个监管部位，管理因素复杂、难度极大，传统管理模式和管理机制难以从根本上解决。利用区块链技术，可以实现全周期记录和分享危险货物包装信息、实时跟踪位置和状态、细化责任内容和责任人、及时发现各类隐患、准确追溯事故源头等，彻底改变危险货物包装管理的被动局面。

下面以危险货物包装使用鉴定为例，说明区块链技术应用思路：

设企业 B 使用包装 F 将货物 G 完成包装后向所在地海关 H 申请出口危险货物包装使用鉴定。海关 H 通过联盟链从安全管理部门 C 调取企业 B 的生产许可和监管情况，确认企业的生产资质和安全管理水平；从企业 B 调取贸易信息，确定货物的运输方式和运输路径；从企业 B 调取货物 G 具体信息，确定货物的理化特性；从实验室 L 调取货物 G 危险特性分类鉴定和运输条件鉴定结果，确定货物 G 的危险特性和运输包装要求；从企业 A 调取货物包装 F 的相关信息，从海关 E 调取包装 F 性能检验结果，确定包装 F 的适用范围和使用规范。海关 H 综合以上信息，对比出口危险货物包装使用鉴定的要求。如果全部验核通过则判定该次鉴定合格，系统自动拟制“出口危险货物包装使用鉴定结果单”并签发。如果验核不通过，则通知企业进行整改或补充提交资料并进行补充审核。海关 H 将出口危险货物包装使用鉴定相关信息上传联盟链，并根据需要对信息访问使用权限进行授权。

以上出口危险货物包装使用鉴定工作参见图 2-11，海关 H 开展出口危险货物包装使用鉴定工作具体流程参见图 2-12。

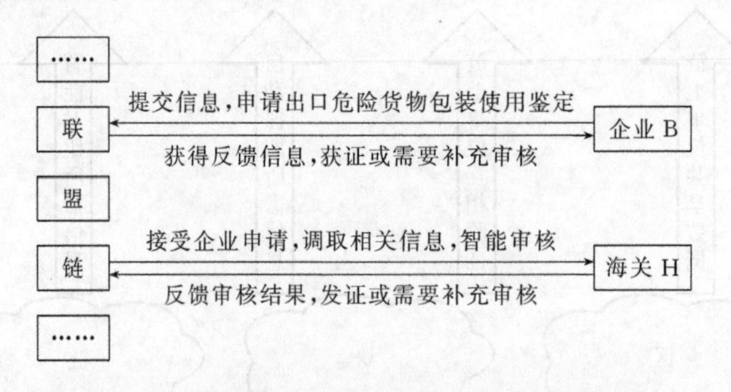

图 2-11 联盟链上出口危险货物包装使用鉴定

以上示例说明，通过分布式账本实现了包装源头信息记录和相关部门信息共享；非对称加密实现了对包装过程信息的保密，同时便于信息使用部门的读取；共识机制实现了相关方对包装状态的判断一致性；智能合约实现了包装物合规的认定和通行验证；时序数据则实现了包装全寿命周期的信息全程跟踪和历史溯源。

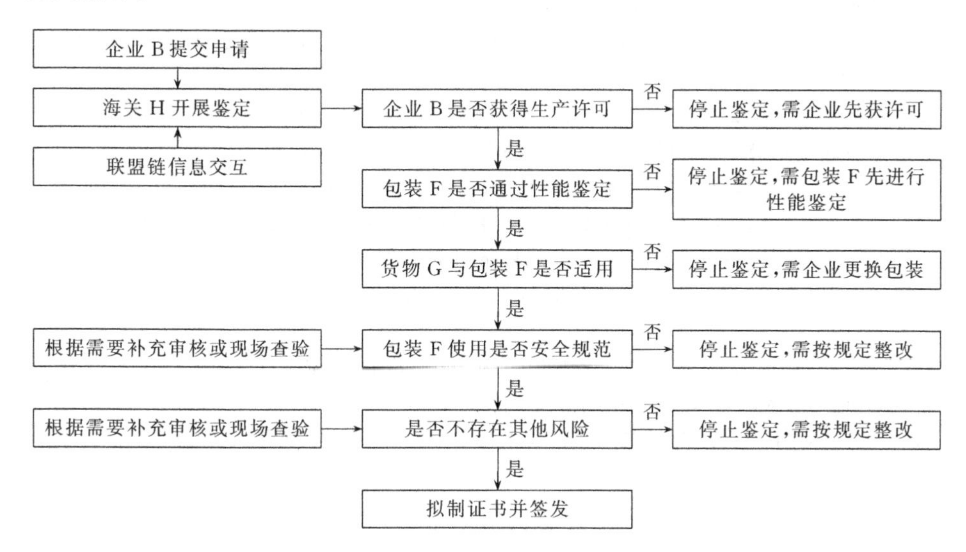

图 2-12　联盟链上出口危险货物包装的海关鉴定流程

区块链技术的应用，充分体现了互联网技术优势，彻底改变了危险货物包装管理模式。几乎全部相关流程都通过网络远程实现，极大简化了作业手续、缩短了危险化学品物流运转时间、节约了管理成本、便利了相关用户，同时严密了监管流程、夯实了管理责任、确保了监管质量，进一步提升了危险货物包装安全监管科学化水平。因此，随着北斗布网的成功，5G时代的到来，积极推广区块链技术，将是今后危险货物包装领域发展的必然趋势。

参考文献

[1]　联合国经济及社会理事会专家委员会．危险货物运输与全球统一化学品分类和标签制度：关于危险货物运输的建议规章范本 [Z]．第 21 修订版．2019.

[2]　徐炎．危险货物安全运输的包装条件 [J]．劳动保护，2018，(8)：24-27.

[3]　陈海群，王凯全．危险化学品事故处理与应急预案 [M]．北京：中国石化出版社，2005.

[4]　王凯全．危险化学品事故分析与预防 [M]．北京：中国石化出版社，2009.

[5]　刘北辰．提高危险化学品包装质量减少储运事故 [J]．湖南包装，2012，(3)：14-19.

[6]　万旺军，高翔，陈文，等．危险货物包装检测关键点分析与质量控制 [J]．包装工程，2016，37(13)：81-85.

[7]　陈诚．危险化学品包装容器的产品质量安全浅析 [J]．江苏科技信息，2013，(8)：46-47.

[8] 崔刚．船载包装危险货物安全管理研究 [J]．中国水运，2019，19 (11)：25-26.
[9] 国家市场监督管理总局．市场监管总局关于公布工业产品生产许可证实施通则及实施细则的公告 [A]．2018 年第 26 号．2018.
[10] TSG R0006—2014．气瓶安全技术监察规程 [S].
[11] 万敏，陶强，崔鹏，等．危险品包装的发展及常见质量问题探讨 [J]．包装工程，2011，32 (3)：103-106.
[12] 联合国经济及社会理事会．全球化学品统一分类标签制度 [Z]．第三次修订版．2015.
[13] 赵晓鹏．中型散装容器的发展 [J]．集装箱化，2008，(2)：29-31.
[14] 刘宝龙．小型危险品组合式运输包装 [J]．中国包装工业，2007，(6)：18-19.
[15] 中国包装联合会运输包装委员会．实现包装危险货物的全产业链管理任重道远 [EB/OL]．(2015-9) [2020-8-19]．http://news.pack.cn/show-278239.html.
[16] 孙毅，范灵俊，洪学海．区块链技术发展及应用：现状与挑战 [J]．中国工程科学，2018，20 (2)：27-32.
[17] 白伟民，施敬文，朱津海，等．区块链技术在出口危险货物包装检验监管中的应用 [J]．中国口岸科学技术，2020，(2)：13-25.
[18] 上海区块链技术与应用编写组．2019 上海区块链技术与应用白皮书 [M]．2019.

第三章

危险化学品储存的风险分析和安全要求

危险化学品在储存过程中，除了具有自身类别特征所带来的危险因素，性质相互抵触的物品混存、超量储存等的危险因素之外，储存仓库选址及库区布置不合理、储存设备设施欠缺、装卸作业人员违章、仓储管理失职或制度不完善以及环境不良等也是重要的危险因素。

实现危险化学品安全储存，一是要认真学习掌握、严格落实相关法律法规要求，加强仓库、罐区安全管理，确保基本安全条件；二是要针对不同危险化学品特性、储存设备设施和作业环节，采取恰当有效的安全技术和管理措施，确保运行安全；三是要加强对与人们社会生活最密切的危险化学品储存的加油站、加气站的安全管理。

第一节　危险化学品储存及其风险分析

一、危险化学品储存事故类型

1. 火灾、爆炸事故风险

火灾、爆炸事故是危险化学品储存企业面临的最严重的风险，其主要原因有[1]以下。

（1）明火源引起　吸烟引起的火灾与爆炸，或者由于车辆不防爆等因素引发的安全事故。

（2）火花引起　操作人员用钢制工具对管线、设备进行敲打过程中产生的火花引起的火灾、爆炸事故；或者是由于设备出现老化问题而导致安全事故的发生。

（3）静电引起　由于作业人员身着的衣物产生静电而引起的火灾、爆炸危险。

（4）性质相互抵触的物品混合储存　由于管理人员缺乏专业的知识，导致将性质相抵触的危险化学品混合储存引起的火灾、爆炸危险。

（5）产品变质　有的危险化学品由于经过较长时间的储存，导致其质量出现问题，而管理人员没有有效地处理这些不合格的危险化学品，最终引发安全事故[2]。

（6）灭火扑救方式不合理　危险化学品着火时，没有正确使用灭火方式而引发的火灾、爆炸危险。

（7）养护管理不善　在进行危险化学品的养护管理中，由于保管方式存在漏洞而引起危险事故发生。

2. 泄漏事故风险

危险化学品泄漏往往是火灾爆炸事故的原因，如果有毒气体泄漏，还将造成人员毒害[3]。危险化学品储存中发生泄漏的原因主要有：

（1）工作人员没有按照规范进行操作　比如在危险化学品的搬运过程中没有轻装轻卸，或由于操作不当而损坏容器，最终引起泄漏危险。

（2）包装损坏或不符合要求　危险化学品容器包装不符合要求，或者出现包装容器损坏等问题，最终引起泄漏事故的发生。

3. 中毒事故风险

较多的危险化学品具有毒害性质，其给人畜的生命安全带来很大威胁[4]。中毒危险事故的发生是吸入、食入或皮肤接触所导致。从实际情况可知：

（1）由于作业人员对危险化学品的性质不了解，在作业中没有做好防护措施，导致中毒事故发生。

（2）在进行毒害品泄漏处置中，由于抢险人员长时间接触毒害品，导致其吸入大量的有害物，最终导致中毒危险事故的发生。

4. 灼伤和放射事故风险

危险化学品中有一些腐蚀性、放射性物品，如果在储存过程中出现容器破损、装卸操作不当、操作人员防护装备不全等可能发生灼伤、放射物感染等事故。

5. 触电事故风险

触电事故发生的原因主要有：不规范的安装、不合理的设计、设备设施存在缺陷。同时，还有警示标志不清、没有使用防爆型的设备、安全管理方面存在漏洞等因素。

6. 起重和机械事故风险

由于危险品储存需要用到吊车、起重机、叉车等机械设备，由于作业空间受限、视野不清，容易发生事故。如因起重设备故障、吊装不稳容易导致重物坠落。对于一些易燃液体来说，如果发生坠落，将直接发生火灾、爆炸等事故。另外，叉车操作人员无证驾驶、超载、超速，不但可能发生人身伤害，还可能导致堆垛坍塌，造成更大的事故。

二、危险化学品混合储存风险分析

混合储存是指两种或两种以上的危险化学品混合在同一个仓库或同一仓间储存[5]。各种危险化学品具有不同的危险性，有些具有易燃易爆危险性，有些具有氧化性，如果这些性质不同的禁忌物质存放在一起，在储存或搬运过程中可能互相接触而发生事故。

1. 具有混合接触危险的化学反应风险

（1）危险化学品经过混合接触，在室温条件下，立即或经过一段时间发生急剧化学反应。

（2）两种或两种以上危险化学品混合接触后，形成爆炸性混合物或比原来物质敏感性强的混合物。

（3）两种或两种以上危险化学品在加热、加压或在反应锅内搅拌不匀的情况下，发生急剧反应，造成冲料、着火或爆炸。化工厂的反应锅发生事故，往往就是这个原因。

2. 具有混合接触危险的危险化学品组合风险

（1）具有强氧化性的物质和具有还原性的物质。氧化性物质如硝酸盐、氯酸盐、过氯酸盐、高锰酸盐、过氧化物、发烟硝酸、浓硫酸、氧、氯、溴等。还原性物质如烃类、胺类、醇类、有机酸、油脂、硫、磷、碳、金属粉等。

（2）氧化性盐类和强酸混合接触，会生成游离的酸和酸酐，呈现极强的氧化性，与有机物接触时，能发生爆炸或燃烧，如氯酸盐、亚氯酸盐、过氯酸盐、高锰酸盐与浓硫酸等强酸接触，假设还存在其他易燃有机物，有机物就会发生强烈氧化反应而引起燃烧或爆炸。

（3）混合接触后会生成不稳定物质的两种或两种以上危险化学品，例如液氯和液氮混合，在一定的条件下，会生成极不稳定的三氯化氮，有爆炸危险；二乙烯基乙炔，吸收了空气中的氧气能生成极其敏感的过氧化物，稍一摩擦就会爆炸。

美国消防协会研究和编制了 3550 种化学品组合的《危险化学反应手册》

(NFPA 491M—1997)。从中选出经常遇到、危险性较大、有代表性的危险化学品 18 种，将其混合危险性列表，见表 3-1。典型混合危险物系及危险状态见表 3-2。

表 3-1　混合接触危险的化学品

品名	混合接触有危险性的化学品	危险性摘要
乙醛 CH_3CHO	氯酸钠、高氯酸钠、亚氯酸钠、过氧化氢(浓)、硝酸铵、硝酸钠、硝酸、溴酸钠	混合后有激烈的放热反应
	乙酸、乙酐、氢氧化钠、氨	混合后有聚合反应的危险性
	醋酸钴＋氧气	由于放热的氧化反应，生成不稳定的物质，有爆炸的危险性
乙酸(醋酸) CH_3COOH	铬酸酐、过氧化钠、硝酸铵、高氯酸、高锰酸钾	混合后着火燃烧，或在加热条件下发生燃烧、爆炸
	过氧化氢(浓)	能生成不稳定的爆炸性酸
	氯酸钠、高氯酸钠、亚氯酸钠、硝酸钠、硝酸	混合后有激烈的放热反应
乙酐 $(CH_3CO)_2O$	高氯酸、过氧化钠、浓硝酸、高锰酸钾(加热)	混合后摩擦、冲击有爆炸的危险性
	铬酸酐(在酸催化作用下)、四氧化二氮	有激烈沸腾和爆炸的危险性
	氯酸钠、高氯酸钠、亚氯酸钠、硝酸铵、硝酸钠、过氧化氢(浓)	混合后有激烈的放热反应
丙酮 CH_3COCH_3	铬酸酐、重铬酸钾(＋硫酸)	有着火的危险性
	硝酸(＋乙酸)、硫酸(密闭条件下)、次溴酸钠	有激烈分解爆炸的危险性
	三氯甲烷(＋酸)	混合后有聚合放热反应的危险性
	氯酸钠、高氯酸钠、亚氯酸钠、硝酸铵、硝酸钠、溴酸钠	混合后有激烈的放热反应
氨 NH_3	硝酸	接触气体有着火的危险性
	亚硝酸钾、亚硝酸钠、次氯酸	与次氯酸接触后能生成对冲击敏感的亚氯酸铵，有爆炸的危险性
苯胺 $C_6H_5NH_2$	过氧化钠、硝酸、硫酸(在二氧化碳、硝酸共存下)	有着火或立即着火的危险性
	氯酸钠、高氯酸钠、过氧化氢(浓)、过甲酸、高锰酸钾、硝基苯、硝酸铵、硝酸钠	有激烈放热反应的危险性
	硝基甲烷、臭氧	能生成敏感爆炸性混合物
苯 C_6H_6	硝酸铵、高锰酸、氟化溴、臭氧	有起火或爆炸的危险性
	氯酸钠、高氯酸钠、过氧化氢(浓)、过氧化钠、高锰酸钾、硝酸、亚氯酸钠、溴酸钠	有激烈放热反应的危险性
二硫化碳 CS_2	过氧化氢(浓)、高锰酸钾(＋硫酸)	有着火、爆炸的危险性
	氯(在铁的催化作用下)	有爆炸或着火的危险性
	氯酸钠、高氯酸钠、硝酸铵、硝酸钠、亚氯酸钠、硝酸、锌	有激烈放热反应的危险性

续表

品名	混合接触有危险性的化学品	危险性摘要
乙醚 $(C_2H_5)_2O$	氯酸钠、高氯酸钠、硝酸铵、硝酸钠、亚氯酸钠、硝酸、过氧化氢(浓)、过氧化钠、铬酸酐、溴酸钠	混合后有激烈放热反应的危险性
乙醇 CH_3CH_2OH	过氧化氢(浓)+浓硫酸	受热、冲击有爆炸的危险性
	氯酸钠、高氯酸钠、硝酸铵、硝酸钠、亚氯酸钠	混合后有激烈的放热反应
	硝酸银	在一定条件下能生成爆炸性雷酸
乙烯 $CH_2=CH_2$	氯、四氯化碳、三氯一溴甲烷、四氟乙烯、氯化铝、过氧化二苯甲酰	在一定条件下混合后有发生爆炸的危险性
	臭氧	有爆炸反应的危险性
环氧乙烷 C_2H_4O	氯酸钠、高氯酸钠、硝酸铵、硝酸钠、亚氯酸钠、硝酸、过氧化氢(浓)、过氧化钠、重铬酸钾、溴酸钠、硫酸、镁、铁、铝(包括氧化物、氯化物)	混合后有激烈的放热反应，有可能发生爆炸性分解
乙酸甲酯 CH_3COOCH_3	氯酸钠、高氯酸钠、硝酸铵、硝酸钠、亚氯酸钠、硝酸、过氧化氢(浓)、溴酸钠	混合后有激烈的放热反应
苯酚 C_6H_5OH	氯酸钠、高氯酸钠、硝酸铵、硝酸钠、亚氯酸钠、硝酸、过氧化氢(浓)、溴酸钠	混合后有激烈的放热反应
硝酸 HNO_3	苯胺、丁硫醇、二乙烯醚、呋喃甲醇	有着火的危险性
	钠、镁、乙腈、丙酮、乙醇、环己胺、乙酐、硝基苯	有爆炸或激烈分解反应的危险性
	乙醚、甲苯、己烷、苯酚、硝酸甲酯、二硝基苯	混合后有激烈的放热反应
丙烷 C_3H_6	氯酸钠、高氯酸钠、硝酸铵、硝酸钠、亚氯酸钠、硝酸、过氧化氢(浓)、溴酸钠	混合后有激烈的放热反应或有着火的危险性
氢氧化钠 $NaOH$	铝	发生反应生成大量氢气
	乙醛、丙烯腈	有激烈聚合反应的危险性
	氯硝基甲苯、硝基乙烷、硝基甲烷、顺丁烯二酸酐、氢醌、三氯硝基甲烷	有发热分解爆炸的危险性，有敏感性，撞击引起爆炸
	三氯乙烯、氯仿+甲醇	有激烈放热反应，与三氯乙烯加热可生成爆炸性物质
硫酸 H_2SO_4 (遇水发热)	氯酸钾、氯酸钠	接触时激烈反应，有引燃的危险性
	环戊二烯、硝基苯胺、硝酸甲酯、苦味酸	有爆炸反应的危险性
	磷、钠、二亚硝基五亚甲基四胺	有着火的危险性

表 3-2 典型混合危险物系及危险状态

混合危险物系	燃烧状况	火焰高度/m	发烟状况
卤酸盐-酸-可燃物系统			
$NaClO_2$-H_2SO_4	混合立刻发火	0.2	白烟
$NaClO_2$-H_2SO_4-砂糖	燃烧很激烈	0.4	大量白烟
$NaClO_2$-H_2SO_4-甲苯	混合同时发火，大火焰	>3	大量黑烟
$NaClO_2$-H_2SO_4-汽油	混合同时发火，大火焰	>3	大量黑烟
$NaClO_2$-H_2SO_4-乙醚(100g)	混合同时发火，大火焰	>3	白烟
$NaClO_2$-H_2SO_4-甲苯	混合时发火，大火焰	>3	大量黑烟
$NaClO_2$-H_2SO_4(98%)-甲苯	混合时有爆炸声，大火焰	>3	大量黑烟
$NaClO_2$-H_2SO_4(60%)-甲苯	混合 5s 后发火，大火焰	2.5	大量黑烟
$NaClO_2$-HCl(36%)-甲苯	激烈燃烧	1	大量黑烟
$NaClO_2$-H_3PO_4(85%)-甲苯	混合 5s 后发火	1	大量黑烟
$NaClO_4$-H_2SO_4-甲苯	不发火	—	—
$NaClO_3$-H_2SO_4-甲苯	混合后一瞬间有反应声，发火	1	大量黑烟
$NaClO_2$-H_2SO_4-甲苯	混合时发火，大火焰	>3	大量黑烟
NaClO-H_2SO_4-甲苯	不发火	—	白烟
$NaClO_3$-H_2SO_4-甲苯	混合后瞬间有反应声，发火	1	大量黑烟
$KClO_3$-H_2SO_4-甲苯	混合后瞬间发火	1	大量黑烟
$KBrO_3$-H_2SO_4-甲苯	混合 2s 后有反应声，发火	1	黑烟、褐色烟
$KClO_3$-H_2SO_4-甲苯	不发火	—	—
漂白粉-乙二醇	混合 5s 后发烟，28s 后发火	0.5	白烟
漂白粉-HNO_3-甲苯	混合时发火	2	大量黑烟
其他氧化剂(酸)-可燃物系统			
CrO_3-乙醇	混合时发火，1s 后大火焰	>3	白烟
$KMnO_4$-乙二醇	混合 5s 后发烟，7s 后发火	1	白烟
$NaNO_3$-H_2SO_4-甲苯	不发火	—	—
$NaNO_2$-H_2SO_4-甲苯	混合 10s 后，只产生气体	—	NO_2 气体
Na_2O_2-H_2SO_4-甲苯	无烟，燃烧很好	1	—
硝酸-可燃物系统			
HNO_3-乙醇	只发烟	—	红褐色烟
HNO_3-丙酮	只发烟	—	白烟、茶褐色烟
HNO_3-甲苯	只发烟	—	白烟
HNO_3-苯胺	产生强声和白烟后发火	0.5	大量白烟

三、危险化学品储存场所运行风险分析

除了因危险化学品性质导致的储存风险外，仓库选址及库区布置不合理、储存量过大、管理不到位、违章作业等也是必须关注的风险因素。

1. 危险化学品仓库选址及库区布置风险

正确地选择危险化学品仓库库址，可以减少发生事故时对周围居住区、工矿企业和交通线的影响；合理布置库区，可以保证危险化学品有安全的储存环

境，也有利于事故后的应急救援[6]。1989 年 8 月 12 日黄岛油库特大火灾事故损失严重，19 人死亡，100 多人受伤，直接经济损失 3540 万元。在调查事故原因时发现，黄岛油库老罐区 5 座油罐建在半山坡上，输油生产区建在紧邻的山脚下。这种设计只考虑利用自然高度差输油节省电力，忽视了消防安全要求，影响对油罐的观察巡视。发生爆炸火灾后，首先殃及生产区。这不仅给黄岛油库区的自身安全留下长期重大隐患，还对胶州湾的安全构成了永久性威胁。此外，库区间的消防通道路面狭窄、凹凸不平，且非环形道路，消防车没有掉头回旋余地，降低了集中优势使用消防车抢险灭火的可能性，错过了火灾早期扑救的时机，使事故不断扩大。

2. 危险化学品仓库储存超量风险

危险化学品仓库中存储的数量应符合规范的要求，否则也会给安全生产带来隐患[7]。“8・12”天津港爆炸事故中，瑞海公司危险品仓库多种危险货物严重超量储存，事发时硝酸钾存储量 1342.8t，超设计最大存储量 53.7 倍；硫化钠存储量 484t，超设计最大存储量 19.4 倍；氰化钠存储量 680.5t，超设计最大存储量 42.5 倍，造成严重事故危害。与国外相比，我国与危险化学品存储量相关的标准不够全面，特别是在民用危险化学品方面，美国、日本在民用危险化学品的存储量上就做了具体的规定。

3. 危险化学品仓库管理风险

危险化学品仓库管理不到位，会导致各类风险和隐患[8]，常见的情况如：

（1）低能库。危险化学品仓库根据储存物质的危险系数，耐火等级一般应该二级以上。低能库是指库房耐火等级不能达到标准要求，如：仓库棚顶钢结构未做阻燃处理、防火墙耐火时间不够等。

（2）库房变工房。在危险化学品仓库从事非仓储作业。如：违章在仓库进行危险化学品分装、包装或开桶作业，甚至建筑装修、机械修理作业等。

（3）专库变杂库。危险化学品不能专库储存。如：大量其他物品、特别是可燃易燃物品混放仓库。

（4）禁忌库。种类不同的危险化学品同储一库。如：灭火方式不同的危险化学品、酸碱等同储一库。

（5）黑库和野库。私自建设未经审批的危险化学品库或租用不符合安全条件的库房储存危险化学品。如：乙类库房放置甲类物质、临时搭棚存放遇水易燃物质等。

（6）人居库。在危险化学品仓库留人住宿或设置办公室。

（7）“带电”库。危险化学品仓库内设置电源开关，电气线路、照明灯具不能达到防爆要求等。

(8)“无名”库。危险化学品仓库储存的物品未设置安全技术说明书(MSDS)和安全标签。

(9)拥挤库。危险化学品仓库物品码放混乱,“五距”不足,即:物品距离楼顶或横梁不足50cm;防爆灯头距离货物不足50cm;外墙墙距不足50cm,内墙墙距不足30cm;柱距不足10~20cm;垛距不足10cm。此外,还有易燃物品未留出防火距离等。

4. 危险化学品仓库作业风险

危险化学品储存作业主要包括日常管理作业、装卸作业和仓储设备设施的检维修作业。其中发生的各种违章作业也是危险化学品储存的主要风险。

日常管理不善事故多发生在混装混存、超量储存上,除了天津港爆炸事故之外,新中国成立以来重特大事故如1993年8月5日深圳安贸危险品储运公司清水河仓库4号仓因违章将过硫酸铵、硫化钠等危险化学品混储,引起化学反应而发生火灾爆炸事故。该事故造成15人死亡,炸毁建筑物面积39000m^2和大量化学物品等,直接经济损失约2.5亿元。

装卸和转运作业环节不确定因素较多,极易发生事故。如2010年7月16日大连新港一艘30万吨级外籍油轮在卸油的过程当中,违规在原油库输油管道上进行加注“脱硫化氢剂”作业,并在油轮停止卸油的情况下继续加注,造成“脱硫化氢剂”在输油管道内局部富集,发生强氧化反应,导致输油管道发生爆炸。事故造成消防战士1人牺牲,直接经济损失为2.23亿元。

检维修作业往往涉及第三方作业,容易发生作业监管漏洞。如2007年11月24日中石油上海浦三路油气加注站,将停业检修工作多次转包,最后由上海威喜建筑安装公司承接,作业时液化石油气储罐用氮气卸料后没有置换清洗,储罐内仍残留液化石油气;在用压缩空气进行管道气密性试验时,没有将管道与液化石油气储罐用盲板隔断,致使压缩空气进入液化石油气储罐,储罐内残留液化石油气与压缩空气混合,形成爆炸性混合气体;因违章电焊动火作业,引发试压系统化学爆炸。事故造成4人死亡,直接经济损失960万元。

第二节 危险化学品储存基本安全要求

一、《危险化学品安全管理条例》对储存的安全要求

《危险化学品安全管理条例》对危险化学品储存提出具体要求,主要包括:

（1）国家对危险化学品的生产、储存实行统筹规划、合理布局。

（2）新建、改建、扩建生产、储存危险化学品的建设项目，应当由安全生产监督管理部门进行安全条件审查。

（3）生产、储存危险化学品的单位，应当对其铺设的危险化学品管道设置明显标志，并对危险化学品管道定期检查、检测。

（4）生产装置或者储存数量构成重大危险源的危险化学品储存设施（运输工具、加油站、加气站除外），与下列场所、设施、区域的距离应当符合国家有关规定：

① 居住区以及商业中心、公园等人员密集场所；

② 学校、医院、影剧院、体育场（馆）等公共设施；

③ 饮用水源、水厂以及水源保护区；

④ 车站、码头（依法经许可从事危险化学品装卸作业的除外）、机场、通信干线、通信枢纽、铁路线路、道路交通干线、水路交通干线、地铁风亭以及地铁站出入口；

⑤ 基本农田保护区、基本草原、畜禽遗传资源保护区、畜禽规模化养殖场（养殖小区）、渔业水域，以及种子、种畜禽、水产苗种生产基地；

⑥ 河流、湖泊、风景名胜区、自然保护区；

⑦ 军事禁区、军事管理区；

⑧ 法律、行政法规规定的其他场所、设施、区域。

（5）生产、储存危险化学品的单位，应当根据其生产、储存的危险化学品的种类和危险特性，在作业场所设置相应的监测、监控、通风、防晒、调温、防火、灭火、防爆、泄压、防毒、中和、防潮、防雷、防静电、防腐、防泄漏以及防护围堤或者隔离操作等安全设施、设备，并按照国家标准、行业标准或者国家有关规定对安全设施、设备进行经常性维护、保养，保证安全设施、设备的正常使用。

生产、储存危险化学品的单位，应当在其作业场所和安全设施、设备上设置明显的安全警示标志。

（6）生产、储存危险化学品的单位，应当在其作业场所设置通信、报警装置，并保证处于适用状态。

（7）生产、储存危险化学品的企业，应当委托具备国家规定的资质条件的机构，对本企业的安全生产条件每3年进行一次安全评价，提出安全评价报告。安全评价报告的内容应当包括对安全生产条件存在的问题进行整改的方案。

（8）生产、储存剧毒化学品或者国务院公安部门规定的可用于制造爆炸物品的危险化学品的单位，应当如实记录其生产、储存的剧毒化学品、易制爆危险化学品的数量、流向，并采取必要的安全防范措施，防止剧毒化学品、易制爆危险化学品丢失或者被盗；发现剧毒化学品、易制爆危险化学品丢失或者被盗，应当立即向当地公安机关报告。应当设置治安保卫机构，配备专职治安保卫人员。

(9) 危险化学品应当储存在专用仓库、专用场地或者专用储存室内，并由专人负责管理；剧毒化学品以及储存数量构成重大危险源的其他危险化学品，应当在专用仓库内单独存放，并实行双人收发、双人保管制度。危险化学品的储存方式、方法以及储存数量应当符合国家标准或者国家有关规定。

(10) 储存危险化学品的单位应当建立危险化学品出入库核查、登记制度。

(11) 危险化学品专用仓库应当符合国家标准、行业标准的要求，并设置明显的标志。储存剧毒化学品、易制爆危险化学品的专用仓库，应当按照国家有关规定设置相应的技术防范设施。

二、《常用化学危险品贮存通则》对储存的安全要求

《常用化学危险品贮存通则》(GB 15603)[9] 规定了常用危险化学品储存的基本要求，对危险化学品出、入库，储存及养护提出了严格的要求，是危险化学品安全储存的法律依据。

需要说明的是，“贮存”表示“储藏”，“储存”表示“聚积保存”，两者词义相近，前者多用于正式文本，后者多用于日常生活。鉴于书名限定，仅在此处与《常用化学危险品贮存通则》一致，用“贮存”，其余均用“储存”。

1. 贮存基本要求

除《危险化学品安全管理条例》的要求外，还要求：

(1) 危险化学品露天堆放，应符合防火、防爆的安全要求，爆炸物品、一级易燃物品、遇湿燃烧物品、剧毒物品不得露天堆放。

(2) 贮存危险化学品的仓库必须配备有专业知识的技术人员，其库房及场所应设专人管理，管理人员必须配备可靠的个人安全防护用品。

(3) 贮存的危险化学品应有明显的标志，标志应符合《危险货物包装标志》(GB 190—2009) 的规定。同一区域贮存两种或两种以上不同级别的危险物品时，应按最高等级危险物品的性能标志。

(4) 根据危险品性能分区、分类、分库贮存。各类危险品不得与禁忌物料混合贮存。

(5) 贮存危险化学品的建筑物、区域内严禁吸烟和使用明火。

2. 贮存场所的要求

（1）贮存危险化学品的建筑物不得有地下室或其他地下建筑，其耐火等级、层数、占地面积、安全疏散和防火间距应符合国家有关规定。

（2）贮存地点及建筑结构的设置，除了应符合国家的有关规定外，还应考虑对周围环境和居民的影响。

（3）贮存场所的电气安装

① 危险化学品贮存建筑物、场所消防用电设备应能充分满足消防用电的需要，并符合《建筑设计防火规范》的有关规定。

② 危险化学品贮存区域或建筑物内输配电线路、灯具、火灾事故照明和疏散指示标志，都应符合安全要求。

③ 贮存易燃、易爆危险化学品的建筑，必须安装避雷设备。

（4）贮存场所通风或温度调节

① 贮存危险化学品的建筑必须安装通风设备，并注意设备的防护措施。

② 贮存危险化学品的建筑通排风系统应设有导除静电的接地装置。

③ 通风管应采用非燃烧材料制作。

④ 通风管道不宜穿过防火墙等防火分隔物，如必须穿过时应用非燃烧材料分隔。

⑤ 贮存危险化学品建筑采暖的热媒温度不应过高，热水采暖不应超过80℃，不得使用蒸汽采暖和机械采暖。

⑥ 采暖管道和设备的保温材料，必须采用非燃烧材料。

3. 贮存安排及贮存量限制

（1）危险化学品贮存安排取决于危险化学品分类、分项、容器类型、贮存方式和消防的要求。

（2）贮存量及要求见表 3-3。

表 3-3 危险化学品贮存量及要求

贮存要求 \ 贮存类别	露天贮存	隔离贮存	隔开贮存	分离贮存
单位面积贮存量/(t/m^2)	1.0～1.5	0.5	0.7	0.7
单一贮存区最大贮量/t	2000～2400	200～300	200～300	400～600
垛距/m	2	0.3～0.5	0.3～0.5	0.3～0.5
通道宽度/m	4～6	1～2	1～2	5
墙距/m	2	0.3～0.5	0.3～0.5	0.3～0.5
与禁忌品距离/m	10	不得同库贮存	不得同库贮存	7～10

（3）遇火、遇热、遇潮能引起燃烧、爆炸或发生化学反应，产生有毒气体的危险化学品不得在露天或在潮湿、积水的建筑物中贮存。

（4）受日光照射能发生化学反应引起燃烧、爆炸、分解、化合或能产生有毒气体的危险化学品应贮存在一级建筑物中。其包装应采取避光措施。

（5）爆炸物品不准和其他类物品同贮，必须单独隔离限量贮存，仓库不准建在城镇，还应与周围建筑、交通干道、输电线路保持一定安全距离。

（6）压缩气体和液化气体必须与爆炸物品、氧化剂、易燃物品、自燃物品、腐蚀性物品隔离贮存。易燃气体不得与助燃气体、剧毒气体同贮。氧气不得与油脂混合贮存。盛装液化气体的容器属压力容器的，必须有压力表、安全阀、紧急切断装置，并定期检查，不得超装。

（7）易燃液体、遇湿易燃物品、易燃固体不得与氧化剂混合贮存，具有还原性氧化剂应单独存放。

（8）有毒物品应贮存在阴凉、通风、干燥的场所，不要露天存放，不要接近酸类物质。

（9）腐蚀性物品包装必须严密，不允许泄漏，严禁与液化气体和其他物品共存。

4. 危险化学品的养护

（1）危险化学品入库时，应严格检验物品质量、数量、包装情况、有无泄漏。

（2）危险化学品入库后应采取适当的养护措施，在贮存期内定期检查，发现其品质变化、包装破损、渗漏、稳定剂短缺等应及时处理。

（3）库房温度、湿度应严格控制、经常检查，发现变化及时调整。

5. 危险化学品出入库管理

（1）贮存危险化学品的仓库，必须建立严格的出入库管理制度。

（2）危险化学品出入库前均应按合同进行检查验收、登记。经核对后方可入库、出库，当物品性质未弄清时不得入库。

（3）进入危险化学品贮存区域的人员、机动车辆和作业车辆，必须采取防火措施。

（4）装卸、搬运危险化学品时应按有关规定进行，做到轻装、轻卸。严禁摔、碰、撞击、拖拉、倾倒和滚动。

（5）装卸对人身有毒害及腐蚀性的物品时，操作人员应根据危险性，穿戴相应的防护用品。

（6）不得用同一车辆运输互为禁忌物的物料。

（7）修补、换装、清扫、装卸易燃、易爆物料时，应使用不产生火花的铜制、合金制或其他工具。

6. 消防措施

（1）根据危险品特性和仓库条件，必须配置相应的消防设备、设施和灭火药剂，并配备经过培训的兼职和专职消防人员。

（2）贮存危险化学品建筑物内应根据条件安装自动监测和火灾报警系统。

（3）贮存危险化学品的建筑物内，如条件允许，应安装灭火喷淋系统（遇水燃烧危险化学品，不可用水扑救的火灾除外），其应满足：喷淋强度 15L/(min·m^2)；供水持续时间 90min。

第三节　危险化学品储存消防安全要求

《建筑设计防火规范（2018 年版）》（GB 50016）（简称《建规》）[10]，对储存各类化学危险品的仓库提出了具体的要求。

为了防止和减少石油化工企业火灾危害，保护人身和财产的安全，住房和城乡建设部发布实施《石油化工企业设计防火标准（2018 年版）》（简称《石化规》）[11]。《石化规》适用于石油化工企业新建、扩建或改建工程的防火设计。

为了加强仓库消防安全管理，保护仓库免受火灾危害，国务院授权公安部颁布了《仓库防火安全管理规则》，2014 年修改为《仓储场所消防安全管理通则》（GA 1131）（简称《规则》）[12]，《规则》提出了仓库消防安全管理的原则、责任和措施。

《建规》《石化规》《规则》是危险化学品储存防火管理有关的法律文件。《建规》《石化规》侧重仓库建筑物的设计、结构和布置上的消防安全要求，《规则》则侧重日常消防安全管理上的要求。

一、《建筑设计防火规范（2018 年版）》的主要规定

1. 储存物品的火灾危险性分类

《建筑设计防火规范（2018 年版）》将存储物品按火灾危险大小分成甲、乙、丙、丁、戊五类。这些物品的火灾危险性特征见表 3-4。

表 3-4 物品的火灾危险性分类表

类别	火灾危险性特征	举例
甲	①闪点小于28℃的液体； ②爆炸下限小于10%的气体； ③常温下能自行分解或在空气中氧化能导致迅速自燃或爆炸的物质； ④常温下受到水或空气中水蒸气的作用，能产生可燃气体并引起燃烧或爆炸的物质； ⑤遇酸，受热、撞击、摩擦以及遇有机物或硫黄等易燃的无机物，极易引起燃烧或爆炸的强氧化剂； ⑥受撞击、摩擦或与氧化剂、有机物接触时能引起燃烧或爆炸的物质； ⑦在密闭设备内操作温度不小于物质本身自燃点的生产	①己烷、戊烷、环戊烷、石脑油、二硫化碳、苯、甲苯、甲醇、乙醇、乙醚、蚁酸甲酯、醋酸甲酯、硝酸乙酯、汽油、丙酮、丙烯、60°及以上的白酒； ②乙炔、氢、甲烷、环氧乙烷、水煤气、液化石油气、乙烯、丙烯、丁二烯、硫化氢、氯乙烯、电石、碳化铝； ③硝化棉、硝化纤维胶片、喷漆棉、火胶棉、赛璐珞棉、黄磷； ④钾、钠、锂、钙、锶、氢化锂、氢化钠、四氢化锂铝； ⑤氯酸钾、氯酸钠、过氧化钾、过氧化钠、硝酸铵； ⑥赤磷、五硫化磷、三硫化磷
乙	①闪点不小于28℃，但小于60℃的液体； ②爆炸下限不小于10%的气体； ③不属于甲类的氧化剂； ④不属于甲类的易燃固体； ⑤助燃气体； ⑥能与空气形成爆炸性混合物的浮游状态的粉尘、纤维、闪点不小于60℃的液体雾滴	①煤油、松节油、丁烯醇、异戊醇、丁醚、醋酸丁酯、硝酸戊酯、乙酰丙酮、环己胺、溶剂油、冰醋酸、樟脑油、蚁酸； ②氨气、一氧化碳； ③硝酸铜、铬酸、亚硝酸钾、重铬酸钠、铬酸钾、硝酸、硝酸汞、硝酸钴、发烟硫酸、漂白粉； ④硫黄、镁粉、铝粉、赛璐珞板（片）、樟脑、萘、生松香、硝化纤维漆布、硝化纤维色片； ⑤氧气、氟气； ⑥漆布及其制品、油布及其制品、油纸及其制品、油绸及其制品
丙	①闪点不小于60℃的液体； ②可燃固体	①动物油、植物油、沥青、蜡、润滑油、机油、重油、闪点大于等于60℃的柴油、糠醛、>50°～60°的白酒； ②化学、人造纤维及其织物，纸张，棉、毛、丝、麻及其织物，谷物，面粉，天然橡胶及其制品，竹、木及其制品，中药材，电视机、收音机等电子产品，计算机房已录数据的磁盘，储存间、冷库中的鱼、肉
丁	①对不燃烧物质进行加工，并在高温或熔化状态下经常产生强辐射热、火花或火焰的生产； ②利用气体、液体、固体作为燃料或将气体、液体进行燃烧作其他作用的各种生产； ③常温下使用或加工难燃烧物质的生产	自熄性塑料及其制品、酚醛泡沫塑料及其制品、水泥刨花板
戊	常温下使用或加工不燃烧物品的生产	钢材、铝材、玻璃及其制品、搪瓷制品、陶瓷制品、不燃气体、玻璃棉、岩棉、陶瓷棉、硅酸铝纤维、矿棉、石膏及其无纸制品、水泥、石、膨胀珍珠岩

2. 仓库的耐火等级

仓库的耐火等级分为四级，相应建筑构件的燃烧性能和耐火极限应不低于表 3-5 的要求。

表 3-5　不同耐火等级的仓库建筑构件的燃烧性能和耐火极限　单位：h

构件名称		耐火等级			
		一级	二级	三级	四级
墙	防火墙	不燃性 3.00	不燃性 3.00	不燃性 3.00	不燃性 3.00
	承重墙	不燃性 3.00	不燃性 2.50	不燃性 2.00	难燃性 0.50
	楼梯间和前室的墙、电梯井的墙	不燃性 2.00	不燃性 2.00	不燃性 1.50	难燃性 0.50
	疏散走道两侧的隔墙	不燃性 1.00	不燃性 1.00	不燃性 0.50	难燃性 0.25
	非承重外墙、房间隔墙	不燃性 0.75	不燃性 0.50	难燃性 0.50	难燃性 0.25
柱		不燃性 3.00	不燃性 2.50	不燃性 2.00	难燃性 0.50
梁		不燃性 2.00	不燃性 1.50	不燃性 1.00	难燃性 0.50
楼板		不燃性 1.50	不燃性 1.00	不燃性 0.75	难燃性 0.50
屋顶承重构件		不燃性 1.50	不燃性 1.00	难燃性 0.50	可燃性
疏散楼梯		不燃性 1.50	不燃性 1.00	不燃性 0.75	可燃性
吊顶(包括吊顶格栅)		不燃性 0.25	难燃性 0.25	难燃性 0.15	可燃性

3. 仓库的层数、面积

仓库的层数、面积应符合表 3-6 的规定。

表 3-6　仓库的层数和面积

储存物品的火灾危险性类别		仓库的耐火等级	最多允许层数	每座仓库的最大允许占地面积和每个防火分区的最大允许建筑面积/m^2						
				单层仓库		多层仓库		高层仓库		地下或半地下仓库(包括地下或半地下室)
				每座仓库	防火分区	每座仓库	防火分区	每座仓库	防火分区	防火分区
甲	3、4 项	一级	1	180	60	—	—	—	—	—
	1、2、5、6 项	一、二级	1	750	250	—	—	—	—	—

续表

储存物品的火灾危险性类别		仓库的耐火等级	最多允许层数	每座仓库的最大允许占地面积和每个防火分区的最大允许建筑面积/m^2						
				单层仓库		多层仓库		高层仓库		地下或半地下仓库(包括地下或半地下室)
				每座仓库	防火分区	每座仓库	防火分区	每座仓库	防火分区	防火分区
乙	1、3、4项	一、二级	3	2000	500	900	300	—	—	—
		三级	1	500	250	—	—	—	—	—
	2、5、6项	一、二级	5	2800	700	1500	500	—	—	—
		三级	1	900	300	—	—	—	—	—
丙	1项	一、二级	5	4000	1000	2800	700	—	—	150
		三级	1	1200	400	—	—	—	—	—
	2项	一、二级	不限	6000	1500	4800	1200	4000	1000	300
		三级	3	2100	700	1200	400	—	—	—
丁		一、二级	不限	不限	3000	不限	1500	4800	1200	500
		三级	3	3000	1000	1500	500	—	—	—
		四级	1	2100	700	—	—	—	—	—
戊		一、二级	不限	不限	不限	不限	2000	6000	1500	1000
		三级	3	3000	1000	2100	700	—	—	—
		四级	1	2100	700	—	—	—	—	—

注：1. 仓库内的防火分区之间必须采用防火墙分隔，甲、乙类仓库内防火分区之间的防火墙不应开设门、窗、洞口；地下或半地下仓库（包括地下或半地下室）的最大允许占地面积，不应大于相应类别地上仓库的最大允许占地面积。

2. 石油库区内的桶装油品仓库应符合现行国家标准《石油库设计规范》(GB 50074—2014) 的规定。

3. 一、二级耐火等级的煤均化库，每个防火分区的最大允许建筑面积不应大于 12000m^2。

4. 独立建造的硝酸铵仓库、电石仓库、聚乙烯等高分子制品仓库、尿素仓库、配煤仓库、造纸厂的独立成品仓库，当建筑的耐火等级不低于二级时，每座仓库的最大允许占地面积和每个防火分区的最大允许建筑面积可按本表的规定增加 1.0 倍。

5. 一、二级耐火等级粮食平房仓的最大允许占地面积不应大于 12000m^2，每个防火分区的最大允许建筑面积不应大于 3000m^2；三级耐火等级粮食平房仓的最大允许占地面积不应大于 3000m^2，每个防火分区的最大允许建筑面积不应大于 1000m^2。

6. 一、二级耐火等级且占地面积不大于 2000m^2 的单层棉花库房，其防火分区的最大允许建筑面积不应大于 2000m^2。

7. 一、二级耐火等级冷库的最大允许占地面积和防火分区的最大允许建筑面积，应符合现行国家标准《冷库设计规范》(GB 50072—2010) 的规定。

8. “—”表示不允许。

4. 仓库的防火间距

（1）甲类仓库之间及与其他建筑、明火或发火花地点、铁路、道路等防火间距不应小于表 3-7 的规定。

表 3-7 甲类仓库之间及与其他建筑、明火或发火花地点、铁路、道路等防火间距

单位：m

名称		甲类仓库			
		甲类储存物品第 3、4 项		甲类储存物品第 1、2、5、6 项	
		储量≤5t	储量>5t	储量≤10t	储量>10t
高层民用建筑、重要公共建筑		50			
裙房、其他民用建筑、明火或散发火花地点		30	40	25	30
甲类仓库		20	20	20	20
厂房和乙、丙、丁、戊类仓库	一、二级	15	20	12	15
	三级	20	25	15	20
	四级	25	30	20	25
电力系统电压为 35～500kV 且每台变压器容量不小于 10MV·A 的室外变、配电站，工业企业的变压器总油量大于 5t 的室外降压变电站		30	40	25	30
厂外铁路线中心线		40			
厂内铁路线中心线		30			
厂外道路路边		20			
厂内道路路边	主要	10			
	次要	5			

注：甲类仓库之间的防火间距，当第 3、4 项物品储量不大于 2t，第 1、2、5、6 项物品储量不大于 5t 时，不应小于 12m；甲类仓库与高层仓库的防火间距不应小于 13m。

（2）乙、丙、丁、戊类物品库房之间及与民用建筑的防火间距不应小于表 3-8 的规定。

表 3-8 乙、丙、丁、戊类物品库房之间及与民用建筑的防火间距 单位：m

名称			乙类仓库			丙类仓库				丁、戊类仓库			
			单、多层		高层	单、多层			高层	单、多层			高层
			一、二级	三级	一、二级	一、二级	三级	四级	一、二级	一、二级	三级	四级	一、二级
乙、丙、丁、戊类仓库	单、多层	一、二级	10	12	13	10	12	14	13	10	12	14	13
		三级	12	14	15	12	14	16	15	12	14	16	15
		四级	14	16	17	14	16	18	17	14	16	18	17
	高层	一、二级	13	15	13	13	15	17	13	13	15	17	13

续表

名称			乙类仓库			丙类仓库				丁、戊类仓库			
			单、多层		高层	单、多层			高层	单、多层			高层
			一、二级	三级	一、二级	一、二级	三级	四级	一、二级	一、二级	三级	四级	一、二级
民用建筑	裙房、单层、多层	一、二级	25			10	12	14	13	10	12	14	13
		三级	25			12	14	16	15	12	14	16	15
		四级	25			14	16	18	17	14	16	18	17
	高层	一类	50			20	25	25	20	15	18	18	15
		二类	50			15	20	20	15	13	15	15	13

注：1. 单、多层戊类仓库之间的防火间距，可按本表的规定减少2m。

2. 两座仓库的相邻外墙均为防火墙时，防火间距可以减小，但丙类仓库不应小于6m，丁、戊类仓库不应小于4m。两座仓库相邻较高一面外墙为防火墙，且总占地面积不大于一座仓库的最大允许占地面积规定时，其防火间距不限。

3. 除乙类第6项物品外的乙类仓库，与民用建筑的防火间距不宜小于25m，与重要公共建筑的防火间距不应小于50m，与铁路、道路等的防火间距不宜小于甲类仓库与铁路、道路等的防火间距。

二、《石油化工企业设计防火标准（2018年版）》的主要规定

关于危险化学品储存消防安全要求，《石油化工企业设计防火标准（2018年版）》（GB 50160—2008）主要涉及火灾危险性分类、一般规定，可燃液体的地上储罐，液化烃、可燃气体、助燃气体的地上储罐，可燃液体、液化烃的装卸设施、灌装站等内容，具体如下：

1. 火灾危险性分类

（1）可燃气体的火灾危险性应按表3-9分类。

表3-9 可燃气体的火灾危险性分类

类别	可燃气体与空气混合物的爆炸下限(体积分数)
甲	＜10%
乙	≥10%

（2）液化烃、可燃液体的火灾危险性应按表3-10分类，并应符合下列规定：

① 操作温度超过其闪点的乙类液体应视为甲B类液体；

② 操作温度超过其闪点的丙A类液体应视为乙A类液体；

③ 操作温度超过其闪点的丙B类液体应视为乙B类液体，操作温度超过其沸点的丙B类液体应视为乙A类液体。

表 3-10 液化烃、可燃液体的火灾危险性分类

名称	类别		特征
液化烃	甲	A	15℃时蒸气压力＞0.1MPa 的烃类液体及其他类似的液体
可燃液体		B	甲A类以外，闪点＜28℃
	乙	A	28℃≤闪点≤45℃
		B	45℃＜闪点＜60℃
	丙	A	60℃≤闪点≤120℃
		B	闪点＞120℃

2. 一般规定

（1）可燃气体、助燃气体、液化烃和可燃液体的储罐基础、防火堤、隔堤及管架（墩）等，均应采用不燃烧材料。防火堤的耐火极限不得小于3h。

（2）液化烃、可燃液体储罐的保温层应采用不燃烧材料。当保冷层采用阻燃型泡沫塑料制品时，其氧指数不应小于30。

（3）储运设施内储罐与其他设备及建构筑物之间的防火间距应按《石化规》的有关规定执行。

3. 可燃液体的地上储罐

（1）储罐应采用钢罐。

（2）储存甲B、乙A类的液体应选用金属浮舱式的浮顶或内浮顶罐。对于有特殊要求的物料，可选用其他形式的储罐。

（3）储存沸点低于45℃的甲B类液体宜选用压力或低压储罐。

（4）甲B类液体固定顶罐或低压储罐应采取减少日晒升温的措施。

（5）储罐应成组布置，并应符合下列规定：

① 在同一罐组内，宜布置火灾危险性类别相同或相近的储罐；当单罐容积小于或等于1000m^3时，火灾危险性类别不同的储罐也可同组布置。

② 沸溢性液体的储罐不应与非沸溢性液体的储罐同组布置。

③ 可燃液体的压力储罐可与液化烃的全压力储罐同组布置。

④ 可燃液体的低压储罐可与常压储罐同组布置。

（6）罐组的总容积应符合下列规定：

① 固定顶罐组的总容积不应大于120000m^3；

② 浮顶、内浮顶罐组的总容积不应大于600000m^3；

③ 固定顶罐和浮顶、内浮顶罐的混合罐组的总容积不应大于 120000m³，浮顶、内浮顶罐的容积可折半计算。

（7）罐组内单罐容积大于或等于 10000m³ 的储罐个数不应多于 12 个；单罐容积小于 10000m³ 的储罐个数不应多于 16 个。但单罐容积均小于 1000m³ 的储罐以及丙 B 类液体储罐的个数不受此限。

（8）罐组内相邻可燃液体地上储罐的防火间距不应小于表 3-11 的规定。

表 3-11　罐组内相邻可燃液体地上储罐的防火间距

<table>
<tr><th rowspan="3">类别</th><th colspan="4">储罐形式</th></tr>
<tr><th colspan="2">固定顶罐</th><th rowspan="2">浮顶、内浮顶罐</th><th rowspan="2">卧罐</th></tr>
<tr><th>≤1000m³</th><th>>1000m³</th></tr>
<tr><td>甲 B、乙类</td><td>0.75D</td><td>0.6D</td><td rowspan="3">0.4D</td><td rowspan="3">0.8m</td></tr>
<tr><td>丙 A 类</td><td colspan="2">0.4D</td></tr>
<tr><td>丙 B 类</td><td>2m</td><td>5m</td></tr>
</table>

注：1. 表中 D 为相邻较大罐的直径，单罐容积大于 1000m³ 的储罐取直径或高度的较大值。

2. 储存不同类别液体的或不同形式的相邻储罐的防火间距应采用本表规定的较大值。

3. 现有浅盘式内浮顶罐的防火间距同固定顶罐。

4. 可燃液体的低压储罐，其防火间距按固定顶罐考虑。

5. 储存丙 B 类可燃液体的浮顶、内浮顶罐，其防火间距大于 15m 时，可取 15m。

（9）罐组内的储罐不应超过两排。但单罐容积小于或等于 1000m³ 的丙 B 类的储罐不应超过 4 排，其中润滑油罐的单罐容积和排数不限。

（10）两排立式储罐的间距应符合表 3-11 的规定，且不应小于 5m；两排直径小于 5m 的立式储罐及卧式储罐的间距不应小于 3m。

（11）罐组应设防火堤。

（12）防火堤及隔堤内的有效容积应符合下列规定：

① 防火堤内的有效容积不应小于罐组内 1 个最大储罐的容积，当浮顶、内浮顶罐组不能满足此要求时，应设置事故存液池储存剩余部分，但罐组防火堤内的有效容积不应小于罐组内 1 个最大储罐容积的一半；

② 隔堤内有效容积不应小于隔堤内 1 个最大储罐容积的 10%。

（13）立式储罐至防火堤内堤脚线的距离不应小于罐壁高度的一半，卧式储罐至防火堤内堤脚线的距离不应小于 3m。

（14）相邻罐组防火堤的外堤脚线之间应留有宽度不小于 7m 的消防空地。

（15）设有防火堤的罐组内应按下列要求设置隔堤：

① 单罐容积 ≤ 5000m³ 时，隔堤所分隔的储罐容积之和不应大于 20000m³；

② 单罐容积＞5000～20000m^3 时，隔堤内的储罐不应超过 4 个；

③ 单罐容积＞20000～50000m^3 时，隔堤内的储罐不应超过 2 个；

④ 单罐容积＞50000m^3 时，应每一个一隔；

⑤ 隔堤所分隔的沸溢性液体储罐不应超过 2 个。

(16) 多品种的液体罐组内应按下列要求设置隔堤：

① 甲 B、乙 A 类液体与其他类可燃液体储罐之间；

② 水溶性与非水溶性可燃液体储罐之间；

③ 相互接触能引起化学反应的可燃液体储罐之间；

④ 助燃剂、强氧化剂及具有腐蚀性液体储罐与可燃液体储罐之间。

(17) 防火堤及隔堤应符合下列规定：

① 防火堤及隔堤应能承受所容纳液体的静压，且不应渗漏。

② 立式储罐防火堤的高度应为计算高度加 0.2m，但不应低于 1.0m（以堤内设计地坪标高为准），且不宜高于 2.2m（以堤外 3m 范围内设计地坪标高为准）；卧式储罐防火堤的高度不应低于 0.5m（以堤内设计地坪标高为准）。

③ 立式储罐组内隔堤的高度不应低于 0.5m；卧式储罐组内隔堤的高度不应低于 0.3m。

④ 管道穿堤处应采用不燃烧材料严密封闭。

⑤ 在防火堤内雨水沟穿堤处应采取防止可燃液体流出堤外的措施。

⑥ 在防火堤的不同方位上应设置人行台阶或坡道，同一方位上两相邻人行台阶或坡道之间距离不宜大于 60m；隔堤应设置人行台阶。

(18) 事故存液池的设置应符合下列规定：

① 设有事故存液池的罐组应设导液管（沟），使溢漏液体能顺利地流出罐组并自流入存液池内；

② 事故存液池距防火堤的距离不应小于 7m；

③ 事故存液池和导液沟距明火地点不应小于 30m；

④ 事故存液池应有排水设施。

(19) 甲 B、乙类液体的固定顶罐应设阻火器和呼吸阀；对于采用氮气或其他气体气封的甲 B、乙类液体的储罐还应设置事故泄压设备。

(20) 常压固定顶罐顶板与包边角钢之间的连接应采用弱顶结构。

(21) 储存温度高于 100℃的丙 B 类液体储罐应设专用扫线罐。

(22) 设有蒸汽加热器的储罐应采取防止液体超温的措施。

(23) 可燃液体的储罐宜设自动脱水器，并应设液位计和高液位报警器，必要时可设自动联锁切断进料设施。

(24) 储罐的进料管应从罐体下部接入；若必须从上部接入，宜延伸至距罐底 200mm 处。

（25）储罐的进出口管道应采用柔性连接。

4. 液化烃、可燃气体、助燃气体的地上储罐

（1）液化烃储罐、可燃气体储罐和助燃气体储罐应分别成组布置。

（2）液化烃储罐成组布置时应符合下列规定：

① 液化烃罐组内的储罐不应超过两排；

② 每组全压力式或半冷冻式储罐的个数不应多于 12 个；

③ 全冷冻式储罐的个数不宜多于 2 个；

④ 全冷冻式储罐应单独成组布置；

⑤ 储罐材质不能适应该罐组介质最低温度时不应布置在同一罐组内。

（3）液化烃、可燃气体、助燃气体的罐组内储罐的防火间距不应小于表 3-12 的规定。

表 3-12 液化烃、可燃气体、助燃气体的罐组内储罐的防火间距

<table>
<tr><th colspan="3" rowspan="2">介质</th><th rowspan="2">球罐</th><th rowspan="2">卧（立）罐</th><th colspan="2">全冷冻式储罐</th><th rowspan="2">水槽式气柜</th><th rowspan="2">干式气柜</th></tr>
<tr><th>≤100m³</th><th>＞100m³</th></tr>
<tr><td rowspan="4">液化烃</td><td rowspan="2">全压力式或半冷冻式储罐</td><td>有事故排放至火炬的措施</td><td>$0.5D$</td><td rowspan="2">$1.0D$</td><td>—</td><td>—</td><td>—</td><td>—</td></tr>
<tr><td>无事故排放至火炬的措施</td><td>$1.0D$</td><td>—</td><td>—</td><td>—</td><td>—</td></tr>
<tr><td rowspan="2">全冷冻式储罐</td><td>≤100m³</td><td>—</td><td>—</td><td>$1.5D$</td><td>$0.5D$</td><td>—</td><td>—</td></tr>
<tr><td>＞100m³</td><td>—</td><td>—</td><td>$0.5D$</td><td>$0.5D$</td><td>—</td><td>—</td></tr>
<tr><td colspan="2" rowspan="2">助燃气体</td><td>球罐</td><td>$0.5D$</td><td>$0.65D$</td><td>—</td><td>—</td><td>—</td><td>—</td></tr>
<tr><td>卧（立）罐</td><td>$0.65D$</td><td>$0.65D$</td><td>—</td><td>—</td><td>—</td><td>—</td></tr>
<tr><td colspan="2" rowspan="3">可燃气体</td><td>水槽式气柜</td><td>—</td><td>—</td><td>—</td><td>—</td><td>$0.5D$</td><td>$0.65D$</td></tr>
<tr><td>干式气柜</td><td>—</td><td>—</td><td>—</td><td>—</td><td>$0.65D$</td><td>$0.65D$</td></tr>
<tr><td>球罐</td><td>$0.5D$</td><td>—</td><td>—</td><td>—</td><td>$0.65D$</td><td>$0.65D$</td></tr>
</table>

注：1. D 为相邻较大储罐的直径。

2. 液氨储罐间的防火间距要求应与液化烃储罐相同；液氧储罐间的防火间距应按《建筑设计防火规范（2018 年版）》（GB 50016）的要求执行。

3. 沸点低于 45℃的甲 B 类液体压力储罐，按全压力式液化烃储罐的防火间距执行。

4. 液化烃单罐容积≤200m³ 的卧（立）罐之间的防火间距超过 1.5m 时，可取 1.5m。

5. 助燃气体卧（立）罐之间的防火间距超过 1.5m 时，可取 1.5m。

6. "—"表示不应同组布置。

（4）两排卧罐的间距不应小于 3m。

（5）防火堤及隔堤的设置应符合下列规定：

① 液化烃全压力式或半冷冻式储罐组宜设不高于 0.6m 的防火堤，防火堤内堤脚线距储罐不应小于 3m，堤内应采用现浇混凝土地面，并应坡向外侧，防火堤内的隔堤不宜高于 0.3m。

② 全压力式储罐组的总容积大于 $8000m^3$ 时，罐组内应设隔堤，隔堤内各储罐容积之和不宜大于 $8000m^3$，单罐容积等于或大于 $5000m^3$ 时应每一个一隔。

③ 全冷冻式储罐组的总容积不应大于 $200000m^3$，单防罐应每一个一隔，隔堤应低于防火堤 0.2m。

④ 沸点低于 45℃甲 B 类液体压力储罐组的总容积不宜大于 $60000m^3$；隔堤内各储罐容积之和不宜大于 $8000m^3$，单罐容积等于或大于 $5000m^3$ 时应每一个一隔。

⑤ 沸点低于 45℃的甲 B 类液体的压力储罐，防火堤内有效容积不应小于一个最大储罐的容积，当其与液化烃压力储罐同组布置时，防火堤及隔堤的高度还应满足液化烃压力储罐组的要求，且二者之间应设隔堤；当其独立成组时，防火堤距储罐不应小于 3m，防火堤及隔堤的高度设置还应符合防火堤及隔堤规定的要求。

⑥ 全压力式、半冷冻式液氨储罐的防火堤和隔堤的设置同液化烃储罐的要求。

（6）液化烃全冷冻式单防罐罐组应设防火堤，并应符合下列规定：

① 防火堤内的有效容积不应小于一个最大储罐的容积。

② 单防罐至防火堤内顶角线的距离 X 不应小于最高液位与防火堤堤顶的高度之差 Y 加上液面上气相当量压头的和（图 3-1）；当防火堤的高度等于或大于最高液位时，单防罐至防火堤内顶角线的距离不限。

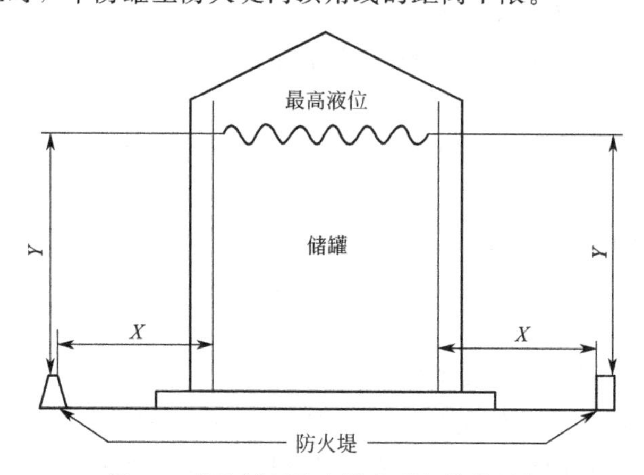

图 3-1　单防罐至防火堤内顶角线的距离

③ 应在防火堤的不同方位上设置不少于两个人行台阶或梯子。

④ 防火堤及隔堤应为不燃烧实体防护结构，能承受所容纳液体的静压及温度变化的影响，且不渗漏。

(7) 液化烃全冷冻式双防或全防罐罐组可不设防火堤。

(8) 全冷冻式液氨储罐应设防火堤，堤内有效容积应不小于一个最大储罐容积的60%。

(9) 液化烃、液氨等储罐的储存系数不应大于0.9。

(10) 液氨的储罐，应设液位计、压力表和安全阀；低温液氨储罐还应设温度指示仪。

(11) 液化烃的储罐应设液位计、温度计、压力表、安全阀，以及高液位报警和高液位自动联锁切断进料措施。对于全冷冻式液化烃储罐还应设真空泄放设施和高、低温度检测，并应与自动控制系统相连。

(12) 气柜应设上、下限位报警装置，并宜设进出管道自动联锁切断装置。

(13) 液化烃储罐的安全阀出口管应接至火炬系统。确有困难时，可就地放空，但其排气管口应高出8m范围内储罐罐顶平台3m以上。

(14) 全压力式液化烃储罐宜采用有防冻措施的二次脱水系统，储罐根部宜设紧急切断阀。

(15) 液化石油气蒸发器的气相部分应设压力表和安全阀。

(16) 液化烃储罐开口接管的阀门及管件的管道压力等级不应低于2.0MPa，其垫片应采用缠绕式垫片。阀门压盖的密封填料应采用难燃烧材料。全压力式储罐应采取防止液化烃泄漏的注水措施。

(17) 全冷冻卧式液化烃储罐不应多层布置。

5. 可燃液体、液化烃的装卸设施

(1) 可燃液体的铁路装卸设施应符合下列规定：

① 装卸栈台两端和沿栈台每隔60m左右应设梯子；

② 甲B、乙、丙A类的液体严禁采用沟槽卸车系统；

③ 顶部敞口装车的甲B、乙、丙A类的液体应采用液下装车鹤管；

④ 在距装车栈台边缘10m以外的可燃液体（润滑油除外）输入管道上应设便于操作的紧急切断阀；

⑤ 丙B类液体装卸栈台宜单独设置；

⑥ 零位罐至罐车装卸线不应小于6m；

⑦ 甲B、乙A类液体装卸鹤管与集中布置的泵的距离不应小于8m；

⑧ 同一铁路装卸线一侧两个装卸栈台相邻鹤位之间的距离不应小于24m。

(2) 可燃液体的汽车装卸站应符合下列规定：

① 装卸站的进、出口宜分开设置；当进、出口合用时，站内应设回车场。

② 装卸车场应采用现浇混凝土地面。

③ 装卸车鹤位与缓冲罐之间的距离不应小于 5m，高架罐之间的距离不应小于 0.6m。

④ 甲 B、乙 A 类液体装卸车鹤位与集中布置的泵的距离不应小于 8m。

⑤ 站内无缓冲罐时，在距装卸车鹤位 10m 以外的装卸管道上应设便于操作的紧急切断阀。

⑥ 甲 B、乙、丙 A 类液体的装卸车应采用液下装卸车鹤管。

⑦ 甲 B、乙、丙 A 类液体与其他类液体的两个装卸车栈台相邻鹤位之间的距离不应小于 8m。

⑧ 装卸车鹤位之间的距离不应小于 4m；双侧装卸车栈台相邻鹤位之间或同一鹤位相邻鹤管之间的距离应满足鹤管正常操作和检修的要求。

（3）液化烃铁路和汽车的装卸设施应符合下列规定：

① 液化烃严禁就地排放。

② 低温液化烃装卸鹤位应单独设置。

③ 铁路装卸栈台宜单独设置，当不同时作业时，可与可燃液体铁路装卸共台设置。

④ 同一铁路装卸线一侧两个装卸栈台相邻鹤位之间的距离不应小于 24m。

⑤ 铁路装卸栈台两端和沿栈台每隔 60m 左右应设梯子。

⑥ 汽车装卸车鹤位之间的距离不应小于 4m；双侧装卸车栈台相邻鹤位之间或同一鹤位相邻鹤管之间的距离应满足鹤管正常操作和检修的要求，液化烃汽车装卸栈台与可燃液体汽车装卸栈台相邻鹤位之间的距离不应小于 8m。

⑦ 在距装卸车鹤位 10m 以外的装卸管道上应设便于操作的紧急切断阀。

⑧ 汽车装卸车场应采用现浇混凝土地面。

⑨ 装卸车鹤位与集中布置的泵的距离不应小于 10m。

（4）可燃液体码头、液化烃码头应符合下列规定：

① 除船舶在码头泊位内外档停靠外，码头相邻泊位的船舶间的防火间距不应小于表 3-13 的规定；

② 液化烃泊位宜单独设置，当不同时作业时，可与其他可燃液体共用一个泊位；

③ 可燃液体和液化烃的码头与其他码头或建筑物、构筑物的安全距离应按有关规定执行；

④ 在距泊位 20m 以外或岸边处的装卸船管道上应设便于操作的紧急切断阀；

⑤ 液化烃的装卸应采用装卸臂或金属软管，并应采取安全放空措施。

表 3-13 码头相邻泊位的船舶间的防火间距

船长/m	236～279	183～235	151～182	110～150	<110
防火间距/m	55	50	40	35	25

6. 灌装站

（1）液化石油气的灌装站应符合下列规定：

① 液化石油气的灌瓶间和储瓶库宜为敞开式或半敞开式建筑物，半敞开式建筑物下部应采取防止油气积聚的措施；

② 液化石油气的残液应密闭回收，严禁就地排放；

③ 灌装站应设不燃烧材料隔离墙，如采用实体围墙，其下部应设通风口；

④ 灌瓶间和储瓶库的室内应采用不发生火花的地面，室内地面应高于室外地坪，其高差不应小于 0.6m；

⑤ 液化石油气缓冲罐与灌瓶间的距离不应小于 10m；

⑥ 灌装站内应设有宽度不小于 4m 的环形消防车道，车道内缘转弯半径不宜小于 6m。

（2）氢气灌瓶间的顶部应采取通风措施。

（3）氨和液氯等的灌装间宜为敞开式建筑物。

（4）实瓶（桶）库与灌装间可设在同一建筑物内，但宜用实体墙隔开，并各设出入口。

（5）液化石油气、液氨或液氯等的实瓶不应露天堆放。

三、《仓储场所消防安全管理通则》的主要规定

关于危险化学品储存消防安全要求，《仓储场所消防安全管理通则》主要涉及一般要求、储存管理、装卸安全管理、消防设施和消防器材管理等内容，具体如下：

1. 一般要求

（1）消防安全责任　仓储场所应落实逐级消防安全责任制和岗位消防安全责任制，明确逐级消防安全和岗位消防安全职责，确定各级、各岗位的消防安全责任人员。

实行承包、租赁或者委托经营、管理的仓储场所，其产权单位应提供该场所符合消防安全要求的相应证明，当事人在订立相关租赁合同时应明确各方的消防安全责任。

（2）消防组织 储存可燃重要物资的大型仓库、基地和其他仓储场所，应根据消防法规的规定建立专职消防队、义务消防队，开展自防自救工作。

专职消防队的建设应符合相关建设标准，在当地公安机关消防机构的指导下进行。专职消防队员可由本单位职工或者合同制工人担任，应符合国家规定的条件，并通过有关部门组织的专业培训。

（3）消防安全培训

① 仓储场所应组织或者协助有关部门对消防安全责任人、消防安全管理人、消防控制室的值班操作人员进行消防安全专门培训。消防控制室的值班操作人员应通过消防行业特有工种职业技能鉴定，持证上岗。

② 仓储场所在员工上岗、转岗前，应对其进行消防安全培训；对在岗人员至少每半年应进行一次消防安全教育。

③ 属于消防安全重点单位的仓储场所应至少每半年、其他仓储场所应至少每年组织一次消防演练。消防演练应包括以下内容：

a. 根据仓储场所物品存放情况及危险程度，合理假设演练活动的火灾场景，如起火点、可燃物类型、火势蔓延情况等；

b. 按照灭火和应急疏散预案设定的职责分工和行动要求，针对假设的火灾场景进行灭火处置、物资转移、人员疏散等演练；

c. 对演练情况进行总结分析，发现存在问题，及时对灭火和应急疏散预案实施改进；

d. 做好演练记录，载明演练时间、参加人员、演练组织、实施和总结情况等内容。

（4）消防安全标志 仓储场所应按照《消防安全标志设置要求》（GB 15630）要求设置消防安全标志。仓储场所应标明库房的墙距、垛距、主要通道、货物固定位置等，并按标准要求设置必要的防火安全标志。

2. 储存管理

（1）仓储场所储存物品的火灾危险性应按《建筑设计防火规范（2018 年版）》（GB 50016—2014）的规定分为甲、乙、丙、丁、戊 5 类。

（2）仓储场所内不应搭建临时性的建筑物或构筑物；因装卸作业等确需搭建时，应经消防安全责任人或消防安全管理人审批同意，并明确防火责任人，落实临时防火措施，作业结束后应立即拆除。

（3）室内储存场所不应设置员工宿舍；甲、乙类物品的室内储存场所不应设办公室；其他室内储存场所确需设办公室时；其耐火等级应为一、二级，且门、窗应直通库外。

（4）甲、乙、丙类物品的室内储存场所其库房布局、储存类别及核定的最大储存量不应擅自改变。如需改建、扩建或变更使用用途，应依法向当地公安机关消防机构办理建设工程消防设计审核、验收或备案手续。

(5) 物品入库前应由专人负责检查，确认无火种等隐患后，方准入库。

(6) 库房储存物资应严格按照设计单位划定的堆装区域线和核定的存放量储存。

(7) 库房内储存物品应分类、分堆、限额存放。每个堆垛的面积不应大于 $150m^2$。库房内主通道的宽度不应小于2m。

(8) 库房内堆放物品应满足以下要求：

① 堆垛上部与楼板、平屋顶之间的距离不小于0.3m（人字屋架从横梁算起）；

② 物品与照明灯之间的距离不小于0.5m；

③ 物品与墙之间的距离不小于0.5m；

④ 物品堆垛与柱之间的距离不小于0.3m；

⑤ 物品堆垛与堆垛之间的距离不小于1m。

(9) 库房内需要设置货架堆放物品时，货架应采用非燃烧材料制作。货架不应遮挡消火栓、自动喷淋系统喷头以及排烟口。

(10) 甲、乙类物品的储存除执行《常用化学危险品贮存通则》(GB 15603) 的规定外，还应满足以下要求：

① 甲、乙类物品和一般物品以及容易相互发生化学反应或灭火方法不同的物品，应分间、分库储存，并在醒目处悬挂安全警示牌标明储存物品的名称、性质和灭火方法；

② 甲、乙类桶装液体，不应露天存放，必须露天存放时，在炎热季节应采取隔热、降温措施；

③ 甲、乙类物品的包装容器应牢固、密封，发现破损、残缺、变形和物品变质、分解等情况时，应及时进行安全处理，防止跑、冒、滴、漏；

④ 易自燃或遇水分解的物品应在温度较低、通风良好和空气干燥的场所储存，并安装专用仪器定时检测，严格控制湿度与温度。

(11) 室外储存应满足以下要求：

① 室外储存物品应分类、分组和分堆（垛）储存。堆垛与堆垛之间的防火间距不应小于4m，组与组之间的防火间距不应小于堆垛高度的2倍，且不应小于10m。室外储存场所的总储量以及与其他建筑物、铁路、道路、架空电力线的防火间距应符合《建筑设计防火规范（2018年版）》(GB 50016) 的规定。

② 室外储存区不应堆积可燃性杂物，并应控制植物、杂草生长，定期

清理。

(12) 室内储存物品转至室外临时储存时，应采取相应的防火措施，并尽快转为室内储存。

(13) 不应超过楼地面的安全载荷，当储存吸水性物品时应考虑灭火时可能吸收的水的质量。

(14) 与风管、供暖管道、散热器的距离不应小于0.5m，与供暖机组、风管炉、烟道之间的距离在各个方向上都不应小于1m。

(15) 使用过的油棉纱、油手套等沾油纤维物品以及可燃包装材料应存放在指定的安全地点，并定期处理。

3. 装卸安全管理

(1) 进入仓储场所的机动车辆应符合国家规定的消防安全要求，并应经消防安全责任人或消防安全管理人批准。

(2) 进入易燃、可燃物资储存场所的蒸汽机车和内燃机车应设置防火罩。蒸汽机车应关闭风箱和送风器，并不应在库区内清炉。

(3) 汽车、拖拉机不应进入甲、乙、丙类物品的室内储存场所。进入甲、乙类物品的室内储存场所的电瓶车、铲车应为防爆型；进入丙类物品的室内储存场所的电瓶车、铲车和其他能产生火花的装卸设备应安装防止火花溅出的安全装置。

(4) 危险物品和易燃物资的室内储存场所，设有吊装机械设备的金属钩爪及其他操作工具的，应采用不易产生火花的金属材料制造，防止摩擦、撞击产生火花。

(5) 车辆加油或充电应在指定的安全区域进行，该区域应与物品储存区和操作间隔开；使用液化石油气、天然气的车辆应在仓储场所外的地点加气。

(6) 甲、乙类物品在装卸过程中，应防止震动、撞击、重压、摩擦和倒置。操作人员应穿戴防静电的工作服、鞋帽，不应使用易产生火花的工具，对能产生静电的装卸设备应采取静电消除措施。

(7) 装卸作业结束后，应对仓储场所、室内储存场所进行防火安全检查，确认安全后，作业人员方可离开。

(8) 各种机动车辆装卸物品后，不应在仓储场所内停放和修理。

4. 消防设施和消防器材管理

(1) 仓储场所应按照《建筑设计防火规范（2018年版）》(GB 50016) 和《建筑灭火器配置设计规范》(GB 50140) 设置消防设施和消防器材。

(2) 仓储场所应按照《建筑消防设施的维护管理》(GB 25201—2010) 的有关规定，明确消防设施的维护管理部门、管理人员及其工作职责，建立消防设施值班、巡查、检测、维修、保养、建档等制度，确保消防设施正常运行。

（3）仓储场所禁止擅自关停消防设施。值班、巡查、检测时发现故障，应及时组织修复。因故障维修等原因需要暂时停用消防系统的，应有确保消防安全的有效措施，并经消防安全责任人或消防安全管理人批准。

（4）仓储场所设置的消防通道、安全出口、消防车通道，应设置明显标志并保持通畅，不应堆放物品或设置障碍物。

（5）仓储场所应有充足的消防水源。利用天然水源作为消防水源时，应确保枯水期的消防用水。对吸水口、吸水管等取水设备应采取防止杂物堵塞的措施。

（6）仓储场所应设置明显标志划定各类消防设施所在区域，禁止圈占、埋压、挪用和关闭，并应保证该类设施有正常的操作和检修空间。

（7）仓储场所设置的消火栓应有明显标志。室内消火栓箱不应上锁，箱内设备应齐全、完好。距室外消火栓、水泵接合器 2m 范围内不应设置影响其正常使用的障碍物。

（8）寒冷地区的仓储场所，冬季时应对消防水源、室内消火栓、室外消火栓等设施采取相应的防冻措施。

（9）仓储场所的灭火器不应设置在潮湿或强腐蚀的地点；确需设置时，应有相应的保护措施。灭火器设置在室外时，应有相应的保护措施。

（10）设有消防控制室的甲、乙、丙类物品国家储备库、专业性仓库及其他大型物资仓库，宜接入城市消防远程监控系统。

第四节 专类危险化学品储存的安全要求

一、易燃易爆品的储存

《易燃易爆性商品储存养护技术条件》（GB 17914—2013）[13] 对易燃易爆性商品的储存条件、养护技术等提出了技术要求。

1. 储存条件

（1）建筑等级 应符合《建筑设计防火规范（2018 年版）》（GB 50016）中的要求，库房耐火等级不低于二级。

（2）库房

① 应干燥、易于通风、密闭和避光并安装避雷装置；库房内可能散发（或泄漏）可燃气体、蒸气的场所应安装可燃气体检测报警装置。

表 3-14　化学危险商品混存性能互抵表

类别		爆炸性物品 点火器材	爆炸性物品 起爆器材	爆炸性物品 爆炸及爆炸性药品	爆炸性物品 其他爆炸品	氧化剂 一级无机	氧化剂 一级有机	氧化剂 二级无机	氧化剂 二级有机	压缩气体和液化气体 剧毒	压缩气体和液化气体 易燃	压缩气体和液化气体 助燃	压缩气体和液化气体 不燃	自燃物品 一级	自燃物品 二级	遇水燃烧物品 一级	遇水燃烧物品 二级	易燃液体 一级	易燃液体 二级	易燃固体 一级	易燃固体 二级	毒害性物品 剧毒无机	毒害性物品 剧毒有机	毒害性物品 有毒无机	毒害性物品 有毒有机	腐蚀性物品 酸性 无机	腐蚀性物品 酸性 有机	腐蚀性物品 碱性 无机	腐蚀性物品 碱性 有机	放射性物品
爆炸性物品	点火器材	○																												
	起爆器材	○	○																											
	爆炸及爆炸性药品	○	×	○																										
	其他爆炸品	○	×	×	○																									
氧化剂	一级无机	×	×	×	×	①																								
	一级有机	×	×	×	×	×	○																							
	二级无机	×	×	×	×	○	×	②																						
	二级有机	×	×	×	×	×	○	×	○																					
压缩气体和液化气体	剧毒（液氨和液氯有抵触）	×	×	×	×	×	×	×	×	○																				
	易燃	×	×	×	×	×	×	×	×	×	○																			
	助燃	×	×	×	×	×	×	分	×	○	×	○																		
	不燃	×	×	×	×	分	消	分	分	○	○	○	○																	
自燃物品	一级	×	×	×	×	×	×	×	×	×	×	×	×	○																
	二级	×	×	×	×	×	×	×	×	×	×	×	×	×	○															
遇水燃烧物品	一级	×	×	×	×	×	×	×	×	×	×	×	×	×	×	○														
	二级	×	×	×	×	×	×	×	×	消	×	×	消	×	消	×	○													
易燃液体	一级	×	×	×	×	×	×	×	×	×	×	×	×	×	×	×	×	○												
	二级	×	×	×	×	×	×	×	×	×	×	×	×	×	×	×	×	○	○											

续表

类别			爆炸性物品				氧化剂				压缩气体和液化气体				自燃物品		遇水燃烧物品		易燃液体		易燃固体		毒害性物品				腐蚀性物品				放射性物品
																											酸性		碱性		
			点火器材	起爆器材	爆炸及爆炸性药品	其他爆炸品	一级无机	一级有机	二级无机	二级有机	剧毒	易燃	助燃	不燃	一级	二级	一级	二级	一级	二级	一级	二级	剧毒无机	剧毒有机	有毒无机	有毒有机	无机	有机	无机	有机	
易燃固体		一级	×	×	×	×	×	×	×	×	×	×	×	×	×	×	×	×	消	消	○										
		二级	×	×	×	×	×	×	×	×	×	×	×	×	×	×	×	×	消	消	○	○									
毒害性物品		剧毒无机	×	×	×	×	分	×	分	消	分	分	分	分	×	分	消	消	消	消	分	分	○								
		剧毒有机	×	×	×	×	×	×	×	×	×	×	×	×	×	×	×	×	×	×	×	×	○	○							
		有毒无机	×	×	×	×	分	×	分	分	分	分	分	分	×	分	消	消	消	消	分	分	○	○	○						
		有毒有机	×	×	×	×	×	×	×	×	×	×	×	×	×	×	×	×	分	分	消	消	○	○	○	○					
腐蚀性物品	酸性	无机	×	×	×	×	×	×	×	×	×	×	×	×	×	×	×	×	×	×	×	×	×	×	×	×	○				
		有机	×	×	×	×	×	×	×	×	×	×	×	×	×	×	×	×	消	消	×	×	×	×	×	×	×	○			
	碱性	无机	×	×	×	×	分	消	分	消	分	分	分	分	分	分	消	消	消	消	分	分	×	×	×	×	×	×	○		
		有机	×	×	×	×	×	×	×	×	×	×	×	×	×	×	×	×	消	消	消	消	×	×	×	×	×	×	○	○	
放射性物品			×	×	×	×	×	×	×	×	×	×	×	×	×	×	×	×	×	×	×	×	×	×	×	×	×	×	×	×	○

① 过氧化钠等过氧化物不宜和无机氧化剂混存。

② 具有还原性的亚硝酸钠等亚硝酸盐类不宜和其他无机氧化剂混存。

注：1. “○”表示可以混存。

2. “×”表示不可以混存。

3. “分”指应按化学危险品的分类进行分区分类储存，如果物品不多或仓位不够，因其性能并不互相抵触，也可以混存。

4. “消”指两种物品性能并不互相抵触，但消防施救方法不同，条件许可时最好分存。

5. 凡混存物品，货垛与货垛之间应留有 1m 以上的距离，并要求包装容器完整，不使两种物品发生接触。

② 各类商品依据性质和灭火方法的不同，应严格分区分类和分库存放：易爆性商品应储存于一级轻顶耐火建筑的库房内；低、中闪点液体，一级易燃固体，自燃物品，压缩气体和液化气体类应储存于一级耐火建筑的库房内；遇湿易燃性商品、氧化剂和有机过氧化物应储存于一、二级耐火建筑的库房内；二级易燃固体、高闪点液体应储存于耐火等级不低于二级的库房内；易燃气体不应与助燃气体同库储存。

（3）安全要求

① 商品应避免阳光直射，远离火源、热源、电源及产生火花的环境。

② 除按表 3-14 规定分类储存外，以下品种应专库储存：

爆炸品：黑色火药类、爆炸性化学品应专库储存；压缩气体和液化气体：易燃气体、助燃气体和有毒气体应专库储存；易燃气体可同库储存，但灭火方法不同的商品应专库储存；易燃固体可同库储存，但发乳剂 H 与酸和酸性商品应分库储存；硝酸纤维素酯、安全火柴、红磷及硫化磷、铝粉等金属粉类应分库储存；自燃商品：黄磷，烃基金属化合物，浸动、植物油的制品应分库储存；遇湿易燃商品应专库储存；氧化剂和有机过氧化物，一、二级无机氧化剂与一、二级有机氧化剂应分库储存。

（4）环境要求　库房周围应无杂草和易燃物。库房内地面无漏撒（洒）商品，保持地面与货垛清洁卫生。

（5）温、湿度要求　各类商品适宜储存的温、湿度，见表 3-15。

表 3-15　温、湿度条件

类别	品名	温度/℃	相对湿度/%
爆炸品	黑火药，化合物	≤32	≤80
	水作稳定剂的	≥1	<80
压缩气体和液化气体	易燃、不燃、有毒	≤30	
易燃液体	低闪点	≤39	
	中高闪点	≤37	
易燃固体	易燃固体	≤35	
	硝酸纤维素酯	≤25	≤80
	安全火柴	≤35	≤80
	红磷、硫化磷、铝粉	≤35	<80
自燃物品	黄磷	>1	
	烃基金属化合物	≤30	≤80
	含油制品	≤32	≤80

续表

类别	品名	温度/℃	相对湿度/%
遇湿易燃物品	遇湿易燃物品	≤32	≤75
氧化剂和有机过氧化物	氧化剂和有机过氧化物	≤30	≤80
	过氧化钠、镁、钙等	≤30	≤75
	硝酸锌、钙、镁等	≤28	≤75
	硝酸铵、亚硝酸钠	≤30	≤75
	盐的水溶液	>1	
	结晶硝酸锰	<25	
	过氧化苯甲酰	2～25	
	过氧化丁酮等有机氧化剂	≤35	

2. 入库验收

（1）原则

① 入库商品应附有产品检验合格证和安全技术说明书，进口商品还应有中文安全技术说明书或其他说明。

② 保管方应验收商品的内外标志、容器、包装、衬垫等，验后作出验收记录。

③ 验收应在库房外安全地点和验收室进行。

④ 各种商品拆箱验收2～5箱（免检商品除外），验后将商品包装复原，并做标记。

（2）验收项目

① 包装。标签应符合《化学品安全标签编写规定》（GB 15258—2009）的规定。应封闭严密，完整无损，容器和外包装不沾有内包装商品和其他物品，无受潮和水湿等现象。各类商品的内外包装材质及衬垫见表3-16。

表3-16 各类商品的内外包装材质及衬垫

类别	品名	内包装	外包装	衬垫	备注
爆炸品	黑火药	塑料袋、铁皮里	木箱		三层包装
	爆竹、烟花	包好裹严	木箱（纸箱）	松软材料	
	化合物	玻璃瓶	木箱	不燃材料	
	三硝基苯酚等	玻璃瓶	塑料套筒		不燃材料稳定剂
压缩气体和液化气体	压缩气体和液化气体	钢瓶（带帽）	安全胶圈		
易燃液体	易燃液体	金属桶、玻璃瓶（气密封）	木箱	松软材料	

续表

类别	品名	内包装	外包装	衬垫	备注
易燃固体	易燃固体	衬纸、玻璃瓶	金属桶、木桶、木箱	松软材料	
	赛璐珞板材及制品	纸	木箱		
	安全火柴	盒(柴头无外露)	包、纸板箱		
自燃物品	黄磷	瓶、金属桶	木箱	不燃材料	稳定剂
	羟基金属化合物	瓶	钢筒		
	含油制品		透笼木箱		不紧压
遇湿易燃物品	碱金属及氧化物	瓶、桶	木箱 木箱	不燃材料 不燃材料	稳定剂
氧化剂和有机过氧化物	氧化剂	桶、瓶、袋	木箱	松软材料	
	过氧化钠(钾)、高锰酸锌、氯酸钾(钠)	瓶、桶	木箱	不燃材料	
	过氧化苯甲酰	瓶、桶	木箱	不燃材料	稳定剂

② 质量。固体无潮解，无熔（溶）化，无变色和风化。液体颜色正常，无封口不严，无挥发和渗漏。气体钢瓶螺旋口严密，无漏气现象。

③ 验收。应符合质量的要求。验收完毕，合格品应做好入库单及验收记录。

3. 堆垛

（1）方法

① 根据库房条件、商品性质和包装形态采取适当的堆码和垫底方法。

② 各种商品（气瓶装除外）不应直接落地存放，一般应垫 15cm 以上。遇湿易燃物品、易吸潮溶化和吸潮分解的商品应适当增加下垫高度。

③ 各种商品应码行列式压缝货垛，做到牢固、整齐、出入库方便，无货架的垛高不应超过 3m。

（2）堆垛间距　应保持：主通道大于或等于 180cm；支通道大于或等于 80cm；墙距大于或等于 30cm；柱距大于或等于 10cm；垛距大于或等于 10cm；顶距大于或等于 50cm。

4. 养护技术

（1）温、湿度管理

① 库房内设置温、湿度表（重点库可设自记温、湿度计），按规定时间进

行观测和记录。

② 根据商品的不同性质，采取密封通风和库内吸潮相结合的温、湿度管理办法，严格控制并保持库房内的温、湿度。

（2）检查

① 安全检查。每天对库房内外进行安全检查，检查地面是否有散落物、牢固程度和异常现象等，发现问题及时处理。定期检查库内设施、消防器材、防护用具是否齐全有效。

② 质量检查。根据商品性质，定期进行以感官为主的库内质量检查，每种商品抽查一两件，检查商品自身变化，商品容器、封口、包装和衬垫等在存储期间的变化；爆炸品：检查外包装不应拆箱检查，爆炸性化合物可拆箱检查；压缩气体和液化气体：用称量法检查其质量，可用检漏仪检查钢瓶是否漏气，也可用棉球蘸稀硫酸（用于氨）、稀氨水（用于氯）涂在瓶口处进行检查；易燃液体：检查封口是否严密，有无挥发和渗漏，有无变色、变质和沉淀现象；易燃固体：检查有无熔（溶）化、升华和变色、变质现象；自燃物品、遇湿易燃物品：检查有无挥发渗漏、吸潮溶化，以及稳定剂是否足量；氧化剂和有机过氧化物：检查包装封口是否严密，有无吸潮溶化、变色、变质；有机过氧化物、含稳定剂的容器内要足量，封口严密有效；按质量计量的商品应抽检质量，以控制商品保管损耗；每次质量检查后，外包装上均应作出明显的标记，并做好记录。

5. 安全操作

（1）作业人员应有操作易燃易爆性商品的上岗作业资格证书。

（2）作业人员应穿防静电工作服，戴手套和口罩等防护用具，禁止穿钉鞋。

（3）操作中轻搬轻放，防止摩擦和撞击，汽车出入库要戴好防火罩，排气管不应直接对准库房门。

（4）各项操作不应使用能产生火花的工具，不应使用叉车搬运、装卸压缩和液化的气体钢瓶，热源与火源应远离作业现场。

（5）库房内不应进行分装、改装、开箱、开桶、验收等，以上活动应在库房外进行。

6. 出库

应坚持先进先出的原则。

7. 应急处理

（1）灭火方法见表 3-17。

（2）在灭火与抢救时，应站在上风头，佩戴防毒面具或自救式呼吸器。

(3) 作业人员如发现异常情况，应立即撤离现场。

表 3-17 易燃易爆性商品灭火方法

类别	品名	灭火方法	备注
爆炸物	黑火药	雾状水	
	化合物	雾状水、水	
压缩气体和液化气体	压缩气体和液化气体	大量水	冷却钢瓶
易燃液体	中、低、高闪点	泡沫、干粉	
	甲醇、乙醇、丙酮	抗溶泡沫	
易燃固体	易燃固体	水、泡沫	
	发乳剂	水、干粉	禁用酸、碱泡沫
	硫化磷	干粉	禁用水
自燃物品	自燃物品	水、泡沫	
	烃基金属化合物	干粉	禁用水
遇湿易燃物品	遇湿易燃物品	干粉	禁用水
	钠、钾	干粉	禁用水、二氧化碳、四氯化碳
氧化剂和有机过氧化物	氧化剂和有机过氧化物	雾状水	
	过氧化钠、钾、镁、钙等	干粉	禁用水

二、毒害品的储存

国家颁布的《毒害性商品储存养护技术条件》(GB 17916)[14]对毒害性商品的储存条件、养护技术等提出了要求。

1. 储存条件

(1) 库房　干燥、通风。机械通风排毒应有安全防护和处理措施，耐火等级不低于二级。

(2) 安全要求

① 仓库应远离居民区和水源。

② 商品避免阳光直射、暴晒，远离热源、电源、火源，在库内(区)固定和方便的位置配备与毒害性商品性质相匹配的消防器材、报警装置和急救药箱。

③ 不同种类的毒害性商品，视其危险程度和灭火方法的不同应分开存放，性质相抵的毒害性商品不应同库混存。

④ 剧毒性商品应专库储存或存放在彼此间隔的单间内，并安装防盗报警器和监控系统，库门装双锁，实行双人收发、双人保管制度。

(3) 环境要求　库区和库房内保持整洁。对散落的毒害性商品应按照其安全技术说明书提供的方法妥善收集处理，库区的杂草及时清除。用过的工作服、手套等用品应放在库外安全地点，妥善保管并及时处理。更换储存毒害性商品品种时，要将库房清扫干净。

(4) 温度和湿度　库房温度不宜超过35℃。易挥发的毒害性商品，库房温度应控制在32℃以下，相对湿度应在85%以下。对于易潮解的毒害性商品，库房相对湿度应控制在80%以下。

2. 入库验收

(1) 原则

① 入库商品应附有产品检验合格证和安全技术说明书。进口商品还应有中文安全技术说明书或者其他说明。

② 入库商品应根据毒害性商品类别分别入库，采取隔离、隔开、分离储存。

③ 商品质量应符合相关产品标准，由存货方负责检验。

④ 保管方对商品外观、内外标志、容器包装、衬垫等进行感官检验。

⑤ 每种商品应打开外包装进行验收，发现问题扩大检查比例，验后将商品包装复原，并做标记。

⑥ 验收应在库房外安全地点进行。

(2) 验收项目

① 包装。包装标签应符合《化学品安全标签编写规定》(GB 15258—2009) 的规定。包装应完整无损，无水湿、污染。

② 质量。商品性状、颜色等应符合相关产品标准。液体商品颜色无变化、无沉淀、无杂质。固体商品无变色、无结块、无潮解、无溶化现象。

(3) 验收

① 应执行双人复核制。

② 不符合包装规定的商品不应入库，应暂存安全地点，通知存货方，另行处理。

③ 合格商品签收入库，填写验收记录，转存货方。

④ 包装破漏时，应更换包装方可入库，整修包装需在专门场所进行。撒(洒)在地上的毒害性商品要清扫干净，集中存放，统一处理。

3. 堆垛

（1）原则　商品堆垛要符合安全、方便的原则，便于堆码、检查和消防扑救，苫垫物料应专用。

（2）方式　货垛下应有防潮设施，垛底距地面不小于15cm。货垛应牢固、整齐、通风，垛高不超过3m。

（3）间距　应保持：主通道≥180cm；支通道≥80cm；墙距≥30cm；柱距≥10cm；垛距≥10cm；顶距≥10cm。

4. 养护技术

（1）温、湿度管理

① 库房内设置温、湿度表，按时观测、记录。

② 严格控制库内温、湿度，保持在要求范围之内。

（2）检查

① 安全检查。每天对库区进行检查，检查易燃物，检查货垛是否牢固、有无异常。遇特殊天气应及时检查商品有无受损。定期检查库内设施、消防器材、防护用具是否齐全有效。

② 质量检查。根据商品性质，定期进行质量检查，每种商品抽查一两件。检查商品包装、封口、衬垫有无破损，商品外观和质量有无变化。

③ 处理。检查结果逐项记录，并做标记。对发现的问题做好记录，通知存货方，采取措施进行防治。对有问题商品应填写催调单，报存货方，督促解决。

5. 安全操作

① 作业人员应持有毒害性商品养护上岗作业资格证书。

② 作业人员应佩戴手套和相应的防毒口罩或面具，穿防护服。

③ 作业中不应饮食，不应用手擦嘴、脸、眼睛。每次作业完毕，应及时用肥皂（或专用洗涤剂）洗净面部、手部，用清水漱口，防护用具应及时清洗，集中存放。

④ 操作时轻拿轻放，不应碰撞、倒置，防止包装破损、商品撒漏。

6. 出库

应坚持先进先出的原则。

7. 应急处理

（1）消防方法　参见表3-18。

表 3-18 部分毒害性商品消防方法

类别	品名	灭火剂	禁用	备注
无机剧毒害性商品	砷酸、砷酸钠	水		
	砷酸盐、砷及其化合物、亚砷酸、亚砷酸盐	水、砂土		
	亚硒酸盐、亚硒酸酐、硒及其化合物	水、砂土		
	硒粉	砂土、干粉	水	
	氯化汞	水、砂土		
	氰化物、氰熔体、淬火盐	水、砂土	酸碱泡沫	
	氢氰酸溶液	二氧化碳、干粉、泡沫		
有机剧毒害性商品	敌死通、氯化苦、氟磷酸异丙酯、1240 乳剂、3811、1440	砂土、水		
	四乙基铅	干砂、泡沫		
	马钱子碱	水		
	硫酸二甲酯	干砂、泡沫、二氧化碳、雾状水		
	1605 乳剂、1059 乳剂	水、砂土	酸碱泡沫	
无机有毒害性商品	氟化钠、氟化物、氟硅酸盐、氧化铅、氯化钡、氧化汞、汞及其化合物、碲及其化合物、碳酸铵、铍及其化合物	砂土、水		
有机有毒害性商品	氰化二氯甲烷、其他含氰的化合物	二氧化碳、雾状水、砂土		
	苯的氯代物(多氯代物)	砂土、泡沫、二氧化碳、雾状水		
	氯酸酯类	泡沫、水、二氧化碳		
	烷烃(烯烃)的溴代物,其他醛、醇、酮、酯、苯等的溴化物	泡沫、砂土		
	各种有机物的钾盐、对硝基苯、氯(溴)甲烷	砂土、泡沫、雾状水		
	砷的有机化合物、草酸、草酸盐类	砂土、水、泡沫、二氧化碳		
	草酸酯类、硝酸酯类、磷酸酯类	泡沫、水、二氧化碳		
	胺的化合物、苯胺的各种化合物、盐酸苯二胺(邻、间、对)	砂土、泡沫、雾状水		
	二氯基甲苯、乙萘胺、二硝基二苯胺、苯肼及其化合物、苯酯的有机化合物、硝基的苯酯钠盐、硝基苯酚、苯的氯化物	砂土、泡沫、雾状水、二氧化碳		
	糠醛、硝基萘	泡沫、二氧化碳、雾状水、砂土		
	滴滴涕原粉、毒杀酚原粉、666 原粉	泡沫、砂土		
	氯丹、敌百虫、马拉松、烟雾剂、安妥、苯巴比妥钠盐、阿米妥尔及其钠盐、赛力散原粉、1-萘甲腈、炭疽芽孢苗、鸟来因、粗蒽、依米丁及其盐类、苦杏仁酸、戊巴比妥及其钠盐	水、砂土、泡沫		

（2）中毒急救方法如下，并应及时送医院治疗。

① 呼吸道（吸入）中毒。有毒的蒸气、烟雾、粉尘被人吸入呼吸道各部，发生中毒现象，多为喉痒、咳嗽、流涕、气闷、头晕、头疼等。发现上述情况后，中毒者应立即离开现场，到空气新鲜处静卧。对呼吸困难者，可使其吸氧或进行人工呼吸。在进行人工呼吸前，应解开上衣，但勿使其受凉，人工呼吸至恢复正常呼吸后方可停止，并立即予以治疗。无警觉性毒物的危险性更大，如溴甲烷，在操作前应测定空气中的气体浓度，以保证人身安全。

② 消化道（口服）中毒。中毒者可用手指刺激咽部，或注射1%阿扑吗啡0.5mL以催吐，或用当归三两、大黄一两、生甘草五钱，用水煮服以催泻，如系1059、1605等油溶性毒害性商品中毒，禁用蓖麻油、液状石蜡等油质催泻剂。中毒者呕吐后应卧床休息，注意保持体温，可饮热茶水。

③ 皮肤（接触）中毒。皮肤（接触）中毒，立即用大量清水冲洗，然后用肥皂水洗净，再涂一层氧化锌药膏或硼酸软膏以保护皮肤，重者应送医院治疗。

④ 毒物进入眼睛时，应立即用大量清水或低浓度医用氯化钠（食盐）水冲洗10～15min，然后去医院治疗。

三、腐蚀性物品安全储存

《腐蚀性商品储存养护技术条件》（GB 17915）[15] 对腐蚀性商品的储存条件、养护技术等提出了要求。

1. 储存条件

（1）库房

① 应阴凉、干燥、通风、避光。应经过防腐蚀、防渗处理，库房的建筑应符合《工业建筑防腐蚀设计标准》（GB/T 50046—2018）的规定。

② 储存发烟硝酸、溴素、高氯酸的库房应干燥通风，耐火要求应符合《建筑设计防火规范（2018年版）》（GB 50016）的规定，耐火等级不低于二级。

③ 溴氢酸、碘氢酸应避光储存，溴素应专库储存。

（2）货棚、露天货场　货棚应干燥卫生。露天货场应防潮防水。

（3）安全要求

① 腐蚀性商品应避免阳光直射、暴晒，远离热源、电源、火源，库房建筑及各种设备应符合《建筑设计防火规范（2018年版）》（GB 50016）的规定。

② 腐蚀性商品应按不同类别、性质、危险程度、灭火方法等分区分类储存，性质和消防施救方法相抵的商品不应同库储存，见表3-14。

③ 应在库区设置洗眼器等应急处置设施。

(4) 环境

① 库房应保持清洁。

② 库区的杂物、易燃物应及时清理，排水保持畅通。

(5) 温度和湿度　各类商品适宜储存的温、湿度条件见表3-19。

表3-19　温、湿度条件

类别	主要品种	适宜温度/℃	适宜相对湿度/%
酸性腐蚀品	发烟硫酸、亚硫酸	0～30	≤80
	硝酸、盐酸及氢卤酸、氟硅(硼)酸、氯化硫、磷酸等	≤30	≤80
	磺酰氯、氯化亚砜、氧氯化磷、氯磺酸、溴乙酰、三氯化磷等卤化物	≤30	≤75
	发烟硝酸	≤25	≤80
	溴素、溴水	0～28	—
	甲酸、乙酸、乙酸酐等有机酸类	≤32	≤80
碱性腐蚀品	氢氧化钾(钠)、硫化钾(钠)	≤30	≤80
其他腐蚀品	甲醛溶液	0～30	—

2. 储存要求

(1) 入库验收

① 入库条件。入库商品应附有产品检验合格证和安全技术说明书，进口商品还应有中文安全技术说明书或商品性状、理化指标应符合相关产品标准，由存货方负责检验。保管方应对商品外观、内外标志、容器包装及衬垫进行感官检验。验收应在库房外安全地点或验收室进行。每种商品随机开箱验收2～5箱，发现问题应扩大开箱验收比例，验收后将商品包装复原，并做标记。

② 验收项目。包装标签应符合《化学品安全标签编写规定》(GB 15258)的规定，包装封闭严密，完好无损，无水渍、污染，包装、容器衬垫适当，安全、牢固；商品性状、颜色、黏稠度、透明度均应符合相关产品标准。液体商品颜色无异状、无渗漏，固体商品无变色、无潮解、无溶化等现象；验收应执行双人复核制，合格品应办理入库手续，填写验收记录。

(2) 堆垛

① 原则。商品堆垛应便于堆码、检查和消防扑救，货垛整齐。

② 方法。库房、货棚或露天货场储存的商品，货垛下应有隔潮设施，货

架与库房地面距离一般不低于15cm，货场的垛堆与地面距离不低于30cm。根据商品性质、包装规格采用适当的堆垛方法，要求货垛整齐、堆码牢固、数量准确、不应倒置。按入库先后或批号分别堆码。

③ 堆垛高度。大铁桶液体：立码；固体：平放，不应超过3m；大箱（内装坛、桶），不应超过1.5m；化学试剂木箱，不应超过3m；纸箱，不应超过2.5m；袋装，3～3.5m。

④ 堆垛间距。应保持在：主通道≥180cm；支通道≥80cm；墙距≥30cm；柱距≥10cm；垛距≥10cm；顶距≥30cm。

3. 养护技术

（1）温、湿度管理

① 库内设置温、湿度计，按时观测、记录。

② 根据库房条件和商品性质，应采用机械（要有防护措施）方法通风、去湿、保温。温、湿度应符合表3-19的规定。

（2）检查

① 安全检查。每天对库房内外进行安全检查，及时清理易燃物，应维护货垛牢固、无异常、无泄漏。遇特殊天气应及时检查商品有无受潮、货场货垛苫垫是否严密。定期检查库内设施、消防器材、防护用具是否齐全有效。

② 质量检查。根据商品性质，定期进行感官质量检查，每种商品抽查一两件。检查商品包装、封口、衬垫有无破损、渗漏，商品外观有无变化。入库计量的商品，定时抽检计算保管损耗。

③ 问题处理。检查结果逐项记录，在商品外包装上作出标记。发现问题，应采取防治措施，通知存货方及时处理，不应作为正常商品出库。接近有效期的商品应填写催调单报存货方。

4. 安全操作

（1）作业人员应持有腐蚀性商品养护上岗作业资格证书。

（2）作业时应穿戴防护服、护目镜、橡胶浸塑手套等防护用具，应做到：

① 操作时轻搬轻放，防止摩擦、震动和撞击；

② 使用沾染异物和能产生火花的机具，作业现场应远离热源和火源；

③ 分装、改装、开箱检查等应在库房外进行；

④ 有氧化性强酸不应采用木制品或者易燃材质的货架或垫衬。

5. 出库

应坚持先进先出的原则。

6. 应急处理

（1）消防方法参见表3-20。

表 3-20 部分腐蚀性商品消防方法

品名	灭火剂	禁用
发烟硝酸 硝酸	雾状水、砂土、二氧化碳	高压水
发烟硫酸 硫酸	干砂、二氧化碳	水
盐酸	雾状水、砂土、干粉	高压水
磷酸 氢氟酸 氢溴酸 溴素 氢碘酸 氟硅酸 氟硼酸	雾状水、砂土、二氧化碳	高压水
高氯酸 氯磺酸	干砂、二氧化碳	
氯化硫	干砂、二氧化碳、雾状水	高压水
磺酰氯 氯化亚砜	干砂、干粉	水
氯化铬酰 三氯化磷 三溴化磷	干粉、干砂、二氧化碳	水
五氯化磷 五溴化磷	干粉、干砂	水
四氯化硅 三氯化铝 四氯化钛 五氯化锑 五氧化磷	干砂、二氧化碳	水
甲酸	雾状水、二氧化碳	高压水
溴乙酰	干砂、干粉、泡沫	高压水
苯磺酰氯	干砂、干粉、二氧化碳	水
乙酸 乙酸酐	雾状水、砂土、二氧化碳、泡沫	高压水
氯乙酸 三氯乙酸 丙烯酸	雾状水、砂土、泡沫、二氧化碳	高压水
氢氧化钠 氢氧化钾 氢氧化锂	雾状水、砂土	高压水
硫化钠 硫化钾 硫化钡	砂土、二氧化碳	水或酸、碱式灭火剂

续表

品名	灭火剂	禁用
水合肼	雾状水、泡沫、干粉、二氧化碳	
氨水	水、砂土	
次氯酸钙	水、砂土、泡沫	
甲醛	水、泡沫、二氧化碳	

（2）消防人员灭火时应在上风位并佩戴防毒面具。

（3）急救方法如下。

① 强酸。皮肤沾染，用大量水冲洗，或用小苏打、肥皂水洗涤，必要时敷软膏；溅入眼睛用温水冲洗后，再用5%小苏打溶液或硼酸水洗；进入口内立即用大量水漱口，服大量冷开水催吐，或用氧化镁悬浊液洗胃；呼吸中毒立即移至空气新鲜处，保持体温，必要时吸氧，并送医院诊治。

② 强碱。接触皮肤可以用大量水冲洗，或用硼酸水、稀乙酸冲洗后涂氧化锌软膏；触及眼睛用温水冲洗；吸入中毒者（氢氧化钠）移至空气新鲜处，并送医院诊治。

③ 氢氟酸。接触眼睛或皮肤，立即用清水冲洗20min以上，再用稀氨水敷后保暖，并送医院诊治。

④ 高氯酸。皮肤沾染后用大量温水及肥皂水冲洗，溅入眼内用温水或稀硼砂水冲洗，并送医院诊治。

⑤ 氯化铬酰。皮肤受伤用大量水冲洗后，再用硫代硫酸钠敷伤处，并送医院诊治。

⑥ 氯磺酸。皮肤受伤用水冲洗后再用小苏打溶液洗涤，并以甘油和氧化镁润湿绷带包扎，并送医院诊治。

⑦ 溴（溴素）。皮肤灼伤以苯洗涤，再涂抹油膏；呼吸器官受伤可嗅氨，并送医院诊治。

⑧ 甲醛溶液。接触皮肤先用大量水冲洗，再用酒精洗后涂甘油；呼吸中毒可移至新鲜空气处，用2%碳酸氢钠溶液雾化吸入，以解除呼吸道刺激，并送医院诊治。

第五节　库区设施安全要求

危险化学品库区内设施主要有各类泵、泵房、输送管线、安全堤以及各种储罐等。加强对这些库区设施的安全管理，保证其完好、运行可靠，是预防各类事故、防止事故扩大的关键措施。

库区的安全要求主要涉及液体泵安全要求、液体泵房安全要求、输送管线安全要求、安全堤安全要求、库区场坪安全要求、储罐区安全要求等内容，具体如下：

一、液体泵安全要求

化学品库区中输送轻质液体采用离心泵；输送乙二醇等黏性物料采用齿轮泵、往复泵、螺杆泵等容积泵。各种液体泵设置有防止超压爆破管线的安全阀。泵的选用和临时调用都应根据输送液体的性质以及泵的工作参数来确定。

化学品库区内输送黏性液体的往复泵，应采用蒸汽为动力，一般不用内燃机作为液体泵的动力，以免排气火星引燃液体蒸气。

液体泵配选电动机时应注意：

（1）输送具有爆炸危险的化学品泵，应采用防爆型电动机。如采用非防爆型电动机，应将液体泵与电动机用严密的砖墙隔开。

（2）根据液体泵的工作效能，考虑电动机功率安全系数。对于功率较大的电动机（10hp 以上，1hp＝746W），其功率安全系数为 1.05～1.1；中等功率（2～10hp）为 1.2～1.5，以免电动机因过载而发热燃烧，引起事故，对此应当普遍进行核对。

液体泵在运行中要防止出现如下情况，防止引起事故。

（1）轴线不正，安装偏歪或轴本身有弯曲，在运转时轴与其他部件摩擦产生高热，引燃可燃性蒸气。

（2）滚珠轴承安装不标准，或润滑不足、润滑油不洁净，造成轴承滚珠变形、碎裂或轴壳咬死，摩擦产生高热或碎片产生火花引燃可燃性蒸气。

（3）盘根安装过紧，使盘根过热冒烟，引燃可燃性蒸气。

（4）液体泵空转造成泵壳高热，引燃可燃性蒸气。

（5）离心泵导管中有空气囊，引起导管剧烈跳动，甚至折断，大量物料流出遇火燃烧。

（6）非防爆型电动机产生的火花或内燃机排气管喷出的火花，点燃物料蒸气等。

二、液体泵房安全要求

液体泵房是化学品库的“心脏”，尤其是输送轻质物料的泵房内，不可避免聚集一定浓度的液体蒸气，具有发生爆炸事故的危险。其安全要求如下：

（1）泵房的全部建筑结构，均应由耐火材料建造，应以混凝土抹灰地坪，门窗开在泵房的两端，门向外开（不能用侧拉门），窗户的自然采光面积不小于泵房面积的1/6，室内通风良好。地下和半地下轻质物料泵房的通风排气可以使泵房内蒸气浓度不超过其爆炸下限（体积分数）。泵房内没有闷顶夹层，房基不与泵基连在一起。

（2）泵房的照明灯具应采用防爆型。

（3）输送轻质物料的泵房如使用内燃机或普通电动机，应与液体泵以耐火极限不小于1.5h的安全墙隔开。连接内燃机、电动机与液体泵的传动轴在穿过隔墙时，应设置密封的填料。如采用防爆型电动机，可以不设置分隔墙，但一切线路和开关等设施必须符合技术规定和防爆要求。

（4）生产中若使用内燃机作为动力，内燃机所用的燃油箱应设置在泵房墙外无门窗的不燃基础上，且引油管的两端均应装设控制阀门，引油管由地面向上引向内燃机。

（5）当一个泵房内安装输送不同闪点液体的液体泵时，液体泵和所有设施均应符合输送闪点最低物料的要求。

（6）泵房内禁止安装临时性、不符合要求的设备和敷设临时管道。不得采用皮带传动装置，以免静电火花引起事故。

（7）泵房相邻的附属建筑内布置10kV电压以下的变配电设备、计量仪表站时，都必须以不燃材料的实体墙同泵房隔开，隔墙只允许穿过与泵房有关的电缆（线）保护套管，穿墙套管洞孔应用非燃材料严密堵塞，并各有单独出入门。泵房的门窗与变配电间的门窗之间最短距离不小于6m。如限于条件，则应设自动关闭装置，窗为不能开启的固定窗。配电间地坪应高于泵房地坪0.6m。

（8）泵房应设有真空系统，真空罐设在泵房的外面。

（9）泵房内机泵应排列整齐，管线排列有规律。泵与泵、泵与墙之间的净距一般为1m。液体泵、阀门、管线不渗不漏，附件仪表齐全，并配备一定数量的应急灭火工具。

（10）在停电、停气或异常情况下有可能发生液体倒流而造成事故的液体泵，在其出口管线上应安装止回阀。

（11）液体泵房耐火等级不宜低于二级。地面宜采用不燃、不渗油、打击不产生火花的材料。泵房应考虑泄压面。

（12）热液体泵和冷液体泵设在同一室内时，应用安全墙隔开。

（13）热液体泵的自然通风孔应在建筑物上部，冷液体泵则应在下部，最好采用穿堂风。如果采用机械通风，电动机应防爆，风机叶片应为有色金属材料。

(14) 液体的闪点低于45℃或温度超过液体闪点的泵房，照明灯具等电气设备应防爆。

(15) 可燃性液体泵不宜采用平皮带传动，以免打滑产生静电，应采用三角皮带，且不少于四根。

(16) 液体泵不得空转，以免过热起火，冷却水温度应低于60℃。检修时，管线上应装盲板，以防物料倒流。

(17) 无论冷、热物料泵，均应配置压力表、温度计、流量计等仪表。

(18) 轻质物料泵房和热物料泵房应安装固定的蒸汽灭火设备；其他泵房应安装半固定的蒸汽灭火设备。

三、输送管线安全要求

液体物料输送管路广布于库区，把各输、储物料设备联系为一个输转物料的整体。如果管路破裂引起事故，整个库区都将受到影响。

库区内管路有地上敷设、埋地敷设和管沟敷设三种方式。地上敷设的管路，日常检查方便，容易及时发现问题和进行检修，但管线来往穿插，妨碍交通，也使消防扑救造成困难。埋地敷设的管线易受土壤腐蚀，不易及时发现渗漏。管沟敷设的管路日常检查很方便，平时管路受大气温度和其他环境影响较小，发现渗漏局限于管沟内，容易控制。

连接输液管路有电焊连接和法兰连接两种形式。电焊连接不易渗漏，但是管路检修调换不能拆卸移动，又需进行明火施工，增加了事故的危险；法兰连接拆卸方便，可以将需要动火检修的管线移至安全地带进行施工，但平时法兰容易渗漏。

液体物料输送管线安全要点是[16]：

(1) 输液管路的材质一般应为钢管，安装应严格按照设计和工艺要求进行。管线相互间距、管线与建筑物间距、上下管线间的距离，均应符合有关规定。

(2) 为了防止地上管线与相邻设施相互影响，地上管线应与有门窗、洞孔的建（构）筑物的墙壁保持不少于3m的距离；与无门窗、洞孔的建（构）筑物的墙壁保持1m以上的距离。

(3) 地下管线埋管深度小于相邻建（构）筑物基础深度时，间距应符合地上管线的相关规定；大于基础深度时，按土壤的休止角核算，并且管槽或管沟底的开挖边线与建（构）筑物基础边缘的距离应大于建（构）筑物基础应力范围以外 0.3m。

（4）地上管线架设在不燃材料支撑的支架上，其保温层应是不燃物质（如玻璃棉、石棉泥、蛭石等）。地下敷设管路的管沟，用耐火材料砌筑，管沟内每隔一定距离砌筑一道土坝（但要注意排水），厚度可根据实际情况确定。管线用土坝隔开后可以防止事故蔓延。

（5）多条管线平行敷设，其间距应不小于 10cm。蒸汽管线不准和输送轻质物料的管线平行敷设。

（6）地下管线与电缆线相交，管线应设在电缆线下边不小于 1m 的深度；与下水道相交，应在下水道下边 1.5m 的深度。

（7）地下和明沟敷设的管线应按设计要求装配伸缩器，输送轻质物料的管线与罐阀门结合处应装设防胀管接通罐顶，以防止液体膨胀压力爆破管线，由于温度上升，液体膨胀而引起管线压力上升，见表 3-21。因此，连接液体管的法兰应按设计要求制作，不得任意用较薄钢板割制。而且管线每隔 200m 应接地一处，其接地电阻不应大于 10Ω。

表 3-21　300mm 密闭管线由于温度变化引起的压力上升值

管线初温/℃	管线终温/℃	平均油温/℃	管内压力上升值/(kgf/cm^2)	1000m 管线内体积膨胀量/m^3
10	11	10.51	7.83	0.0623
10	12	11.88	12.96	0.1247
10	13	12.16	20.25	0.1972
10	14	12.51	28.35	0.2595
10	15	13.22	37.80	0.3118

注：$1kgf/cm^2=98.0665kPa$。

（8）地下管线经过的地面上方应禁止堆积各种物料。

（9）物料管应定期进行耐压试验，试验压力应为工作压力的 1.5 倍，以衡量液体管是否能够承受规定的压力。

四、安全堤安全要求

在油库区设置安全堤和维护保养好安全堤，是防止油罐溢油、跑油或火灾事故扩大的关键措施。清醒地认识到修筑安全堤，并对其维护保养，是做好油库安全工作的内容之一。安全堤的技术要求主要有：

（1）安全堤要用不燃材料建造，一般来说，使用土、砖、方整石或毛石砌堤体，用钢筋混凝土预制板围堤等。

（2）安全堤的实际高度应比计算高度高出 0.2m。立式油库区的安全堤实高不应低于1m，也不宜高过1.6m。卧式油库区堤高不应低于0.5m，土质安全堤堤顶宽度不应小于0.5m。

(3) 安全堤内总容量的确定：固定顶油库区，不得小于堤内最大一个油罐的容量；内浮顶油罐，不得小于堤内最大一个内浮顶油罐的一半容量；两种都有时，以数量最大的为准。

(4) 立式油罐壁至安全堤坡脚的距离不应小于罐壁高度的一半，卧式油罐至安全堤的坡脚线的距离不应小于3m。这一规定是以消防人员接近着火罐壁受热情况下，穿衣服能忍受的辐射热为8374J/m^2 为标准而制定的。因为当热量为16744J/m^2、穿衣服忍受15s时，人便会觉得痛苦，超过30s身上便会起泡，形成灼伤。这样一来，安全堤离油罐太远，救火时水柱达不到，太近又灼烤，故规定了安全堤离油罐的具体距离要求。

(5) 安全堤要能承受所能容纳油品的静压力，且要严密不渗漏。

(6) 油罐组安全堤的人行踏步不应少于两处，在坡向的最低处设排水闸及水封井。

(7) 严禁在安全堤上开洞。各种穿过安全堤的管道，都要设置套管或预留孔，并进行密封。

(8) 隔堤的做法同安全堤，只是高度低0.2m。

五、库区场坪安全要求

库区的场坪结构和要求的基本出发点是防火，因此必须做到：

(1) 库区场坪不要进行绿化，因为花草干枯后会成为火灾的助燃物；一旦库区有渗漏，在花草的遮掩下难以及时发现；发生火灾时，还将影响灭火泡沫的覆盖效果。

为了杜绝传火的媒介，也为了方便跑料后能得到回收，防止油品经土壤渗透，流向地下水和河流，造成对环境的污染，应对库区场坪进行铺砌，材料宜选用石块和素混凝土铺砌，接缝处填灌热沥青，也有用细炉灰、石灰等拌和夯筑三合土的。

(2) 油库区要以不小于0.3%的坡度坡向排水闸。水闸要用高标号混凝土做成门槽。门槽大小视安全堤内的面积和当地的最大降水量及场坪的坡度而定。闸板可用铸铁板刷沥青漆。这样做的目的是既要能排出积水，又要起到安全堤的作用。此处应为巡检项目，平时要将排水闸关闭，下雨时打开，雨停后应立即关闭。

(3) 设计的场坪标高，可略高出自然地面。除了工艺方面的特殊需要，尽量减少挖、填土量。

六、储罐区安全要求

1. 地坪

（1）罐区防火堤内的水泥地坪不能有裂纹、凹坑，沉降缝要用石棉、水泥填实抹平，以防止渗水、渗料或物料积聚。

（2）罐区防火堤外的场地，要定期拔除杂草，及时清除枯草干叶。

（3）罐区内不准堆放可燃物料。

2. 水封井及排水闸

（1）水封井建在防火堤外，用来回收储罐跑、冒、滴、漏的物料，防止着火物料火势蔓延。

（2）水封井应不渗不漏，水封层厚度宜不小于 0.25m，沉淀层也不宜小于 0.25m。经常检查水封井液面，发现浮料要查明原因，并及时回收运走。

（3）排水闸要完好可靠，指定专人管理，下雨时开启，雨停时关闭，并列入交接班内容。

3. 防火堤

（1）每月检查一次，发现裂缝、坍塌、枯草等应及时修理、清除。

（2）堤上穿管的预留孔，要用不燃材料密封，经常检查密封完好情况。

（3）要求排水孔无塞，关闭无渗漏，发现掉砖、开裂，要及时修好。

4. 储罐基础

（1）每年对储罐基础的均匀沉降、不均匀沉降、总沉降量、锥面坡度集中检查 1 次，发现问题，及时处理。

（2）护坡石松脱、出现裂纹时，应及时固定灌浆。

（3）经常检查砂垫层下的渗液管有无物料渗出，一经发现，应立即采取措施，清罐修理。

5. 罐体

（1）储罐定期清洗时，对罐底要测厚，并对罐底的裂纹、砂眼等缺陷进行检测，发现问题，清罐返修。

（2）储罐定期清洗时，要对罐壁腐蚀余厚进行检测，有问题要采取防护措施，或返修处理，必要时报废。

（3）罐顶焊缝完好，无漏气现象。构架和“弱顶”连接处无开裂脱落，顶板不应凹凸变形积水。

（4）内浮盘在任何位置都平衡，不倾不转，不卡不憋。浮盘无渗漏，环状密封无破损，无翻折、脱落现象。

6. 储罐附件

（1）呼吸阀低温季节每周检查一次，其他季节每月检查一次，大风、暴雨、骤冷时立即检查，发生堵塞或不畅时，及时疏通或更换。

（2）安全阀每季检查 1 次，有泄漏时立即校验。

（3）阻火器每季检查不少于 1 次，低温季节每月检查不少于 1 次，散热片间夹层的通道要清洁畅通，无尘土、无腐烂，并定期清洗。垫片密贴、安装牢固，螺栓无腐蚀。

（4）消防泡沫产生器每月检查 1 次，玻璃无破坏，固定严密，不漏气，密封垫完好，未老化损坏。

（5）排污管每季检查不少于 1 次，阀门要不渗不漏，启闭灵活。

（6）进出连接管处无裂纹、无变形，阀门严密，启闭灵活，支架牢固。

（7）梯子、平台及栏杆安装牢固，不晃动，安全高度足够，冬季时要有防滑措施。

（8）罐体采用阻燃材料防腐保温，雨水、喷淋水、地面水不能浸湿保温材料。

7. 防雷防静电接地

（1）每年雷雨季节来临之前，对接地系统进行一次检测，发现有不合格现象立即进行整改，且接地线应无松动、锈蚀现象。

（2）从罐壁接地卡直接引入地的引下线，要检查螺栓与连接件的表面有无松脱锈蚀现象，如有应及时擦拭紧固。

（3）每年检查 1 次外浮顶及内浮顶的浮盘和罐体之间的电位连接装置是否完好、软铜导线有无断裂和缠绕。

（4）地面或地下施工时，要加强对接地极的监护，如可能影响接地时，要进行检查测定。

8. 安全监测设施

对高低液位报警器、温度计、压力表、液位计、可燃气体报警器等定期进行检测、校验，确保其完好备用。

第六节　加油站安全要求

加油站是经营各种油品，为车辆提供服务的场所。随着城市交通的发展和人们生活水平的提高，城市的加油站不断增多，预防加油站发生火灾爆炸事故，历来是城市消防安全工作的重点。

关于加油站安全要求主要涉及加油站的设置、加油站安全管理等内容，具体如下：

一、加油站的设置

1. 加油站分级及基本要求

（1）加油站的等级划分[17]，应符合表3-22的规定。

表3-22 加油站的分级

级别	油罐容量/m^3	
	总容量	单罐容量
一级	61～150	≤50
二级	16～60	≤20
三级	≤15	≤15

注：1. 本表油罐容量系指汽油储量。当兼营柴油时，汽油、柴油的储量，可按1∶2的比例折算。

2. 城市市区内不宜建设一级加油站，且宜采用直埋地下卧式油罐。

（2）加油站的站址选择　加油站的站址选择，应符合城镇规划、环境保护和防火安全的要求，并应选在交通便利的地方。城市市区的加油站，应靠近城市交通干道或设在出入方便的次要干道上。郊区加油站，应靠近公路或设在靠近市区的交通出入口附近。企业附属加油站由企业统一规划，宜靠近车库或车辆进出口。

当加油站选在城市市区的交叉路口附近时，不应影响交叉路口的通行能力。

（3）加油站内构筑物的安全距离　加油站的加油机、油罐与周围建筑物、构筑物、交通线等的安全距离，不应小于表3-23的规定。

表3-23 加油站的加油机、油罐与周围建筑物、构筑物、交通线等的安全距离

单位：m

<table>
<tr><td colspan="3">加油站等级</td><td colspan="2">一级</td><td colspan="2">二级</td><td>三级</td></tr>
<tr><td colspan="3">油罐敷设方式</td><td>地下直埋卧式罐</td><td>地上卧式罐</td><td>地下直埋卧式罐</td><td>地上卧式罐</td><td>地下直埋卧式罐</td></tr>
<tr><td colspan="3">明火或散发火花的地点</td><td>30</td><td>30</td><td>25</td><td>25</td><td>17.5</td></tr>
<tr><td colspan="3">重要公共建筑物</td><td>50</td><td>50</td><td>50</td><td>50</td><td>50</td></tr>
<tr><td rowspan="3">民用建筑及其他建筑</td><td rowspan="3">耐火等级</td><td>一、二级</td><td>12</td><td>15</td><td>6</td><td>12</td><td>5</td></tr>
<tr><td>三级</td><td>15</td><td>20</td><td>12</td><td>15</td><td>10</td></tr>
<tr><td>四级</td><td>20</td><td>25</td><td>14</td><td>20</td><td>14</td></tr>
</table>

续表

加油站等级		一级		二级		三级
油罐敷设方式		地下直埋卧式罐	地上卧式罐	地下直埋卧式罐	地上卧式罐	地下直埋卧式罐
主要道路		10	15	5	10	不限
架空通信线	国家一、二级	1.5倍杆高	1.5倍杆高	1.5倍杆高	1.5倍杆高	不应跨越加油站
	一般	不应跨越加油站	不应跨越加油站	不应跨越加油站	不应跨越加油站	不应跨越加油站
架空电力线路		1.5倍杆高	1.5倍杆高	1.5倍杆高	1.5倍杆高	不应跨越加油站

注：1. 三级加油站相邻的民用或其他建筑为一、二级耐火等级，且与加油站相邻一面无门窗时，其与加油站的安全距离可不限。

2. 设有油气回收系统的加油站，与周围建筑物、交通线的安全距离，可按本表减少50%。

2. 加油站平面布置

（1）加油站的布置，应符合下列要求：

① 加油站的进、出口，应分开设置。

② 加油站进、出口道路的坡度，不得大于6%。

③ 当油泵房、消防器材间与站房合建时，应单独设门，且应向外开启。

（2）加油站内的各主要建筑物、构筑物之间的安全距离，不应小于表3-24的规定。

表3-24　加油站内的各主要建筑物、构筑物之间的安全距离　单位：m

项目	地下直埋卧式罐	地上卧式罐	加油机或油泵房	站房	独立锅炉房	围墙
地下直埋卧式罐	0.5	—	不限	4	17.5	3
地上卧式罐	—	0.8	8	10	17.5	5
加油机或油泵房	不限	8	—	5	15	
其他建筑物、构筑物	5	10	5	5	5	不限
汽车油罐车的密闭卸油点	不限	不限	不限	5	15	不限

注：1. 站房包括营业室、值班休息室、卫生间、储藏间等。

2. 其他建筑物、构筑物系指根据需要设置的汽车洗车房、加润滑油间和零售油品间等。

3. 地下直埋卧式罐与站房无门窗的实体墙一侧的安全距离可不限。

4. 加油机或油泵房与非实体围墙的安全距离不得小于5m，与实体围墙的安全距离可不限。

（3）站房与独立锅炉房的安全距离，不应小于5m。

（4）加油站的停车场及道路设计，应符合下列要求：

① 停车场内单车道宽度不应小于3.5m，双车道宽度不应小于6.5m。

② 停车场地坪及道路，不得采用沥青路面。

（5）一、二级加油站与建筑物相邻的一侧，建筑高度不低于2.2m的非燃烧体实体围墙，面向进、出口道路的一侧，宜建造非实体围墙。

3. 站内主要设施的安全要求

（1）站房与加油岛

① 加油站站房室内地坪的标高，应高出室外汽车加油场地地坪的标高0.2m。

② 加油岛及汽车加油场地宜设罩棚，罩棚的有效高度不应小于4.5m。专供小轿车用的加油站的罩棚高度，不应小于3.6m。

③ 加油岛的设计应符合下列规定：

a. 加油岛应高出停车场的地坪0.2m。

b. 加油岛的宽度不应小于1.2m。

c. 加油岛上的罩棚支柱距加油岛的端部，不应小于0.6m。

（2）油罐

① 加油站的汽油和柴油储罐应采用卧式钢罐。

② 加油站油罐的设置，应符合下列规定：

a. 加油站的汽油、柴油储罐应直埋成地下式，严禁设在建筑物内或地下室内。建在郊区的加油站，当油罐直埋有困难时可设在地上。

b. 当油罐埋设在地下水位以下时，应采取防止油罐上浮的措施。

c. 当油罐在行车道下面埋设时，应采取保护盖板等措施。人孔操作井宜设在行车道以外。

③ 地上油罐应设防火堤，防火堤应符合下列要求：

a. 防火堤应用非燃烧材料建造，防火堤的净高不应小于0.5m。

b. 卧式油罐罐壁至防火堤内坡脚底线的距离，不应小于3m。

c. 防火堤内的有效容积，不应小于堤内一个最大油罐的容积。

d. 管线穿过防火堤处，必须采用非燃烧材料严密填实。

④ 直埋地下油罐的周围，应回填干净的砂子或细土，其厚度不应小于0.3m。

⑤ 直埋地下油罐的外表面，应采用不低于加强级的防腐蚀保护层。

⑥ 直埋地下油罐的进油管、出油管、量油孔、通气管等的接合管，宜设在人孔盖上。

⑦ 直埋地下油罐的进油管应向下伸至罐内距罐底0.2m处。地上油罐的进油管应在油罐下部设接合管。

⑧ 当罐底低于加油机油泵中心时，加油机的吸油管应设底阀，吸油管管口距罐底不宜小于0.15m。

⑨ 直埋地下汽油、柴油储罐的通气管的设置，应符合下列规定：

a. 每个油罐的通气管，宜单独设置。

b. 通气管的公称直径，不应小于 50mm。

c. 通气管的管口，应高出地面至少 4m。

d. 沿建筑物的墙（柱）向上敷设的通气管的管口，应高出建筑物的顶面或屋脊 1m，其与门窗的距离不应小于 3.5m。

e. 通气管管口与加油站围墙的距离，不应小于 3m。

f. 通气管管口必须安装阻火器，但不得安装呼吸阀。

⑩ 设在地上的汽油、柴油储罐，应安装呼吸阀、阻火器、量油孔、人孔、进出油接合管、排污管、梯子平台等附件。梯子应采用斜梯。

⑪ 直埋地下油罐的人孔，应设操作井。

⑫ 汽车油罐车必须采用密闭卸油方式。卸油管与油罐进油管的连接，应采用快速接头。

（3）管线

① 加油站的油品管线，宜采用无缝钢管。埋地管线的连接，应采用焊接。

② 直埋地下油罐的进油管、出油管、通气管，应坡向油罐，其坡度不应小于 0.2%。

③ 加油站的油品管线应埋地敷设。当需要管沟敷设时，管沟应用砂子填实。管沟进入建筑物、构筑物或防火堤处，必须设置密封隔断墙。通气管线地下部分的敷设要求与油品管线相同。

④ 埋地管线的外表面，应设不低于加强级的防腐蚀保护层。

⑤ 当一个油罐向多台加油机供油时，每台加油机应单独设置进油管。

⑥ 汽油加油枪的流量，不应大于 60L/min。加油枪宜采用自封式加油枪。

4. 消防系统的安全要求

（1）消防给水的设置，应符合下列规定：

① 埋地卧式油罐，可不设消防给水。

② 地上卧式油罐，消防冷却水的设置应符合下列规定：

a. 消防的冷却水，应设一座 50m³ 消防水池或 1h 能供 50m³ 水量的水源。

b. 消防的给水，宜利用加油站周围 200m 范围内的自然水源。

c. 消防水泵宜采用手抬机动泵，可不设备用泵。

d. 缺水地区设消防冷却水有困难时，经消防部门同意，可不设消防冷却水。

（2）加油站灭火设施的设置，应符合下列规定：

① 每座加油岛应设置 8kg 手提式干粉灭火器 2 只。

② 每台加油机应设一只 8kg 手提式干粉灭火器或 6L 手提式高效化学泡沫灭火器。但加油机总数超过 6 台时，仍按 6 台设置。这些灭火器应集中存放在站房前。

③ 埋地或地上卧式油罐应设置 70kg 推车式干粉灭火机 1 台和 100L 推车

式高效化学泡沫灭火机 1 台。

（3）一、二级加油站应备有灭火毯 5 块、砂子 $2m^3$。三级加油站应备有灭火毯 2 块。

5. 给水排水系统的安全要求

（1）加油站应就近利用城镇或企（事）业单位已建供水设施作为水源。无可利用条件时，可就近使用地下水或地表水。

（2）加油站的生活、生产和消防给水管道，宜合并设置。

（3）排出建筑物或围墙的污水，在建筑物墙外和围墙内应设水封井。站内地面雨水可散流排出站外。

（4）水封井的水封高度不应小于 0.25m。水封井应设沉泥段。沉泥段深度从最低管底算起，不应小于 0.25m。

（5）油罐区的雨水排水管穿越防火堤处，应设置封闭装置，封闭装置应能在堤外操纵。

（6）清洗油罐的含油污水，必须在站内经过处理，达到现行国家排放标准后，方可排出站外。

6. 电气装置的安全要求

（1）加油站供电负荷等级应为三级。

（2）加油站的供电电源，宜采用 380V/220V 外接电源。

（3）在缺电少电地区，可设置小型内燃机发电机组。内燃机的排烟管口，应安装排气阻火器。排烟管口到各油气释放源的水平距离为：排烟口高度低于 4.5m 时应为 15m；排烟口高于 4.5m 时应为 7.5m。

（4）低压配电盘可设在站房内。配电盘所在房间的门、窗与加油机、油罐通气管口、密闭卸油口等的距离，不应小于 5m。

（5）加油站内的电力线路，应采用电缆直埋敷设。穿越行车道部分，电缆应穿钢管保护。当电缆较多时，可采用电缆沟敷设。但电缆不得与油品、热力管线敷设在同一沟内，且电缆沟内必须充砂。

（6）加油站的防雷设计，应符合下列要求：

① 钢油罐必须进行防雷接地，接地点不应少于两处，接地电阻不得大于 10Ω。

② 装有阻火器的地上钢油罐，可不装设避雷针（线）。

③ 埋地油罐的罐体、量油孔、阻火器等金属附件，应进行电气连接并接地，接地电阻不宜大于 10Ω。

④ 储存可燃油品的地上钢罐，可只进行防雷接地。

⑤ 当站房及罩棚需要防止直击雷时，应采用避雷带保护。

(7) 加油站的防静电设计，应符合下列要求：

① 储存甲、乙、丙A类油品的钢罐，应作防静电接地。钢油罐的防雷接地装置，可兼作防静电接地装置。

② 地上或管沟敷设的输油管线的始端、末端，应设置防静电和防感应雷的接地装置，接地电阻不宜大于30Ω。

③ 加油站的汽车油罐车卸油场地，应设用于汽车油罐车卸油时的防静电接地装置，接地电阻不应大于100Ω。

④ 加油站的防静电接地设计，还应符合现行国家标准《石油库设计规范》(GB 50074) 的有关规定。

(8) 加油站电气设备的规格型号，应按爆炸危险场所划分确定。罩棚下的照明灯具，应选防护型。

(9) 汽车加油站内爆炸危险区域的划分，应符合下列规定：

① 易燃油品室外加油机爆炸危险区域的范围，应符合图3-2的规定。

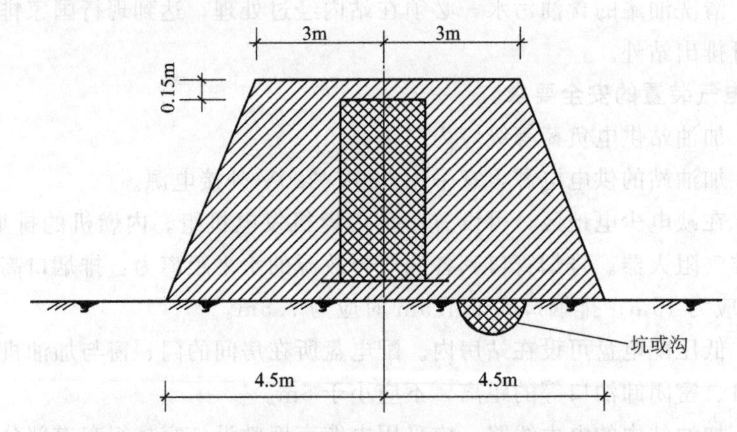

图3-2 易燃油品室外加油机爆炸危险区域范围

加油机壳体内部空间及危险区域内地坪以下的坑或沟，划为1区。

以加油机中线为中心，上面半径为3m、下面半径为4.5m，高度为从地坪向上至加油机顶上0.15m的圆锥形空间，划为2区。

② 油罐、油泵房等处的爆炸危险区域的划分，应符合有关规定。

二、加油站安全管理

1. 作业安全管理

加油站在经营管理活动中，收、付、存作业比较频繁。加油站在人员少、管理项目多的情况下，不但要发挥每位员工一专多能的作用，又要明确分工，并有较细的管理制度，把好收、付、存作业关，防止油品冒油、混油等事故发生。

（1）防冒油措施　由于油品有流动扩散的特性，所以应严格防范油品的不正常泄漏跑油。跑油发生时，油品迅速向四周流散蒸发。油气是形成火灾事故的最危险因素之一，必须制定切实有效的防跑油措施。

① 加强计量工作。每班班前计量、油罐车卸油前后油罐均要求计量。

② 坚持来油监卸制度。卸油过程中必须有专人监卸，对发生的问题，随时采取有效措施加以解决。

③ 防止设备老化或带伤作业。加油站应定期对站内有关设备进行检查维护。

（2）防混油措施　不同油品或不同标号的油品混合，会使得油品质量下降，使加油站蒙受经济损失，影响加油站正常营业。混合后的油品加入车辆，还会造成油路故障或车辆损坏，甚至威胁人的生命及财产安全。

引起混油的因素有：

① 卸油前，加油员不验看来货单，又不检查来油，将不同标号的汽油或柴油错卸。

② 交接班未按手续交接清楚，导致油品的错卸。

③ 加油站更换油品时，不同品种的油品或不同牌号的油品使用了同一条管线，使用前未放净余油。

④ 罐车司机不经加油员验收自行卸油而导致错卸。

防止混油措施是：

① 坚持来油验看转仓单。

② 加油站设专人负责监卸。

③ 卸油口用鲜明标志书写油品标号。

（3）用户加油时的安全防范措施

① 禁止用塑料容器加油。塑料桶不导电，加注时产生的静电无法消除，这很危险。为了方便用户，一般加油站配一只 10L 左右的铁桶，先将油品注入铁桶，再请顾客在加油站外或远离加油机的安全地点，自己将油品灌进塑料桶里。

② 禁止在加油站内从事可能产生火花的作业，如不准检修车辆、敲击铁器等。装运火药、爆竹、液化气等易燃易爆品车辆不允许进站。

③ 所有机动车辆均须熄火加油。近年来，机动车辆增长较快，来站加油多，但加油量小，往往易发生溢油，机器发动时比较危险。所以，应要求这些车辆在加油前熄火，加完油后才能发动。

④ 尽量做到人不下车。加油车辆的司机、乘坐人员进站后不得影响加油

站安全。

（4）防中毒措施　油品及蒸气具有毒性，油蒸气经口鼻进入人的呼吸系统，能使人体器官受害而中毒，同时也可能通过皮肤使人接触中毒。

防中毒措施有：保证设备严密，防止泄漏；注意加油站通风；严禁使用汽油洗手或衣物；倒罐或清罐时，应将油罐充分通风后，佩戴防毒面具进入油罐；加油工应定期检查身体。

2. 电气防爆管理

根据加油站危险场所的不同，采用封闭型和防爆型电气设备。在设计建站过程中，电气设备的设计应根据危险区域的不同需要，对供电方式、供电线路进行认真设计，搞好总体规划和布局，建立加油站电气集中控制装置，对任一部位发生的故障均能方便地切断电源，进行检修。设置在罩棚下的照明灯具要选用防爆型。

3. 防雷击管理

（1）加油站罩棚、营业房以及油罐阻火器，在建造时均需要有可靠的接地，以防止直接雷击，接地电阻不大于10Ω。定期检查加油机、加油胶管及卸油场地的导静电接线，保持完好有效。

（2）在高强电闪和雷击频繁时，应停止付油，必要时切断电源。待雷击过后，再正常加油，以防不测。

（3）在雷雨季节来临时，应事先做好各项防范工作，对一些设备和装置要做一次检查，发现问题，要及时整改。同时，要时刻注意关注天气预报，早做准备。

（4）每年进行不少于两次的防雷接地检测等。

4. 防静电的安全措施

（1）在油泵卸油时，油品和输送管道摩擦而产生静电；

（2）由于管道内壁粗糙弯头多、过滤器滤芯阻止等原因产生静电；

（3）在油罐车运输过程中油品和油槽车钢板冲击产生静电；

（4）在放油过程中喷溅式放油形成静电；

（5）周围环境空气的相对湿度越小，产生的静电荷越多。

防静电的基本措施是接地。合理的接地装置和选择正确的接地电阻值，在加油站设计和安装过程中都有严格的要求。接地装置不但防静电，而且防雷击。加油站油罐接地体在埋设前，接地引线都是用扁铁焊死在被保护物（油罐）上，一定要确保接地接触良好、可靠，并且每罐不少于两处接地。卸油点、加油机、加油枪及连接胶管都要有静电接地装置和连接导线，作业时一定要进行接地。一些加油站在实际工作中多次出现加油机加油时的火灾事故，其主要原因是加油机静电接地线断落。

5. 消防器材的保养

消防器材保养得好与坏，直接影响到它的使用和寿命。如果保养得好，一旦发生问题，就可以随时取用，扑灭初起火灾。如果保养得不好，一旦发生问题，那就可能延误时机，酿成大祸。因此，平时必须加强对消防器材的保养和管理，做到“四定”，即定人管理、定时检查、定时养护、定期换药，保证完好有效，并做好保暖工作。同时，加油站每个员工都要了解器材的品名、性能、使用方法，做到正确操作、正确使用。

第七节　加气站安全要求

与加油站一样，加气站是与人们生活关系最密切的危险化学品经营和储存单位。目前，城市加气站有液化石油气加气站和高压天然气加气站两种。

液化石油气具有热值高、污染小、储运和使用方便等优点，尚未建设城市天然气系统或天然气系统没有普及的城市，液化石油气是厨房和卫生间的重要热源。另外，我国已经开始大规模、有计划地提倡汽车燃气化，高压天然气加气站的经营单位也逐步增多，预防加气站的火灾爆炸事故，日益成为城市消防安全工作的重要任务。

关于加气站安全要求主要涉及加气站的设置、加气站安全管理等内容，具体如下：

一、加气站的设置

1. 加气站等级及基本要求

我国现行加气站等级划分见表 3-25。考虑到液化石油气的危险特性，城市繁华地区不应建一级加气站[12]。

表 3-25　液化石油气加气站的等级划分

级别	液化石油气罐容积 V/m^3	
	总容积	单罐容积
一级	$45<V\leqslant60$	$\leqslant30$
二级	$30<V\leqslant45$	$\leqslant30$
三级	$V\leqslant30$	$\leqslant30$

在加油加气合建站和城市建成区内的加气站，液化石油气罐应埋地设置，且不宜布置在行车道下。加气站、加油加气合建站内的液化石油气储罐区、压

缩天然气储气瓶间、液化石油气或天然气泵和压缩机房等场所，应设置可燃气体检测器，可燃气体检测器报警（高限）设定值应小于或等于可燃气体爆炸下限浓度25%。液化石油气罐严禁设在室内或地下室内。

2. 加气站平面布置

加气站设置应符合城市规划、环境保护和防火要求，并应选在交通便利处。其平面布置应符合下列要求：

（1）经营区应布置在靠近道路、车辆出入方便的地方。

（2）站区内停车场和道路应符合下列规定：

① 单车道宽度不应小于3.5m，双车道宽度不应小于6m。

② 站内的道路转弯半径按行驶车型确定，且不宜小于9m；道路坡度不应大于6%，且宜坡向站外；在汽车槽车（含子站车）卸车停车位处，宜按平坡设计。

③ 站内停车场和道路路面不应采用沥青路面。

④ 加气站进、出口应分开设置。

（3）加油加气站的围墙设置应符合下列规定：

① 当加油、加气站的工艺设施与站外建、构筑物之间的距离小于或等于25m，以及小于或等于GB 50156—2012中规定的油罐、加油机、通气管管口、压缩天然气工艺设施与站外建、构筑物之间的防火距离的1.5倍时，相邻一侧应设置高度不低于2.2m的非燃烧实体围墙。

② 距离大于上述两种情况时，相邻一侧应设置隔离墙，隔离墙可为非实体围墙。

③ 面向进、出口道路的一侧宜设置非实体围墙，或开敞。

（4）加气岛应高出加气停车场地面0.15～0.2m，宽度应不小于1.2m。加气岛应设置非燃烧材料的罩棚，其净高不小于4.5m。

（5）加气站内各主要建（构）筑物防火距离不应小于表3-26的规定。其中：

① 分子为液化石油气储罐无固定喷淋装置的距离，分母为液化石油气储罐设有固定喷淋装置的距离。

② D 为液化石油气地上罐相邻较大罐的直径。

③ 括号内数值为储气井与储气井的距离。

④ 加油机、加气机与非实体围墙的防火距离不应小于5m。

⑤ 液化石油气储罐放散管管口与液化石油气储罐距离不限，与站内其他设施的防火距离可按相应级别的液化石油气埋地储罐确定。

⑥ 采用小于或等于10m^3 的地上液化石油气储罐的整体装配式加气站，其储罐与站内其他设施的防火距离，可按表3-26中三级站的地上储罐减少20%。

表 3-26 加气站内各主要建（构）筑物防火距离

单位：m

设施名称			汽、柴油罐		液化石油气罐						压缩天然气储气瓶组（储气井）	压缩天然气放散管管口	密闭卸油点	液化石油气卸车点	液化石油气泵房、压缩机间	天然气压缩机间	天然气调压器间	天然气脱硫和脱水装置	加油机	加气机	站房	消防泵房和消防水池取水口	其他建、构筑物	燃煤独立锅炉房	燃油（气）热水炉间	变配电间	道路	站区围墙
					地上罐			埋地罐																				
			埋地油罐	通气管管口	一级站	二级站	三级站	一级站	二级站	三级站																		
汽、柴油罐	埋地油罐		0.5	—	*	*	*	6	4	3	6	6	—	5	5	6	6	5	—	4	4	10	5	18.5	8	5	—	3
	通气管管口		—	—	*	*	*	8	6	6	8	6	3	8	6	6	6	5	—	8	4	10	7	18.5	8	5	3	3
液化石油气罐	地上罐	一级站			*D*			*	*	*			12	12/10	12/10				12/10	12/10	12/10	40/30	12	45	18/14	12	5	6
		二级站				*D*		*	*	*			10	10/8	10/8				10/8	10/8	10/8	30/20	12	38	16/12	10	4	5
		三级站					*D*	*	*	*			8	8/6	8/6				8/6	8/6	8	30/20	12	33	16/12	9	3	5
	埋地罐	一级站						2					5	5	6				8	8	8	20	10	30	10	9	4	4
		二级站							2				3	3	5				6	6	6	15	8	25	8	7	2	3
		三级站								2			3	3	4				4	4	6	12	8	18	8	7	2	3

续表

设施名称	汽、柴油罐		液化石油气罐						压缩天然气储气瓶组（储气井）	压缩天然气放散管管口	密闭卸油点	液化石油气卸车点	液化石油气泵房、压缩机间	天然气压缩机间	天然气调压器间	天然气脱硫和脱水装置	加油机	加气机	站房	消防泵房和消防水池取水口	其他建、构筑物	燃煤独立锅炉房	燃油（气）热水炉间	变配电间	道路	站区围墙
	埋地油罐	通气管管口	地上罐			埋地罐																				
			一级站	二级站	三级站	一级站	二级站	三级站																		
压缩天然气储气瓶组（储气井）									1.5（1）	—	6			3	3	5	6	6	5	6	10	25	14	6	4	3
压缩天然气放散管管口											6			—	—	—	6	6	5	6	10	15	14	6	4	3
密闭卸油点											—	4	4	6	6	5	—	4	5	10	10	15	8	6	—	—
液化石油气卸车点												—	5	*	*	*	6	5	6	8	12	25	12	7	2	2
液化石油气泵房、压缩机间													—	*	*	*	4	4	6	8	10	25	12	7	2	2
天然气压缩机间														—	4	5	4	4	5	8	10	25	12	6	2	2
天然气调压器间															—	5	6	6	5	8	10	25	12	6	2	2
天然气脱硫和脱水装置																—	5	5	5	15	10	25	12	6	2	3
加油机																	—	4	5	6	8	15	8	6	—	—

续表

设施名称	汽、柴油罐		液化石油气罐						压缩天然气储气瓶组（储气井）	压缩天然气放散管管口	密闭卸油点	液化石油气卸车点	液化石油气泵房、压缩机间	天然气压缩机间	天然气调压器间	天然气脱硫和脱水装置	加油机	加气机	站房	消防泵房和消防水池取水口	其他建、构筑物	燃煤独立锅炉房	燃油（气）热水炉间	变配电间	道路	站区围墙
	埋地油罐	通气管管口	地上罐			埋地罐																				
			一级站	二级站	三级站	一级站	二级站	三级站																		
加气机																		—	5	6	8	18	12	6	—	—
站房																			—	*	6	6	—	—	—	—
消防泵房和消防水池取水口																				—	6	12	—	—	—	—
其他建筑物、构筑物																					—	6	5	—	—	—
燃煤独立锅炉房																								5		
燃油（气）热水炉间																								5	—	—
变配电间																								—	—	—
道路																									—	—
站区围墙																										—

⑦ 压缩天然气加气站的撬装设备与站内其他设施的防火距离，应按表 3-26 相应设备的防火距离确定。

⑧ 压缩天然气加气站内压缩机间、调压器间、变配电间与储气瓶组的距离不能满足表 3-26 的规定时，可采用防火隔墙，防火间距可不限。防火隔墙的设置应满足有关规定。

⑨ 站房、变配电间的起算点应为门窗。其他建、构筑物系指根据需要独立设置的汽车洗车房、润滑油储存及加注间、小商品便利店等。

⑩ 表 3-26 中，“—”表示无防火间距要求；“*”表示该类设施不应合建。

（6）液化石油气罐的布置应符合下列规定：

① 地上罐应集中单排布置，罐与罐之间的净距不应小于相邻较大罐的直径。

② 地上罐组四周应设置高度为 1m 的防火堤，防火堤内堤脚线至罐壁净距不应小于 2m。

③ 埋地罐之间距离不应小于 2m，罐与罐之间应用防渗混凝土墙隔开。如需设罐池，其池内壁与罐壁之同的净距不应小于 1m。

（7）加气站的储罐与周围建（构）筑物的防火距离不应小于表 3-27 的规定。

表 3-27 液化石油气罐与站外建（构）筑物防火距离 单位：m

<table>
<tr><th colspan="2" rowspan="2">项目</th><th colspan="3">地上液化石油气罐</th><th colspan="3">埋地液化石油气罐</th></tr>
<tr><th>一级站</th><th>二级站</th><th>三级站</th><th>一级站</th><th>二级站</th><th>三级站</th></tr>
<tr><td colspan="2">重要公共建筑物</td><td>100</td><td>100</td><td>100</td><td>100</td><td>100</td><td>100</td></tr>
<tr><td colspan="2">明火或散发火花地点</td><td rowspan="2">45</td><td rowspan="2">38</td><td rowspan="2">33</td><td rowspan="2">30</td><td rowspan="2">25</td><td rowspan="2">18</td></tr>
<tr><td rowspan="3">民用建筑物保护类别</td><td>一类保护物</td></tr>
<tr><td>二类保护物</td><td>35</td><td>28</td><td>22</td><td>20</td><td>16</td><td>14</td></tr>
<tr><td>三类保护物</td><td>25</td><td>22</td><td>18</td><td>15</td><td>13</td><td>11</td></tr>
<tr><td colspan="2">甲、乙类物品生产厂房、库房和甲、乙类液体储罐</td><td>45</td><td>45</td><td>40</td><td>25</td><td>22</td><td>18</td></tr>
<tr><td colspan="2">其他类物品生产厂房、库房和丙类液体储罐以及容积不大于 $50m^3$ 的埋地甲、乙类液体储罐</td><td>32</td><td>32</td><td>28</td><td>18</td><td>16</td><td>15</td></tr>
<tr><td colspan="2">室外变配电站</td><td>45</td><td>45</td><td>40</td><td>25</td><td>22</td><td>18</td></tr>
<tr><td colspan="2">铁路</td><td>45</td><td>45</td><td>45</td><td>22</td><td>22</td><td>22</td></tr>
<tr><td colspan="2">电缆沟、暖气管沟、下水道</td><td>10</td><td>8</td><td>8</td><td>6</td><td>5</td><td>5</td></tr>
<tr><td rowspan="2">城市道路</td><td>快速路、主干路</td><td>15</td><td>13</td><td>11</td><td>10</td><td>8</td><td>8</td></tr>
<tr><td>次干路、支路</td><td>12</td><td>11</td><td>10</td><td>8</td><td>6</td><td>6</td></tr>
</table>

续表

项目		地上液化石油气罐			埋地液化石油气罐		
		一级站	二级站	三级站	一级站	二级站	三级站
架空通信线	国家一、二级	1.5 倍杆高	1.5 倍杆高	1.5 倍杆高	1.5 倍杆高	1 倍杆高	1 倍杆高
	一般	1.5 倍杆高	1 倍杆高	1 倍杆高	1 倍杆高	0.75 倍杆高	0.75 倍杆高
架空电力线路	电压＞380V	1.5 倍杆高	1.5 倍杆高		1.5 倍杆高	1 倍杆高	
	电压≤380V		1 倍杆高			0.75 倍杆高	

注：1. 液化石油气罐与站外一、二、三类保护物地下室的出入口、门窗的距离应按本表一、二、三类保护物的防火距离增加 50%。

2. 采用小于或等于 $10m^3$ 的地上液化石油气罐整体装配式的加气站，其罐与站外建、构筑物的防火距离，可按本表三级站的地上罐减少 20%。

3. 液化石油气罐与站外建筑面积不超过 $200m^2$ 的独立民用建筑物，其防火距离可按本表的三类保护物减少 20%，但不应小于三级站的规定。

4. 液化石油气罐与站外小于或等于 100kV・A 箱式变压器、杆装变压器的防火距离，可按本表室外变配电站的防火距离减少 20%。

5. 液化石油气罐与郊区公路的防火距离按城市道路确定；高速公路、Ⅰ级和Ⅱ级公路按城市快速路、主干路确定，Ⅲ级和Ⅳ级公路按城市次干路、支路确定。

二、加气站安全管理

加气站的安全管理除了包括加油站的安全管理内容之外，还要加强对加气设备的安全管理。加气站的设备主要有储罐、泵、压缩机、加气机、管件和各类仪表等。

1. 储罐安全管理

储罐是加气站的基本设施，用来储存液化石油气。加气站内液化石油气储罐的设置应符合下列规定：

（1）储罐设计应符合《压力容器》（GB 150 系列标准）、《〈卧式容器〉标准释义与算例》（NB/T 47042）等相关标准的有关规定。

（2）储罐的设计压力不应小于 1.77MPa。

（3）储罐的出液管道端口接管位置，应按选择的充装泵要求确定。进液管道和液相回流管道宜接入储罐内的气相空间。

储罐安装完毕，必须经过严格的试水、试压测试，方可进行防腐处理。

（4）地面储罐的安装应符合下列要求：

① 储罐的进液管、液相回流管和气相回流管上应设止回阀。

② 出液管和卸车用的气相平衡管上宜设过流阀。

③ 止回阀和过流阀宜设在储罐内。

④ 管路系统的设计压力不应小于2.5MPa。

⑤ 储罐必须设置全启封闭式弹簧安全阀。安全阀与储罐之间的管道上应装设切断阀。地上储罐的放散管管口应高出储罐操作平台2m及以上，且应高出地面5m及以上。地下储罐的放散管管口应高出地面2.5m及以上。放散管管口应设有防雨罩。

⑥ 在储罐外的排污管上应设两道切断阀，阀间宜设排污箱。在寒冷和严寒地区，从储罐底部引出的排污管的根部管道应加装伴热或保温装置。

⑦ 对储罐内未设置控制阀门的出液管道和排污管道，应在储罐的第一道法兰处配备堵漏装置。

⑧ 储罐应设置检修用的放散管，其公称直径不应小于40mm，并宜与安全阀接管共用一个开孔。

⑨ 过流阀的关闭流量宜为最大工作流量的1.6～1.8倍。

(5) 地下直埋卧式储罐安装应符合下列要求：

① 罐池应采取防渗措施，池内应用中性细沙或沙包填实。罐顶的覆盖厚度（含盖板）不应小于0.5m，周边填充厚度不应小于0.9m。

② 池底一侧应设排水沟，池底面坡度宜为0.3%。抽水井内的电气设备应符合防爆要求。

2. 泵和压缩机安全管理

(1) 液化石油气卸车宜选用卸车泵；液化石油气罐总容积大于$30m^3$时，卸车可选用液化石油气压缩机；液化石油气罐总容积小于或等于$45m^3$时，可由液化石油气槽车上的卸车泵卸车，槽车上的卸车泵宜由站内供电。

(2) 向燃气汽车加气应选用充装泵。充装泵的计算流量应依据其所供应的加气枪数量确定。

(3) 加气站内所设的卸车泵流量不宜小于300L/min。

(4) 设置在地面上的泵和压缩机，应设置防晒罩棚或泵房（压缩机间）。

(5) 储罐的出液管设置在罐体底部时，充装泵的管路系统设计应符合下列规定：

① 泵的进、出口宜安装长度不小于0.3m挠性管或采取其他防震措施。

② 从储罐引至泵进口的液相管道，应坡向泵的进口，且不得有窝存气体的地方。

③ 在泵的出口管路上应安装回流阀、止回阀和压力表。

（6）储罐的出液管设在罐体顶部时，抽吸泵的管路系统设计也应符合第（5）条的规定。

（7）潜液泵的管路系统设计除应符合第（5）条的规定外，宜在安装潜液泵的筒体下部设置切断阀和过流阀。切断阀应能在罐顶操作。

（8）潜液泵宜设超温自动停泵保护装置。电机运行温度至45℃时，应自动切断电源。

（9）液化石油气压缩机进、出口管道阀门及附件的设置应符合下列规定：

① 进口管道应设过滤器。

② 出口管道应设止回阀和安全阀。

③ 进口管道和储罐的气相之间应设旁通阀。

3. 加气岛和加气机安全管理

加气岛是加气站的主要组成部分，是汽车加气的场所，应考虑加气机安置数与停车位数及每车加气时间，使之不影响站内加气车辆的正常流通。

加气机应满足下列要求：

（1）加气机不得设在室内。

（2）加气机数量应根据加气汽车数量确定。每辆汽车加气时间可按3～5min计算。

（3）加气机应具有充装和计量功能，其技术要求应符合下列规定：

① 加气系统的设计压力不应小于2.5MPa。

② 加气枪的流量不应大于60L/min。

③ 加气软管上应设拉断阀，其分离拉力宜为400～600N。

④ 加气机的计量精度不应低于1.0级。

⑤ 加气枪上的加气嘴应与汽车受气口配套。加气嘴应配置自密封阀，其卸开连接后的液体泄漏量不应大于5mL。

（4）加气机的液相管道上宜设事故切断阀或过流阀。事故切断阀和过流阀应符合下列规定：

① 当加气机被撞时，设置的事故切断阀应能自行关闭。

② 过流阀关闭流量宜为最大工作流量的1.6～1.8倍。

③ 事故切断阀或过流阀与充装泵连接的管道必须牢固，当加气机被撞时，该管道系统不得受损坏。

（5）加气机附近应设防撞柱（栏）。

4. 液化石油气管道及其组成件安全管理

（1）液化石油气管道应选用10、20钢或具有同等性能材料的无缝钢管，其技术性能应符合《输送流体用无缝钢管》（GB/T 8163）的规定。管件应与管道材质相同。

（2）管道上的阀门及其他金属配件的材质宜为碳素钢。

（3）液化石油气管道、管件以及液化石油气管道上的阀门和其他配件的设计压力不应小于 2.5MPa。

（4）管道与管道的连接应采用焊接。

（5）管道与储罐、容器、设备及阀门的连接宜采用法兰连接。

（6）管道系统上应采用耐液化石油气腐蚀的钢丝缠绕高压胶管，压力等级不应小于 6.4MPa。

（7）液化石油气管道宜埋地敷设。当需要管沟敷设时，管沟应采用中性沙子填实。

（8）埋地管道应埋设在土壤冰冻线以下，且覆土厚度（管顶至路面）不得小于 0.8m。穿越车行道处，宜加设套管。

（9）埋地管道防腐设计应采用最高级别防腐绝缘保护层。

（10）液化石油气在管道中的流速，泵前不宜大于 1.2m/s，泵后不宜大于 3m/s；气态石油气在管道中的流速不宜大于 12m/s。

参考文献

[1] Zhang C. Analysis of fier safety system for storage enterprises of dangerous chemicals [J]. Procedia Engineering，2018：986-995.

[2] 张国之. 危险化学品全生命周期风险分析及管理研究 [J]. 安全健康环境，2019，19（3）：46-49.

[3] Shao H，Duan G. Risk quantitative calculation and ALOHA simulation on the leakage accident of natural gas power plant [J]. Procedia Engineering，2012，45（2）：352-359.

[4] 徐燕晓. 危险化学品储存企业的风险分析与建议 [J]. 化工管理，2018，（3）：130-132.

[5] 蔡凤英，王志荣，李丽霞. 危险化学品安全 [M]. 北京：中国石化出版社，2017.

[6] 黄中立. 危险化学品仓储存在的问题和安全对策 [J]. 化工管理，2017，（33）：133.

[7] 苏伯兴，许保友，张宝森，等. 危险化学品储存企业的风险分析及应对措施 [J]. 安全、健康和环境，2011，11（3）：52-54.

[8] Taiken L，郝皓. 从天津港“8.12”事故看化工物流企业仓储安全管理 [J]. 物流科技，2017，40（5）：153-155.

[9] 常用化学危险品贮存通则 [S]. GB 15603—1995.

[10] 建筑设计防火规范（2018 年版）[S]. GB 50016—2014.

[11] 石油化工企业设计防火标准（2018 年版）[S]. GB 50160—2008.

[12] 仓储场所消防安全管理通则 [S]. GA 1131—2014.

[13] 易燃易爆性商品储存养护技术条件 [S]. GB 17914—2013.

[14] 毒害性商品储存养护技术条件 [S]. GB 17916—2013.

[15] 腐蚀性商品储存养护技术条件 [S]. GB 17915—2013.

[16] Diao X, Chi Z, Jiang J, et al. Leak detection and location of flanged pipes: An integrated approach of principle component analysis and guided wave mode [J]. Safety Science, 2020, 129: 104809.

[17] 汽车加油加气站设计与施工规范（2014 年版）[S]. GB 50156—2012.

第四章

危险化学品运输的风险分析和安全要求

危险化学品的运输（特别是公路运输）将危险源从相对密闭的工厂、车间、仓库带到敞开的、可能与公众密切接触的空间，相当于炸弹在公众场合运动，使事故的危害程度大大增加；同时运输过程中多变的状态和环境也使发生事故的概率大大增加。另外，危险化学品运输事故不同于一般运输事故，往往会衍生出燃烧、爆炸、毒害等更严重的后果，造成人员伤亡、经济财产损失、环境污染、生态破坏等一系列公共安全事件。

预防和控制危险化学品运输环节的事故，重点是加强对道路运输的风险管控和安全管理。同时也要落实管道、铁路、水路、航空等其他运输方式的安全管理和技术措施。

第一节　危险化学品运输风险分析和基本要求

一、危险化学品道路运输风险分析

道路运输是指在公共道路（包括城市、城间、城乡间、乡间能行驶汽车的所有道路）上使用汽车或其他运输工具，从事旅客或货物运输及其相关业务活动的总称。

道路运输是目前我国危险化学品的最主要运输方式。与其他运输方式比较，道路运输的最大优势是灵活性强，尤其是随着高速公路网不断密集，信息网络、通信技术以及计算机技术迅速发展，“门到门”和“零库存”运输的优点更加突出，促使了危险化学品道路运输的发展。

危险化学品道路运输的风险表现在管理风险和技术风险两方面。

1. 危险化学品道路运输管理风险

危险化学品道路运输管理风险是由其特定的运输方式决定的[1,2]。

（1）运量大，运输品种多，风险基数大　我国公路发展迅速、运输通达便捷使危险化学品道路运输始终占据主导地位。截至2018年年底，全国共有危险货物道路运输企业1.23万家、车辆37.3万辆、从业人员160万人，每天有近300万吨的危险物品运输在路上，占危险品运输总量的70%以上，且已知的全部3000多种危险化学品、所有机动车可以通达的地方几乎都适于道路运输。近年来，我国危险货物道路运输行业管理不断规范，发展形势持续向好，但仍存在一些漏洞和问题，例如非法托运、违规运输、运输车辆违规挂靠等重大安全风险仍在一定范围内存在，不合格罐车流入运输市场并“带病”运行，危险化学品运输车辆通行管控措施亟待规范等。

（2）危险化学品道路运输管理方面的相关规章、规定多，管理要求严　危险品运输除须遵守道路货物运输共同的规章，还要遵守许多特殊规定。比如，联合国颁布的《关于危险货物运输的建议书》和《国际公路运输危险货物协议》等；我国制定的道路危险货物运输标准，如《危险货物运输保障通用技术条件》等；行业规定的道路危险货物运输标准，如《汽车运输危险货物规则》等。根据社会经济发展和科技的进步，这些规章和规定要经常更新、修订，承运的人员、设备、管理部门往往不能很快适应新的要求，出现违章、违规风险。

（3）危险化学品道路运输专业性强，管理难度大　危险品运输除了满足一般货物的运输条件，还要根据货物的物理和化学性质，满足特殊的运输条件。在这方面，国家有专门的规定和限制。如：业务专营，国家规定只有符合规定资质并办理相关手续的经营者才能从事道路危险货物运输经营业务；车辆专用，交通部《汽车运输危险货物规则》和《营运车辆技术等级划分和评定要求》对装运危险货物的车辆技术状况和设施作了特别的规定；驾驶员、押运员和装卸人员等必须掌握危险货物运输的有关专业知识和技能，并做到持证上岗。但由于目前危险化学品道路运输行业入门起点较低，很多危险化学品承运单位不能全面系统落实各项安全管理要求，驾、运人员往往不能熟知安全操作规程，不能掌握专业技能，从而产生运营、作业风险。

2. 危险化学品道路运输技术风险

危险化学品道路运输技术风险主要表现在[3,4]：

（1）危险化学品自身风险　危险化学品的性质决定着事故的严重程度以及破坏程度。爆炸性的物质受到撞击或者受热的情况下易引起爆炸事故；毒性或腐蚀性的危险化学品泄漏后，可能直接导致危险化学品事故和环境污染；放射性物质，其屏障保护欠缺、损坏，包装不严密，造成放射性射线泄漏，对装运人员及周围人员造成伤害、残疾，甚至引起死亡。

（2）驾乘人员的操作风险　从业人员对危险化学品的性质、相关的法律法规不能很好掌握，违章、非法运输；驾驶员、押运员责任心和安全保护意识不强，疲劳驾驶，道口开快车，强行会车、超车，过铁路交叉口、桥梁、涵洞时不减速等，极容易引起撞车、翻车事故。装卸人员违反操作规程野蛮装卸，破坏包装，也容易导致事故发生。驾驶员、押运员责任心和安全意识、应急能力、精神状态等各方面因素直接影响车辆各方面功能的发挥。

（3）运输和装卸设备风险　主要指行驶部件、装卸系统、安全附件、储运容器的安全性能、可靠性能的风险。如：长期使用导致转向系统的横直拉杆球头松动，导致车头会左右摆动；载有粉尘危险化学品的车辆装卸系统不能达到防爆要求，使整个装卸区甚至是方圆几百米受到粉尘爆炸的威胁；车辆灭火器、防火帽、三角灯、危险标识、拖地带等安全附件不齐全、不合理，维护管理不落实等，设备老化、带故障运行；储运容器不符合要求，液体储运容器受到挤压、撞击和挤破，没有良好的防腐措施，导致腐蚀泄漏。另外，运输车辆超速、超装超载、违章行驶，在道路险峻、车辆技术性能不良等情况下，容易导致运输车辆失控，从而对路上行人以及驾驶、押运人员造成伤害，甚至造成人员的伤亡。

（4）道路基础设施风险　道路设施主要包括交通安全设施、交通管理设施、防护设施、照明设施、停车设施、其他沿线相关设施及绿化设施等。危险化学品禁止通行标志不完善、事故多发地带无明显警示、危险路段无防撞护栏等也是导致危险化学品道路运输事故的一个重要因素。道路狭窄、不平整，弯道过急，坡道过陡等因素，也可能使得车上所装运的危险化学品散落、脱落、甩出，车辆倾覆而发生事故。道路周边环境（居民、商业布点、其他设施等）、自然地理条件、交通流量情况等也是使事故扩大的重要因素。

（5）环境风险　运输环境对道路运输的影响最大。一方面，天气是影响危险化学品公路运输的一种典型的风险，大雪、大雾、雷暴、大雨、沙尘暴等恶劣的天气环境不仅遮挡驾驶人的视野，影响驾驶员对安全距离等的判断，也使路面的摩擦力大大减小，驾驶员操作不当或避险不及，轻则造成交通事故，重则承载的危险化学品泄漏导致灾难性事故。而雨雪天气还会给应急救援带来困难，会使事故影响范围扩大。另一方面，道路周边环境的变化，如山体滑坡、水涨淹路、人畜占道等也对危险化学品道路运输有一定影响。

（6）应急救援的风险　应急救援是危险化学品道路运输事故发生后的一个

重要环节，快速、有序、高效的事故应急救援行动是减少事故损失、防止重特大事故发生的重要手段。危险化学品道路运输的事故发生地点分散、时间不定，应急救援难度大，需要多方配合[5]。2005年6月24日，京沪高速淮安段一辆槽罐车发生侧翻导致丙烯腈泄漏，造成29人死亡的事故，其主要原因就是因为应急处置不及时。因此，在事故初发地点、初发时刻迅速组织起高效的应急队伍，调动充足的应急资源进行应急处置，是减少危险道路运输事故损失的关键。

二、危险化学品管道运输风险分析

管道运输是用管道输送液体和气体物质。按输送物质不同可分为：原油管道（输送原油）、成品油管道（输送煤油、汽油、柴油、航空煤油、燃料油和液化石油气）、天然气管道（输送天然气和油田伴生气）和固体料浆管道（输送煤炭料浆）。某些化工园区、化工企业也常用管道输送液态或气态的化工物料。按架设方式不同可分为：地面、地下和架空管道等形式。

与铁路、公路、水路运输等方式相比，管道运输具有许多明显优势：

（1）运输连续性强、平稳、不间断。管道可以长期稳定地运行，同时运输过程受恶劣多变的气候条件影响小。根据其管径的大小不同，其每年的运输量可达数百万到数千万吨，甚至上亿吨。

（2）运输安全，保证质量。对于油气来说，公路、铁路运输均有很大的危险，国外称为“活动炸弹”。而管道密闭输送，具有极高的安全性，同时物料不挥发，质量不受影响。

（3）建设周期短、投资少，运营成本低。管道运输系统的建设周期与相同运量的铁路相比，一般来说要缩短1/3以上；统计资料表明，管道建设费用比铁路低60%左右；运输管道占用的土地很少，仅为公路的3%、铁路的10%左右。

近年来，随着我国西气东输、川气东输等重大项目的实施，管道运输事业得到飞速发展，基本形成连通海外、覆盖全国、横跨东西、纵贯南北、区域管网紧密跟进的油气骨干管网布局。截至2018年年底，中国大陆在役油气管道总里程约为13.6万公里，位居世界第三。

但是，危险化学品输送管道频发的事故，也成为伴随着中国油气管道行业高速发展的阴影。据不完全统计，1995～2012年，全国共发生各类管道安全事故1000多起。特别是随着城市的发展，天然气用户的增加，管道遍布城市各个角落，管道事故伤亡数字在不断攀升。2013年11月22日青岛市黄岛区发生的输油管道爆燃事故，暴露了输送管道与城市发展的矛盾，反映了我国油气管道安全管理基础薄弱，安全保障能力不足，加强管道运输的安全管理刻不容缓。

危险化学品管道运输风险主要表现为管道失效、系统运行故障、违章作业、第三方破坏及自然环境破坏等[6]。

1. 管道失效风险

管道失效是造成长输管道泄漏而导致火灾、爆炸、中毒等事故的重要原因。造成管道失效的原因很多，常见的有材料缺陷、机械损伤、各种腐蚀、焊缝缺陷、外力破坏等。如选择的管道强度、韧性等不达标，法兰、垫片等材料质量缺陷或形式不正确；金属管道焊接时环形焊缝处未焊透，存在熔蚀、错边等缺陷，在应力作用下焊缝缺陷处产生应力集中，从而导致脆性断裂；管道路线附近起重机、挖土机等机械设备施工，使管道受损破裂；埋地管道直接跟土壤接触，长期浸泡在地下电解质中，腐蚀速度比地面管道、管沟管道快得多。

2. 系统运行故障风险

长输管道系统的泵、机、炉等设备选型不当，阀门、法兰、垫片等存在质量问题，误操作使机、泵、炉损坏；防雷、静电接地装置设置不符合要求，防爆电气设备未定期进行检测，防爆性能降低；未定期对机、泵、炉、管道及附件、安全设施进行检查、维护保养。这些存在事故隐患的设备、管道及安全设施在正常及异常情况下运行都有可能发生泄漏、火灾、爆炸事故。

3. 违章作业风险

在管道的工艺控制中，调度控制不当，管道流量、液位、压力等控制和保护系统故障使原油、天然气管道发生爆管、泄漏事故，发生泄漏后，很容易导致火灾、爆炸、中毒等二次事故的发生，如果事故处置方法不当，还可能会进一步加大事故的损失。

4. 第三方破坏风险

主要包括管道附近进行的施工、采挖、耕种、偷盗等人为活动行为而造成的管道结构或性能破坏的风险；管道在穿过公路以及其他车辆行走等位置时，受车辆、机械或重物碰撞损坏的风险；取土作业、建筑施工等使埋地管道破损泄漏的风险等。

5. 自然环境破坏风险

管道除了承受内压的作用外，在运输过程中还受不同的地形、地质、水文条件、地区气候以及各种人工障碍物（如铁路、公路等）和天然障碍（如河流、湖泊等）等因素的影响，使管道处在不同的工作条件下，承受不同力的作用，从而影响管道强度和稳定，特别是处在不良地质地段时，管道将会因过大的力的作用而破裂。

三、危险化学品铁路运输风险分析

铁路是交通运输的大动脉，铁路运输运量大、运距长、运输平稳，是相对比较安全的运输方式。但是由于铁路运输独占性强，一旦发生事故，将造成大面积路网停运，切断交通运输动脉，对国民经济造成重大影响，较其他运输方式更严重。例如：2006 年 3 月 29 日，京沪铁路上载有 35t 液氯的列车发生大面积泄漏，导致 27 人中毒死亡，1 万名群众被迫疏散，事故周边绿色菜地一夜变黄，造成严重的经济损失；2008 年 2 月 18 日，湖南境内一辆载有液态苯的列车发生起火爆炸、泄漏，造成 17 人死亡、25 人受伤，并对环境带来非常大的伤害。

危险化学品铁路运输风险主要表现在[7,8]：

1. 作业风险

部分铁路危险货物运输从业人员对相关的法律法规了解很少，业务知识欠缺，常常为了局部利益违章作业，造成超重、超高装载。部分押运员对有关危险化学品安全运输的规定、危险化学品的危险性知之甚少，一旦发生危险化学品泄漏或引起火灾等事故往往不知如何处置，不能在第一时间采取有效措施。有的托运人为达到铁路承运目的，为了降低运费，尽早承运发送，或为了配车方便等，有意匿报、谎报品名，或是以非危险货物的品名冒充代替危险货物，车站受理承运未认真查验，造成误承运。

2. 运输车辆风险

运输车辆状况不好，如罐车罐体有漏裂，阀、盖、垫及仪表等附件、配件不齐全或状态不良，造成货物泄漏，引发火灾等事故。如液化气罐车因罐体虚焊和砂眼、压力表装置与罐体螺纹连接处折断、内置式安全阀弹簧折断等就特别容易发生泄漏事故。

3. 运输设施风险

铁路危险货物办理站的专用仓库较少，多数为旧库改造而成，现代化报警、自动灭火、检（监）测、个人防护等设备和用品种类缺乏，数量不足；在综合性办理站，大多还是用普通叉车和手推车进行危险货物的装卸作业；有的虽然使用防爆叉车或手推车作业，但起防爆作用的铜、镍板已磨损殆尽，起不到防爆、防静电功能。

4. 运输管理风险

制度建设未跟上，《铁路危险货物运输管理规则》实施后，不少企业和一部分车站仍用“老办法”；有些制度和规定的针对性不强，安全协议、共用协议、运输协议缺乏科学性、针对性和可操作性；铁路运输各级管理部门受理承运把关不严，以致部分托运人或专用线、专用铁路等在没有危险品运输资质的情况下仍从事危险品的承运等。

四、危险化学品水上运输风险分析

1. 水路运输的形式和特点

水路运输有四种形式：

（1）沿海运输　使用船舶通过大陆附近沿海航道运送客货的一种运输形式，一般使用中、小型船舶。

（2）近海运输　使用船舶通过大陆邻近国家海上航道运送客货的一种运输形式，视航程可使用中型船舶，也可使用小型船舶。

（3）远洋运输　使用船舶跨大洋的一种长途运输形式，主要依靠运量大的大型船舶。

（4）内河运输　使用船舶在陆地内的江、河、湖、川等水道进行运输的一种运输形式，主要使用中、小型船舶。

水路运输与其他运输方式相比，具有如下特点：

（1）水路运输运载能力大、成本低、能耗少、投资省，是一些国家国内和国际运输的重要方式之一。例如，一条密西西比河相当于 10 条铁路，一条莱茵河抵得上 20 条铁路。此外，修筑 1km 铁路或公路约占地 $3km^2$ 多，而水路运输利用海洋或天然河道，占地很少。在我国的货运总量中，水运所占的比例仅次于铁路和公路。

（2）受自然条件的限制与影响大。水路运输受海洋与河流的地理分布及地质、地貌、水文与气象等条件和因素的明显制约与影响；水运航线无法在广大陆地上任意延伸。所以，水运要与铁路、公路和管道运输配合，并实行联运。

（3）开发利用涉及面较广。如天然河流涉及通航、灌溉、防洪排涝、水力发电、水产养殖以及生产与生活用水等；海岸带与海湾涉及建港、农业围垦、海产养殖、临海工业和海洋捕捞等。

2. 危险化学品水上运输的主要风险

我国危险化学品水上运输主要是指内河运输[9]。基于我国江河干支线路相连畅通、便利的优势，水上运输日益成为危险化学品运输的重要渠道。但是，由于受气象、水文、船况、货物性质等因素影响较大，危险化学品内河运输存在诸多风险。

(1) 船舶及航行风险　船舶设备落后，技术水平堪忧。据相关数据显示，因设备原因引起的事故占事故总数的 20%。设备原因主要有：危险化学品包装容器老化损坏、运输装卸设备安全性能差、船舱通风条件不完善、夜间作业船舶照明设施老旧昏暗。此外，不同危险特性、不同种类的危险化学品在运输过程中需要采用的措施和技术也不相同，只有明确分类，掌握相关技术，才能保证内河水域危险化学品的运输安全。

内河水域航道复杂，水面船舶众多，极易发生船舶碰撞事故。以长江为例，水域内航道复杂，来往船只众多，船舶航行密度大，其中每年穿梭于江面的危险化学品船舶近千艘。据有关部门统计，长江航行船舶发生的事故约75%为船舶碰撞事故。因此一旦某些船只未按指定路线航行，就极易造成船舶碰撞事故，从而引发危险化学品爆炸、泄漏等恶性事故，并给生态环境及水产养殖业带来灾难性后果。

(2) 人员作业风险　部分危险化学品运输工作人员缺乏专业知识、安全意识。据统计，由于“人为因素”造成的事故占水上运输事故的 70%以上。主要表现：一是危险化学品船舶操作人员驾驶船只技术不够熟练，内河水域船只航行密度大，驾船操作不当易导致危险化学品船舶碰撞、搁浅、倾覆，从而引发次生事故。二是运输危险化学品的船舶工作人员未能细致了解该船所运送危险化学品的种类、理化性质，正确的处理与储存方法，污水废弃处理方法及泄漏之后的应急处置方法，缺乏相应的专业知识与安全意识，极易导致悲剧的发生。三是危险化学品船舶经营者为获取更高的利润，不惜以牺牲安全作为代价，导致装载危险化学品的船舶出现超装、混装、超类别运输等的情况，这种行为造成了极大的事故隐患。

(3) 危险化学品风险　危险化学品的固有特性，会造成水上运输风险。水上运输危险化学品要有适合的包装（包括外层包装、内部包装和衬垫原料），能够承受天气、温度、湿度、堆压等原因酿成的危险化学品“外溢”，避免水系污染、人畜毒害。甲类易燃液体船舶输送时，一旦发生液体泄漏，易燃液体流淌在河面上，极易酿成大火。遇湿易燃的危险化学品，遇到水或湿空气会产生可燃气体而发生点火爆炸。故上述两类危险化学品均不应内河输送。性质不相容的、堆放在一起能引起或增进危害的、相禁忌的危险化学品堆放在一起，或没有有效隔离，也会导致事故发生。

(4) 事故应急处置风险　目前，我国水上运输应急管理体系尚不够完善。

管理要素不够协调，影响了应急处置能力的有效发挥，运输事故发生后，往往不能采取及时有效的应急措施，导致事故扩大。主要表现在：船舶上缺少必备的救援救生设备；工作人员缺乏应急处突能力与应急方法；事发时工作人员由于心理上的恐惧和专业知识的不足，而在判断和行动上出现失误；事故应急预案和处置方案表面上看起来万无一失，但本质上并未做到“对症下药”。一旦发生泄漏事故，应急处置工作将会涉及交通、医疗卫生、公安、环境保护等多个部门的联合行动，若不建立领导有序的机构，则易导致事故救援困难、救援顺序混乱等情况，为泄漏事故的有效处理“火上浇油”。

(5) 水上运输监管漏洞风险　水上运输船舶分散，监管人员需要登船检查，监管难度较大。同时，监管部门责任不够明晰、监管力度较弱，因而水上运输安全监管存在一些漏洞。一方面，水上危险化学品运输监管部门、机构设置不合理，出现一些项目“没人管”而另一些项目“重复管”的现象，导致承运单位冒险作业或无所适从；另一方面，相关部门监管人员业务水平低，不能深刻理解和认真执行相关法律、法规，对违法行为不能及时有效制止和处罚，没有发挥立竿见影的震慑作用，导致违法行为泛滥。

五、危险化学品航空运输风险分析

在运输危险品的各类交通方式中，航空运输因其通达性强、速度快、安全的优势而日益受到青睐。如何加强危险品航空运输管理、保证危险品航空运输安全，成为世界范围内共同关注和研究的课题[10]。

截至2015年，我国危险货物航空运输总量为48万吨，其中26家持有危险品运输许可的国内公司运输量25.5万吨（锂电池运量为22.4万吨，占87.84%），从业人员24.2万人。

我国自1974年恢复参加国际民航组织活动以来，依据国际民航组织的《技术细则》以及《中国民航危险品运输管理规定》的统一规定运输危险品，取得了数十年安全运输的成果。

2016年4月1日，国际民航组织一项关于锂电池的禁令生效，规定民航客机禁止以货物形式运送所有可充电锂电池，国际航空运输协会也在第58期《危险品规则》中对锂电池航空运输的标记、标签、文件三个方面的要求进行了更新，增加了新版锂电池标记和危险性标签，并于2017年1月1日生效。

为了确保危险品航空运输的安全，我国民航局制定了一系列法律法规，并要求各相关部门严格遵循，同时遵循国际通行的《技术细则》和《危险品规则》。

航空运输对于危险品包装、申报、存储、装卸等都有着严格的要求，一旦某一环节出现疏忽或纰漏，后果将不堪设想。

危险品航空运输的风险在于违规运输，例如谎报、瞒报、漏报，或在普通货物中夹带危险品。2016 年 9 月，首都机场安保公司货运安检在对一票由北京发往上海的货物进行检查时，X 光机屏幕中出现异常的图像。检查发现，申报为演出道具的货物中夹带磁铁 600 块。根据国际民航组织有关规定，为确保飞行安全和飞机设备信号的正常接收，空运磁性物质须接受磁性检测，并对其包装和装载有特殊要求。2014 年 3 月 10 日，吉祥航空 HO1253 航班在执飞上海至北京任务过程中，货舱烟雾警告装置被触发，飞机紧急备降于济南遥墙机场。检查发现，该航班的一件货物内含有腐蚀性、易燃化学品“二乙氨基三氟化硫”，但货运单上填写的货物品名为“标书、鞋子、连接线和轴承”。

六、危险化学品运输的基本安全要求

《危险化学品安全管理条例》专门对危险化学品运输提出了基本安全要求，主要包括：

1. 资格和制度要求

从事危险化学品道路运输、水路运输的企业，应当分别依照有关道路运输、水路运输的法律、行政法规的规定，取得危险货物道路运输许可、危险货物水路运输许可。危险化学品道路运输企业、水路运输企业应当配备专职安全管理人员。

危险化学品道路运输企业、水路运输企业的驾驶人员、船员、装卸管理人员、押运人员、申报人员、集装箱装箱现场检查员应当经交通运输主管部门考核合格，取得从业资格。具体办法由国务院交通运输主管部门制定。

危险化学品的装卸作业应当遵守安全作业标准、规程和制度，并在装卸管理人员的现场指挥或者监控下进行。水路运输危险化学品的集装箱装箱作业应当在集装箱装箱现场检查员的指挥或者监控下进行，并符合积载、隔离的规范和要求；装箱作业完毕后，集装箱装箱现场检查员应当签署装箱证明书。

2. 设备和人员能力要求

运输危险化学品，应当根据危险化学品的危险特性采取相应的安全防护措施，并配备必要的防护用品和应急救援器材。

用于运输危险化学品的槽罐以及其他容器应当封口严密，能够防止危险化学品在运输过程中因温度、湿度或者压力的变化发生渗漏、洒漏；槽罐以及其他容器的溢流和泄压装置应当设置准确、启闭灵活。

运输危险化学品的驾驶人员、船员、装卸管理人员、押运人员、申报人员、集装箱装箱现场检查员，应当了解所运输的危险化学品的危险特性及其包装物、容器的使用要求和出现危险情况时的应急处置方法。

3. 道路运输安全要求

通过道路运输危险化学品时，托运人应当委托依法取得危险货物道路运输许可的企业承运。应当按照运输车辆的核定载质量装载危险化学品，不得超载。

危险化学品运输车辆应当符合国家标准要求的安全技术条件，并按照国家有关规定定期进行安全技术检验。应当悬挂或者喷涂符合国家标准要求的警示标志。应当配备押运人员，并保证所运输的危险化学品处于押运人员的监控之下。

运输危险化学品途中因住宿或者发生影响正常运输的情况，需要较长时间停车的，驾驶人员、押运人员应当采取相应的安全防范措施；运输剧毒化学品或者易制爆危险化学品时，还应当向当地公安机关报告。

未经公安机关批准，运输危险化学品的车辆不得进入危险化学品运输车辆限制通行的区域。危险化学品运输车辆限制通行的区域由县级人民政府公安机关划定，并设置明显的标志。

通过道路运输剧毒化学品时，托运人应当向运输始发地或者目的地县级人民政府公安机关申请剧毒化学品道路运输通行证。

4. 水路运输安全要求

通过水路运输危险化学品时，应当遵守法律、行政法规以及国务院交通运输主管部门关于危险货物水路运输的安全规定。

禁止通过内河封闭水域运输剧毒化学品以及国家规定禁止通过内河运输的其他危险化学品。

通过内河运输危险化学品，应当由依法取得危险货物水路运输许可的水路运输企业承运。应当使用依法取得危险货物适装证书的运输船舶。水路运输企业应当制定运输船舶危险化学品事故应急救援预案，并为运输船舶配备充足、有效的应急救援器材和设备。

通过内河运输危险化学品，危险化学品包装物的材质、形式、强度以及包装方法应当符合水路运输危险化学品包装规范的要求。作业的内河码头、泊位应当符合国家有关安全规范，与饮用水取水口保持国家规定的距离。

在内河港口内进行危险化学品的装卸、过驳作业，应当将危险化学品的名称、危险特性，包装和作业的时间、地点等事项报告港口行政管理部门。港口行政管理部门接到报告后，应当在国务院交通运输主管部门规定的时间内作出是否同意的决定，通知报告人，同时通报海事管理机构。

5. 托运人的安全要求

危险化学品托运人应当向承运人说明所托运的危险化学品的种类、数量、危险特性以及发生危险情况的应急处置措施，并按照国家有关规定对所托运的危险化学品妥善包装，在外包装上设置相应的标志。不得在托运的普通货物中夹带危险化学品，不得将危险化学品匿报或者谎报为普通货物托运。

第二节　危险化学品道路运输安全要求

一、道路危险货物运输管理

随着我国道路运输事业的发展，对《道路危险货物运输管理规定》进行过多次修改，目前执行的是交通运输部 2019 年 11 月 20 日颁布并实施的第 42 号令《交通运输部关于修改〔道路危险货物运输管理规定〕的决定》[11]。该规定为规范道路危险货物运输市场秩序，保障人民生命财产安全，保护环境，维护道路危险货物运输各方当事人的合法权益，根据《中华人民共和国道路运输条例》和《危险化学品安全管理条例》等有关法律、行政法规对原规定进行了修正。

1. 道路危险货物运输许可

(1) 有符合下列要求的专用车辆及设备：

① 自有专用车辆（挂车除外）5 辆以上；运输剧毒化学品、爆炸品的，自有专用车辆（挂车除外）10 辆以上。

② 专用车辆的技术要求应当符合《道路运输车辆技术管理规定》的有关规定。

③ 配备有效的通信工具。

④ 专用车辆应当安装具有行驶记录功能的卫星定位装置。

⑤ 运输剧毒化学品、爆炸品、易制爆危险化学品的，应当配备罐式、厢式专用车辆或者压力容器等专用容器。

⑥ 罐式专用车辆的罐体应当经质量检验部门检验合格，且罐体载货后总质量与专用车辆核定载质量相匹配。运输爆炸品、强腐蚀性危险货物的罐式专

用车辆的罐体容积不得超过 20m³，运输剧毒化学品的罐式专用车辆的罐体容积不得超过 10m³，但符合国家有关标准的罐式集装箱除外。

⑦ 运输剧毒化学品、爆炸品、强腐蚀性危险货物的非罐式专用车辆，核定载质量不得超过 10t，但符合国家有关标准的集装箱运输专用车辆除外。

⑧ 配备与运输的危险货物性质相适应的安全防护、环境保护和消防设施设备。

（2）有符合下列要求的停车场地：

① 自有或者租借期限为 3 年以上，且与经营范围、规模相适应的停车场地，停车场地应当位于企业注册地市级行政区域内。

② 运输剧毒化学品、爆炸品专用车辆以及罐式专用车辆，数量为 20 辆（含）以下的，停车场地面积不低于车辆正投影面积的 1.5 倍；数量为 20 辆以上的，超过部分，每辆车的停车场地面积不低于车辆正投影面积。运输其他危险货物的，专用车辆数量为 10 辆（含）以下的，停车场地面积不低于车辆正投影面积的 1.5 倍；数量为 10 辆以上的，超过部分，每辆车的停车场地面积不低于车辆正投影面积。

③ 停车场地应当封闭并设立明显标志，不得妨碍居民生活和威胁公共安全。

（3）有符合下列要求的从业人员和安全管理人员：

① 专用车辆的驾驶人员取得相应机动车驾驶证，年龄不超过 60 周岁。

② 从事道路危险货物运输的驾驶人员、装卸管理人员、押运人员应当经所在地设区的市级人民政府交通运输主管部门考试合格，并取得相应的从业资格证；从事剧毒化学品、爆炸品道路运输的驾驶人员、装卸管理人员、押运人员，应当经考试合格，取得注明为“剧毒化学品运输”或者“爆炸品运输”类别的从业资格证。

③ 企业应当配备专职安全管理人员。

（4）有健全的安全生产管理制度：

① 企业主要负责人、安全管理部门负责人、专职安全管理人员安全生产责任制度。

② 从业人员安全生产责任制度。

③ 安全生产监督检查制度。

④ 安全生产教育培训制度。

⑤ 从业人员、专用车辆、设备及停车场地安全管理制度。

⑥ 应急救援预案制度。

⑦ 安全生产作业规程。

⑧ 安全生产考核与奖惩制度。

⑨ 安全事故报告、统计与处理制度。

（5）自备专用车辆从事为本单位服务的非经营性道路危险货物运输的条件

符合下列条件的企事业单位，可以使用自备专用车辆从事为本单位服务的非经营性道路危险货物运输：

① 属于下列企事业单位之一：

a. 省级以上安全生产监督管理部门批准设立的生产、使用、储存危险化学品的企业。

b. 有特殊需求的科研、军工等企事业单位。

② 具备场地规定的条件，但自有专用车辆（挂车除外）的数量可以少于5辆。

2. 专用车辆和设备管理

（1）道路危险货物运输企业或者单位应当按照《道路运输车辆技术管理规定》中有关车辆管理的规定，维护、检测、使用和管理专用车辆，确保专用车辆技术状况良好。

（2）设区的市级道路运输管理机构应当定期对专用车辆进行审验，每年审验一次。审验按照《道路运输车辆技术管理规定》进行，并增加以下审验项目：

① 专用车辆投保危险货物承运人责任险情况；

② 必需的应急处理器材、安全防护设施设备和专用车辆标志的配备情况；

③ 具有行驶记录功能的卫星定位装置的配备情况。

（3）禁止使用报废的、擅自改装的、检测不合格的、车辆技术等级达不到一级的和其他不符合国家规定的车辆从事道路危险货物运输。

除铰接列车、具有特殊装置的大型物件运输专用车辆外，严禁使用货车列车从事危险货物运输；倾卸式车辆只能运输散装硫黄、萘饼、粗蒽、煤焦沥青等危险货物。

禁止使用移动罐体（罐式集装箱除外）从事危险货物运输。

（4）用于装卸危险货物的机械及工具的技术状况应当符合行业标准《危险货物道路运输规则》（JT/T 617—2018）规定的技术要求。

（5）罐式专用车辆的常压罐体应当符合国家标准《道路运输液体危险货物罐式车辆 第1部分：金属常压罐体技术要求》（GB 18564.1—2019）、《道路运输液体危险货物罐式车辆 第2部分：非金属常压罐体技术要求》（GB 18564.2—2008）等有关技术要求。

使用压力容器运输危险货物的，应当符合国家特种设备安全监督管理部门制定并公布的《移动式压力容器安全技术监察规程》（TSG R0005—2011）等有关技术要求。

压力容器和罐式专用车辆应当在质量检验部门出具的压力容器或者罐体检验合格的有效期内承运危险货物。

（6）道路危险货物运输企业或者单位对重复使用的危险货物包装物、容器，在重复使用前应当进行检查；发现存在隐患的，应当维修或者更换。

道路危险货物运输企业或者单位应当对检查情况做记录，记录的保存期限不得少于2年。

（7）道路危险货物运输企业或者单位应当到具有污染物处理能力的机构对常压罐体进行清洗（置换）作业，将废气、污水等污染物集中收集，消除污染，不得随意排放，污染环境。

3. 道路危险货物运输

（1）道路危险货物运输企业或者单位应当严格按照道路运输管理机构决定的许可事项从事道路危险货物运输活动，不得转让、出租道路危险货物运输许可证件。严禁非经营性道路危险货物运输单位从事道路危险货物运输经营活动。

（2）危险货物托运人应当委托具有道路危险货物运输资质的企业承运。危险货物托运人应当对托运的危险货物种类、数量和承运人等相关信息予以记录，记录的保存期限不得少于1年。

（3）危险货物托运人应当严格按照国家有关规定妥善包装并在外包装设置标志，并向承运人说明危险货物的品名、数量、危害、应急措施等情况。需要添加抑制剂或者稳定剂的，托运人应当按照规定添加，并告知承运人相关注意事项。

危险货物托运人托运危险化学品的，还应当提交与托运的危险化学品完全一致的安全技术说明书和安全标签。

（4）不得使用罐式专用车辆或者运输有毒、感染性、腐蚀性危险货物的专用车辆运输普通货物。其他专用车辆可以从事食品、生活用品、药品、医疗器具以外的普通货物运输，但应当由运输企业对专用车辆进行消除危害处理，确保不对普通货物造成污染、损害。不得将危险货物与普通货物混装运输。

（5）专用车辆应当按照《道路运输危险货物车辆标志》（GB 13392）的要求悬挂标志。

（6）运输剧毒化学品、爆炸品的企业或者单位，应当配备专用停车区域，并设立明显的警示标牌。

（7）专用车辆应当配备符合有关国家标准以及与所载运的危险货物相适应的应急处理器材和安全防护设备。

（8）道路危险货物运输企业或者单位不得运输法律、行政法规禁止运输的货物。

法律、行政法规规定的限运、凭证运输货物，道路危险货物运输企业或者单位应当按照有关规定办理相关运输手续。

法律、行政法规规定托运人必须办理有关手续后方可运输的危险货物，道路危险货物运输企业应当查验有关手续齐全有效后方可承运。

（9）道路危险货物运输企业或者单位应当采取必要措施，防止危险货物脱落、扬散、丢失以及燃烧、爆炸、泄漏等。

（10）驾驶人员应当随车携带《道路运输证》。驾驶人员或者押运人员应当按照《危险货物道路运输规则》（JT/T 617）的要求，随车携带《道路运输危险货物安全卡》。

（11）在道路危险货物运输过程中，除驾驶人员外，还应当在专用车辆上配备押运人员，确保危险货物处于押运人员监管之下。

（12）道路危险货物运输途中，驾驶人员不得随意停车。因住宿或者发生影响正常运输的情况需要较长时间停车的，驾驶人员、押运人员应当设置警戒带，并采取相应的安全防范措施。

运输剧毒化学品或者易制爆危险化学品需要较长时间停车的，驾驶人员或者押运人员应当向当地公安机关报告。

（13）危险货物的装卸作业应当遵守安全作业标准、规程和制度，并在装卸管理人员的现场指挥或者监控下进行。

危险货物运输托运人和承运人应当按照合同约定指派装卸管理人员；若合同未予约定，则由负责装卸作业的一方指派装卸管理人员。

（14）驾驶人员、装卸管理人员和押运人员上岗时应当随身携带从业资格证。

（15）严禁专用车辆违反国家有关规定超载、超限运输。道路危险货物运输企业或者单位使用罐式专用车辆运输货物时，罐体载货后的总质量应当和专用车辆核定载质量相匹配；使用牵引车运输货物时，挂车载货后的总质量应当与牵引车的准牵引总质量相匹配。

（16）道路危险货物运输企业或者单位应当要求驾驶人员和押运人员在运输危险货物时，严格遵守有关部门关于危险货物运输线路、时间、速度方面的有关规定，并遵守有关部门关于剧毒、爆炸危险品道路运输车辆在重大节假日通行高速公路的相关规定。

（17）道路危险货物运输企业或者单位应当通过卫星定位监控平台或者监

控终端及时纠正和处理超速行驶、疲劳驾驶、不按规定线路行驶等违法违规驾驶行为。

监控数据应当至少保存3个月，违法驾驶信息及处理情况应当至少保存3年。

(18) 道路危险货物运输从业人员必须熟悉有关安全生产的法规、技术标准和安全生产规章制度、安全操作规程，了解所装运危险货物的性质、危害特性、包装物或者容器的使用要求和发生意外事故时的处置措施，并严格执行《危险货物道路运输规则》(JT/T 617) 等标准，不得违章作业。

(19) 道路危险货物运输企业或者单位应当通过岗前培训、例会、定期学习等方式，对从业人员进行经常性安全生产、职业道德、业务知识和操作规程的教育培训。

(20) 道路危险货物运输企业或者单位应当加强安全生产管理，制定突发事件应急预案，配备应急救援人员和必要的应急救援器材、设备，并定期组织应急救援演练，严格落实各项安全制度。

(21) 道路危险货物运输企业或者单位应当委托具备资质条件的机构，对本企业或单位的安全管理情况每3年至少进行一次安全评估，出具安全评估报告。

(22) 在危险货物运输过程中发生燃烧、爆炸、污染、中毒或者被盗、丢失、流散、泄漏等事故，驾驶人员、押运人员应当立即根据应急预案和《道路运输危险货物安全卡》的要求采取应急处置措施，并向事故发生地公安部门、交通运输主管部门和本运输企业或者单位报告。运输企业或者单位接到事故报告后，应当按照本单位危险货物应急预案组织救援，并向事故发生地安全生产监督管理部门和环境保护、卫生主管部门报告。

道路危险货物运输管理机构应当公布事故报告电话。

(23) 在危险货物装卸过程中，应当根据危险货物的性质，轻装轻卸，堆码整齐，防止混杂、撒漏、破损，不得与普通货物混合堆放。

(24) 道路危险货物运输企业或者单位应当为其承运的危险货物投保承运人责任险。

(25) 道路危险货物运输企业异地经营（运输线路起讫点均不在企业注册地市域内）累计3个月以上的，应当向经营地设区的市级道路运输管理机构备案并接受其监管。

4. 监督检查

(1) 道路危险货物运输监督检查按照《道路货物运输及站场管理规定》执行。道路运输管理机构工作人员应当定期或者不定期对道路危险货物运输企业或者单位进行现场检查。

（2）道路运输管理机构工作人员对在异地取得从业资格的人员监督检查时，可以向原发证机关申请提供相应的从业资格档案资料，原发证机关应当予以配合。

（3）道路运输管理机构在实施监督检查过程中，经本部门主要负责人批准，可以对没有随车携带《道路运输证》又无法当场提供其他有效证明文件的危险货物运输专用车辆予以扣押。

（4）任何单位和个人对违反本规定的行为，有权向道路危险货物运输管理机构举报。

道路危险货物运输管理机构应当公布举报电话，并在接到举报后及时依法处理；对不属于本部门职责的，应当及时移送有关部门处理。

二、危险货物道路运输安全管理

为深入贯彻落实党中央国务院的部署要求，切实强化危险货物道路运输安全治理，预防危险货物道路运输事故，保障人民群众生命、财产安全，保护环境，交通运输部、工业和信息化部、公安部、生态环境部、应急管理部、市场监督管理总局在深入调查研究的基础上，坚持“依法依规、问题导向、对标国际、统筹衔接、部门协同”的原则，在2019年11月10日，联合发布了《危险货物道路运输安全管理办法》（交通运输部令2019年第29号）[12]，自2020年1月1日起施行，以弥补法规制度存在的漏洞和缝隙，着力构建“市场主体全流程运行规范、政府部门全链条监管到位、运输服务全要素安全可控”的危险货物道路运输管理体系，让危险货物道路运输更加安全高效。

1.《道路危险货物运输管理规定》与《危险货物道路运输安全管理办法》的异同

《道路危险货物运输管理规定》（简称《管理规定》）与《危险货物道路运输安全管理办法》（简称《管理办法》）几乎同时发布，其主要异同见表4-1。

表4-1 《管理规定》与《管理方法》的异同

项目	《危险货物道路运输安全管理办法》（交通运输部令2019年第29号）	《道路危险货物运输管理规定》（交通运输部令2019年第42号）
法律依据	《中华人民共和国安全生产法》《中华人民共和国道路运输条例》《危险化学品安全管理条例》《公路安全保护条例》等	《中华人民共和国道路运输条例》《危险化学品安全管理条例》等

续表

项目	《危险货物道路运输安全管理办法》（交通运输部令 2019 年第 29 号）	《道路危险货物运输管理规定》（交通运输部令 2019 年第 42 号）
基本目的	加强安全管理，实现联合整治	规范市场秩序，落实部门责任
发文程序	先由主办机关交通运输部部务会议通过（2019 年 7 月 10 日），再联合工业和信息化部、公安部、生态环境部、应急管理部、市场监督管理总局发文（2019 年 11 月 10 日），再实施（2020 年 1 月 1 日）	交通运输部部务会议通过（2019 年 11 月 20 日），即发文实施（2019 年 11 月 28 日颁布）
文件性质	联合发文，出台新的文件	部门规章，修改已有文件

从表 4-1 可见，《管理规定》强调道路运输的安全管理，涉及多部门联合监管，体现“管业务必须管安全”的原则；《管理办法》强调规范市场秩序，安全作为一个重要内容涵盖其中，仅涉及主管部门，体现“管行业必须管安全”的原则。两者侧重点不同，在法律上具有同等效力。

2.《管理办法》的主要内容

《管理办法》共 10 章 79 条，分为总则，危险货物托运，例外数量与有限数量危险货物运输的特别规定，危险货物承运，危险货物装卸，危险货物运输车辆及罐式车辆罐体、可移动罐柜、罐箱，危险货物运输车辆运行管理，监督检查，法律责任和附则。对主要内容说明如下。

（1）加强托运、承运、装卸环节管理。一是明确托运人在危险货物信息确定、妥善包装、标志设置、托运清单及相关单证报告提供等方面的义务。二是要求承运人使用符合标准且与危险货物相匹配的车辆、设备运输，制作并使用危险货物运单，在运输前履行相关检查义务。三是明确装货人在充装或者装载前查验相关事项，装载作业符合相关标准，并做好相关信息的记录和保存。四是要求收货人及时收货，并按照操作规程进行卸货。

（2）明确例外数量、有限数量危险货物等的特别管理要求。明确符合要求的例外数量、有限数量危险货物，可以与其他危险货物、普通货物混载，未达到一定数量的可以按照普通货物运输。同时，对例外数量、有限数量危险货物的包装、标记、测试报告或者书面声明作出明确要求，以保障运输安全。此外，《管理办法》明确不是危险货物的危险化学品、实施豁免管理的危险废物及诊断用放射性药品的道路运输安全管理不适用本办法。

（3）加强危险货物运输装备的安全管理。一是在生产环节，由工信部门公布车辆产品型号、车辆类型，生产企业按产品型号生产，车辆应取得认证证书；常压罐车罐体生产企业应当取得生产许可证。二是在检验环节，要求罐车罐体、可移动罐柜、罐式集装箱需经具有专业资质的检验机构检验合格方可使用。三是明确危险货物包装容器属于移动式压力容器或者气瓶的，应当满足特种设备相关要求。

（4）规范危险货物运输车辆运行管控措施。一是明确押运员、警示标志、防护用品、应急救援器材、安全卡等人员和安全设施的配备要求，以及承运人对车辆、驾驶人的监控管理要求。二是严格限制危险货物运输车辆行驶速度，高速公路及其他道路分别不超过 80km/h、60km/h，承运人应当对车辆及驾驶人进行动态监督管理。三是统一通行限制情形和保障措施。明确公安机关可以对 5 类特定区域、路段、时段采取限制危险化学品车辆通行措施，并提前向社会公布，确定绕行路线。

（5）明确各部门监管责任及协作要求。根据《道路运输条例》《危险化学品安全管理条例》等法律法规以及相关部门“三定”职责，明确交通运输部主管、县级以上地方交通运输主管部门负责，工业和信息化、公安、生态环境、应急管理和市场监管等相关部门按职责监督检查的管理体制。同时，要求建立联合执法协作机制和违法案件移交、接收机制，以增强执法合力，提高市场监管效果。

三、汽车危险货物运输的安全管理

道路运输的主要工具是汽车，为了加强对危险货物汽车运输的管理，交通部于 2004 年 12 月 30 日发布《汽车运输危险货物规则》（JT 617—2004）。

近年来，随着危险货物道路运输业的国际化进展，借鉴《危险货物国际道路运输欧洲协定》（ADR）的内容，同时考虑到我国危险货物道路运输的现状进一步完善形成的一套标准体系，我国借鉴 ADR 的基本体系和原则，颁布了《危险货物道路运输规则》（JT/T 617—2018）[13]，并于 2018 年 12 月 1 日起正式实施。JT/T 617 在行业内被称为“中国版 ADR”，标准共包括 7 个部分（617.1～617.7），较《汽车运输危险货物规则》（JT 617—2004）内容更完整、操作性更强、内容衔接更顺畅合理、与国际相关法规更接轨。JT/T 617—2018 标准构成见表 4-2。

表 4-2　《危险货物道路运输规则》（JT/T 617—2018）标准构成

标准编号	标准中文名称
JT/T 617.1—2018	危险货物道路运输规则　第 1 部分：通则
JT/T 617.2—2018	危险货物道路运输规则　第 2 部分：分类

续表

标准编号	标准中文名称
JT/T 617.3—2018	危险货物道路运输规则　第3部分:品名及运输要求索引
JT/T 617.4—2018	危险货物道路运输规则　第4部分:运输包装使用要求
JT/T 617.5—2018	危险货物道路运输规则　第5部分:托运要求
JT/T 617.6—2018	危险货物道路运输规则　第6部分:装卸条件及作业要求
JT/T 617.7—2018	危险货物道路运输规则　第7部分:运输条件及作业要求

限于篇幅，以下仅对标准中《危险货物道路运输规则　第7部分：运输条件及作业要求》（JT/T 617.7—2018）主要内容做简单介绍[14]。

1. 运输装备条件

（1）运输单元　危险货物应使用载货汽车单车或牵引车与半挂车组成的汽车列车作为载运危险货物的运输单元。

（2）标志牌和标记　危险货物运输单元应按JT/T 617.5—2018中第7章要求粘贴或悬挂菱形标志牌、矩形标志牌和标记。

（3）火器具

① 运输单元运载危险货物时，应随车携带便携式灭火器。灭火器应适用于扑救GB/T 4968规定的A、B、C三类火灾。

② 便携式灭火器的数量及容量应符合表4-3的规定。运输剧毒和爆炸品的车辆灭火器数量要求应符合GB 20300的规定。

表4-3　运输单元应携带的便携式灭火器数量及容量要求

运输单元最大总质量 M/t	灭火器配置最小数量/个	适用于发动机或驾驶室的灭火器		额外灭火器	
		最小数量/个	最小容量/kg	最小数量/个	最小容量/kg
$M\leqslant3.5$	2	1	1	1	2
$3.5<M\leqslant7.5$	2	1	1	1	4
$M>7.5$	3	1	1	2	4

注：容量是指干粉灭火剂（或其他同等效用的适用灭火剂）的容量。

③ 符合JT/T 617.1—2018中5.1规定的运输单元，应配备至少1个最小容量为2kg的干粉灭火器（或其他同等效用的适用灭火器）。

④ 便携式灭火器应满足有关车用便携式灭火器的规定。如果车辆已装备可用于扑灭发动机起火的固定式灭火器，则其所携带的便携式灭火器无须适用于扑灭发动机起火。

⑤ 便携式灭火器应在检验合格有效期内。

⑥ 灭火器应放置于运输单元中易于被车组人员拿取的地方。

（4）用于个人防护的装备

① 应根据所运载的危险货物标志式样（包括包件标志、车辆或集装箱标志牌）选择个人防护装备。危险货物标志式样应符合 JT/T 617.5—2018 的规定。

② 运输单元应配备以下装备：每辆车需携带与最大允许总质量和车轮尺寸相匹配的轮挡；1 个三角警示牌；眼部冲洗液（第 1 类和第 2 类除外）。

③ 运输单元应为每名车组人员配备以下装备：反光背心；便携式照明设备；合适的防护性手套；眼部防护装备（如护目镜）。

④ 特定类别危险货物还应包括以下附加装备：对于危险货物危险标志式样为 2.3 项或 6.1 项，每位车组人员随车携带一个应急逃生面具。逃生面具的功能需与所装载化学品相匹配（如具备气体或粉尘过滤功能）；对于危险货物危险标志式样为第 3 类、4.1 项、4.3 项、第 8 类或第 9 类固体或液体的危险货物，配备一把铲子（对具有第 3 类、4.1 项、4.3 项危险性的货物，铲子应具备防爆功能）；一个下水道口封堵器具，如堵漏垫、堵漏袋等。

2. 人员条件

（1）驾驶员培训要求

① 驾驶员上岗前应经过危险货物运输基本知识培训，掌握必需的知识和技能，并通过考核。

② 罐式车辆驾驶员还应至少接受运输专业基本知识培训。

③ 运载第 1 类（爆炸品）或第 7 类（放射性物质）危险货物的车辆驾驶员还应分别接受规定的专业知识培训。

（2）驾驶员培训内容

① 基本知识培训应至少包含以下内容：危险货物运输有关的法律法规；主要危险特性；危险废物转移过程中环境保护的有关要求；针对不同类型的危险货物所应采取的相关预防和安全措施；事故发生后要采取的应急处置措施（急救、安全防护设备使用的基本知识，危险货物道路运输安全卡所规定的要求等）；标记、标志、菱形标志牌和矩形标志牌等的含义和使用要求；道路通行限制要求；危险货物运输过程中允许和禁止驾驶员操作的事项；车辆相关设备的用途和使用方法；在同一辆车或集装箱中混合装载的禁止性条款；装卸危险货物时的注意事项；包件的堆放要求；安全驾驶规范；安全意识。

② 罐体运输专业知识培训应至少包含以下内容：专业知识（包括：车辆在道路上的运行特点；车辆的特殊规定；各种装货、卸货设备的基础知识；车辆标记、标志牌使用的特殊规定）；实际操作培训［包括：牵引车与半挂车的

连接；罐车附件（包括：紧急切断阀、安全阀等）的操作；轮胎、设备、罐体的常规检查；罐车转向、制动操作]。

③ 运输第1类物质和物品的专业知识培训应至少包含以下内容：与爆炸物和烟火类物质或物品相关的特殊危险性；第1类物质和物品在混合装载时的特殊规定。

④ 运输第7类放射性物质的专业知识培训应至少包含以下内容：放射性物质的特殊危险性；放射性物质的包装，操作，混合装载、积载相关特殊规定；当发生放射性物质运输事故时应采取的特别措施。

⑤ 驾驶员应定期接受继续教育培训，培训内容包含法规标准新要求、车辆新技术等。

（3）危险货物道路运输相关人员的培训要求　与危险货物道路运输相关的人员，包括参与危险货物道路运输操作的人员及相关管理人员，应接受与其工作职责相适应的危险货物运输专业知识培训，培训内容应符合 JT/T 617.1 中规定的要求。

3. 运输作业要求

（1）携带单据和证件

① 应随车携带以下单据和证件：道路运输证，危险货物运单；危险货物道路运输安全卡；危险货物道路运输车组成员从业资格证；法规标准规定的其他单据。

② 危险货物道路运输安全卡应放置在车辆中易于取得的地方。

（2）车组人员要求

① 禁止搭乘无关人员。

② 车组人员应会使用灭火装置。

③ 非紧急情况下，车组人员不应打开含危险货物的包件。

④ 应使用防爆的便携式照明装置。

⑤ 装卸作业时，车辆附近和车内禁止吸烟和使用明火，包括电子香烟及其他类似产品。

⑥ 装卸过程中应关闭发动机，国家有关标准规范中允许装卸过程中启动发动机或其他设备的除外。

⑦ 运载危险货物的运输单元停车时，应使用驻车制动装置。挂车应使用至少两个轮挡限制其移动。

（3）车辆停放要求　当危险货物适用于 JT/T 617 中的特殊规定时，危险货物车辆停车时应受到监护。应按以下优先顺序选择危险货物车辆停车场所：

① 未经允许不能进入的公司或工厂的安全场所。

② 有停车管理人员看管的停车场，驾驶员应告知停车管理人员其去向和联系方式。

③ 其他公共或私人停车场，但车辆和危险货物不应对其他车辆和人员构成危害。

④ 一般不会有人经过或聚集的、与公路和民房隔离的开阔地带。

（4）道路通行要求

① 危险货物运输车辆应遵守国家和行业对道路通行限制的要求。

② 如果某个隧道入口处贴有隧道类别代码，承运人应根据规定，判断该隧道是否允许危险货物运输车辆通行。

（5）运输作业特殊规定　JT/T 617.3—2018 中表 A.1 第（19）列列出了运输某些危险货物的特殊规定。

第三节　危险化学品管道运输安全要求

为了加强危险化学品输送管道的安全管理，预防和减少危险化学品输送管道生产安全事故，保护人民群众生命财产安全，根据《安全生产法》和《危险化学品安全管理条例》，国家安全生产监督管理总局令第 43 号公布了《危险化学品输送管道安全管理规定》[15]，之后在国家安全生产监督管理总局令第 79 号中又进行了修正。

生产、储存危险化学品的单位在厂区外公共区域埋地、地面和架空的危险化学品输送管道及其附属设施（见表 4-4）的安全管理，适用该规定。规定指出，任何单位和个人不得实施危害危险化学品管道安全生产的行为。

表 4-4　管道附属设施

类别	设施
一	管道的加压站、计量站、阀室、阀井、放空设施、储罐、装卸栈桥、装卸场、分输站、减压站等站场
二	管道的水工保护设施、防风设施、防雷设施、抗震设施、通信设施、安全监控设施、电力设施、管堤、管桥以及管道专用涵洞、隧道等穿(跨)越设施
三	管道的阴极保护站、阴极保护测试桩、阳极地床、杂散电流排流站等防腐设施
四	管道的其他附属设施

一、危险化学品管道的规划

(1) 危险化学品管道建设应当遵循安全第一、节约用地和经济合理的原则，并按照相关国家标准、行业标准和技术规范进行科学规划。

(2) 禁止光气、氯气等剧毒气体化学品管道穿（跨）越公共区域。严格控制氨、硫化氢等其他有毒气体的危险化学品管道穿（跨）越公共区域。

(3) 危险化学品管道建设的选线应当避开地震活动断层和容易发生洪灾、地质灾害的区域；确实无法避开的，应当采取可靠的工程处理措施，确保不受地质灾害影响。

(4) 危险化学品管道与居民区、学校等公共场所以及建筑物、构筑物、铁路、公路、航道、港口、市政设施、通信设施、军事设施、电力设施的距离，应当符合有关法律、行政法规和国家标准、行业标准的规定。

二、危险化学品管道的建设

(1) 对新建、改建、扩建的危险化学品管道，建设单位应当依照国家安全生产监督管理总局有关危险化学品建设项目安全监督管理的规定，依法办理安全条件审查、安全设施设计审查、试生产（使用）方案备案和安全设施竣工验收手续。

(2) 对新建、改建、扩建的危险化学品管道，建设单位应当依照有关法律、行政法规的规定，委托具备相应资质的设计单位进行设计。

(3) 承担危险化学品管道施工的单位应当具备有关法律、行政法规规定的相应资质。施工单位应当按照有关法律、法规、国家标准、行业标准和技术规范的规定以及经过批准的安全设施设计进行施工，并对工程质量负责。

参加危险化学品管道焊接、防腐、无损检测作业的人员应当具备相应的操作资格证书。

(4) 负责危险化学品管道工程监理的单位应当对管道的总体建设质量进行全过程监督，并对危险化学品管道的总体建设质量负责。管道施工单位应当严格按照有关国家标准、行业标准的规定对管道的焊缝和防腐质量进行检查，并按照设计要求对管道进行压力试验和气密性试验。

对敷设在江、河、湖泊或者其他环境敏感区域的危险化学品管道，应当采取增加管道压力设计等级、增加防护套管等措施，确保危险化学品管道安全。

(5) 危险化学品管道试生产（使用）前，管道单位应当对有关保护措施进行安全检查，科学制定安全投入生产（使用）方案，并严格按照方案实施。

（6）危险化学品管道试压半年后一直未投入生产（使用）的，管道单位应当在其投入生产（使用）前重新进行气密性试验；对敷设在江、河或者其他环境敏感区域的危险化学品管道，应当相应缩短重新进行气密性试验的时间间隔。

三、危险化学品管道的运行

（1）危险化学品管道应当设置明显标志。发现标志毁损的，管道单位应当及时予以修复或者更新。

（2）管道单位应当建立、健全危险化学品管道巡护制度，配备专人进行日常巡护。巡护人员发现危害危险化学品管道安全生产情形的，应当立即报告单位负责人并及时处理。

（3）管道单位对危险化学品管道存在的事故隐患应当及时排除；对自身排除确有困难的外部事故隐患，应当向当地安全生产监督管理部门报告。

（4）管道单位应当按照有关国家标准、行业标准和技术规范对危险化学品管道进行定期检测、维护，确保其处于完好状态；对安全风险较大的区段和场所，应当进行重点监测、监控；对不符合安全标准的危险化学品管道，应当及时更新、改造或者停止使用，并向当地安全生产监督管理部门报告。对涉及更新、改造的危险化学品管道，还应当按照危险化学品管道的建设的第 1 条的规定办理安全条件审查手续。

（5）管道单位发现下列危害危险化学品管道安全运行行为的，应当及时予以制止，无法处置时应当向当地安全生产监督管理部门报告：

① 擅自开启、关闭危险化学品管道阀门；

② 采用移动、切割、打孔、砸撬、拆卸等手段损坏管道及其附属设施；

③ 移动、毁损、涂改管道标志；

④ 在埋地管道上方和巡查便道上行驶重型车辆；

⑤ 对埋地、地面管道进行占压，在架空管道线路和管桥上行走或者放置重物；

⑥ 利用地面管道、架空管道、管桥等固定其他设施缆绳、悬挂广告牌、搭建构筑物；

⑦ 其他危害危险化学品管道安全运行的行为。

（6）禁止在危险化学品管道附属设施的上方架设电力线路、通信线路。

（7）在危险化学品管道及其附属设施外缘两侧各 5m 地域内，管道单位发现下列危害管道安全运行的行为时，应当及时予以制止，无法处置时应当向当地安全生产监督管理部门报告：

① 种植乔木、灌木、藤类、芦苇、竹子或者其他根系深达管道埋设部位可能损坏管道防腐层的深根植物；

② 取土、采石、用火、堆放重物、排放腐蚀性物质、使用机械工具进行挖掘施工、工程钻探；

③ 挖塘、修渠、修晒场、修建水产养殖场、建温室、建家畜棚圈、建房以及修建其他建（构）筑物。

(8) 在危险化学品管道中心线两侧及危险化学品管道附属设施外缘两侧5m外的周边范围内，管道单位发现下列建（构）筑物与管道线路、管道附属设施的距离不符合国家标准、行业标准要求的，应当及时向当地安全生产监督管理部门报告：

① 居民小区、学校、医院、餐饮娱乐场所、车站、商场等人口密集的建筑物；

② 加油站、加气站、储油罐、储气罐等易燃易爆物品的生产、经营、储存场所；

③ 变电站、配电站、供水站等公用设施。

(9) 在穿越河流的危险化学品管道线路中心线两侧500m地域内，管道单位发现有实施抛锚、拖锚、挖沙、采石、水下爆破等作业的，应当及时予以制止，无法处置时应当向当地安全生产监督管理部门报告。但在保障危险化学品管道安全的条件下，为防洪和航道通畅而实施的养护疏浚作业除外。

(10) 在危险化学品管道专用隧道中心线两侧1000m地域内，管道单位发现有实施采石、采矿、爆破等作业的，应当及时予以制止，无法处置时应当向当地安全生产监督管理部门报告。

在前款规定的地域范围内，因修建铁路、公路、水利等公共工程确需实施采石、爆破等作业的，应当按照下条的规定执行。

(11) 实施下列可能危及危险化学品管道安全运行的施工作业的，施工单位应当在开工的7d前书面通知管道单位，将施工作业方案报管道单位，并与管道单位共同制定应急预案，采取相应的安全防护措施，管道单位应当指派专人到现场进行管道安全保护指导：

① 穿（跨）越管道的施工作业；

② 在管道线路中心线两侧5～50m和管道附属设施周边100m地域内，新建、改建、扩建铁路、公路、河渠，架设电力线路，埋设地下电缆、光缆，设置安全接地体、避雷接地体；

③ 在管道线路中心线两侧200m和管道附属设施周边500m地域内，实施爆破、地震法勘探或者工程挖掘、工程钻探、采矿等作业。

(12) 施工单位实施(10)、(11)项的作业，应当符合下列条件：

① 已经制定符合危险化学品管道安全运行要求的施工作业方案；

② 已经制定应急预案；

③ 施工作业人员已经接受相应的危险化学品管道保护知识教育和培训；

④ 具有保障安全施工作业的设备、设施。

(13) 危险化学品管道的专用设施、水工防护设施、专用隧道等附属设施不得用于其他用途；确需用于其他用途的，应当征得管道单位的同意，并采取相应的安全防护措施。

(14) 管道单位应当按照有关规定制定本单位危险化学品管道事故应急预案，配备相应的应急救援人员和设备物资，定期组织应急演练。

发生危险化学品管道生产安全事故，管道单位应当立即启动应急预案及响应程序，采取有效措施进行紧急处置，消除或者减轻事故危害，并按照国家规定立即向事故发生地县级以上安全生产监督管理部门报告。

(15) 对转产、停产、停止使用的危险化学品管道，管道单位应当采取有效措施及时妥善处置，并将处置方案报县级以上安全生产监督管理部门。

第四节　危险化学品铁路运输安全要求

为加强铁路危险货物运输安全管理，交通运输部颁布《铁路危险货物运输安全监督管理规定》(2015 年第 1 号令)[16]，自 2015 年 5 月 1 日起施行。

在此基础上，中国铁路总公司颁布铁总运〔2017〕164 文件《铁路危险货物运输管理规则》(TG/HY 105—2017)[17]，自 2018 年 8 月 1 日起施行。

《铁路危险货物运输安全监督管理规定》《铁路危险货物运输管理规则》分别由交通运输部、中国铁路总公司颁布，《铁路危险货物运输安全监督管理规定》是《铁路危险货物运输管理规则》的上位法；《铁路危险货物运输安全监督管理规定》强调安全监督，《铁路危险货物运输管理规则》侧重对监督项目的落实；两者共同为对加强铁路运输危险化学品的监督和管理提供了法律依据和基本要求。

一、交通运输部《铁路危险货物运输安全监督管理规定》的相关安全要求

1. 总体要求

(1) 铁路运输企业应当依据有关法律、行政法规和标准以及国务院铁路行

业监督管理部门制定公布的铁路危险货物品名等规定，落实运输条件，加强运输管理，确保运输安全。

（2）禁止运输法律、行政法规禁止生产和运输的危险物品，危险性质不明以及未采取安全措施的过度敏感或者能自发反应而产生危险的物品。高速铁路、城际铁路等客运专线及旅客列车禁止运输危险货物，法律、行政法规另有规定的除外。

（3）铁路危险货物运输安全管理坚持安全第一、预防为主、综合治理的方针，强化和落实铁路运输企业、专用铁路、铁路专用线等危险货物运输相关单位的主体责任。

（4）国家铁路局及地区铁路监督管理局（现为中国铁路总公司）负责铁路危险货物运输安全监督管理工作。

（5）国家鼓励采用有利于提高安全保障水平的先进技术和管理方法，鼓励规模化、集约化、专业化和发展专用车辆、专用集装箱运输危险货物。支持开展铁路危险货物运输安全技术以及对安全、环保有重大影响的项目研究。

2. 运输条件

（1）运输危险货物应当在符合法律、行政法规和标准规定，具备相应品名办理条件的车站、专用铁路、铁路专用线间发到。铁路运输企业应当将办理危险货物的车站名称、作业地点（货场、专用铁路、铁路专用线名称）、办理品名及编号、装运方式等信息及时向社会公布。发生变化的，应当重新公布。

（2）运输危险货物应当依照法律、行政法规和国家其他有关规定使用专用的设施设备。依法应当进行产品认证、检验检测的，经认证、检验检测合格方可使用。

（3）危险货物装卸、储存场所和设施应当符合下列要求：

① 装卸、储存专用场地和安全设施设备封闭管理并设立明显的安全警示标志，设施设备布局、作业区域划分、安全防护距离等符合规定；

② 设置有与办理货物危险特性相适应，并经相关部门验收合格的仓库、雨棚、场地等设施，配置相应的计量、检测、监控、通信、报警、通风、防火、灭火、防爆、防雷、防静电、防腐蚀、防泄漏、防中毒等安全设施设备，并进行经常性维护、保养，保证设施设备的正常使用；

③ 装卸设备符合安全要求，易燃、易爆的危险货物装卸设备应当采取防爆措施，罐车装运危险货物应当使用栈桥、鹤管等专用装卸设施，危险货物集装箱装卸作业应当使用集装箱专用装卸机械；

④ 法律、行政法规、标准和安全技术规范规定的其他条件。

（4）运输单位应当按照国家有关规定，对本单位危险货物装卸、储存作业场所和设施等安全生产条件进行安全评价。法律、行政法规规定需要委托相关机构进行安全评价的，运输单位应当委托具备国家规定资质条件且业务范围涵盖铁路运输、危险化学品等相关领域的机构进行。新建、改建危险货物装卸、储存作业场所和设施，在既有作业场所增加办理危险货物品类，以及危险货物新品名、新包装和首次使用铁路罐车、集装箱、专用车辆装载危险货物的，应当进行安全评价。

（5）装载和运输危险货物的铁路车辆、集装箱和其他容器应当符合下列条件：

① 制造、维修、检测、检验和使用、管理符合标准和有关规定；

② 牢固、清晰地标明危险货物包装标志和警示标志；

③ 铁路罐车、罐式集装箱以及其他容器应当封口严密，安全附件设置准确、启闭灵活、状态完好，能够防止运输过程中因温度、湿度或者压力的变化发生渗漏、洒漏；

④ 压力容器应当符合国家特种设备安全监督管理部门制定并公布的《移动式压力容器安全技术监察规程》《气瓶安全技术监察规程》等有关安全技术规范要求，并在经核准的检验机构出具的压力容器安全检验合格有效期内；

⑤ 法律、行政法规、安全技术规范和标准规定的其他条件。

（6）运输危险货物包装应当符合下列要求：

① 包装物、容器、衬垫物的材质以及包装形式、规格、方法和单件质量（重量），应当与所包装的危险货物的性质和用途相适应；

② 包装能够抗御运输、储存和装卸过程中正常的冲击、振动、堆码和挤压，并便于装卸和搬运；

③ 包装外表面应当牢固、清晰地标明危险货物包装标志和包装储运图示标志；

④ 法律、行政法规、安全技术规范和标准规定的其他条件。

3. 运输安全管理

（1）托运危险货物的，托运人应当向铁路运输企业如实说明所托运危险货物的品名、数量（重量）、危险特性以及发生危险情况时的应急处置措施等。对国家规定实行许可管理、需凭证运输或者采取特殊措施的危险货物，托运人或者收货人应当向铁路运输企业如实提交相关证明。不得将危险货物匿报或者谎报品名进行托运；不得在托运的普通货物中夹带危险货物，或者在危险货物中夹带禁止配装的货物。

（2）铁路运输企业应当对承运的货物进行安全检查。不得在非危险货物办理站办理危险货物承运手续，不得承运未接受安全检查的货物，不得承运不符合安全规定、可能危害铁路运输安全的货物。下列情形，铁路运输企业应当查验托运人、收货人提供的相关证明材料并留存备查：

① 国家对生产、经营、储存、使用等实行许可管理的危险货物；

② 国家规定需要凭证运输的危险货物；

③ 需要添加抑制剂、稳定剂和采取其他特殊措施方可运输的危险货物；

④ 运输包装、容器列入国家生产许可证制度工业产品目录的危险货物；

⑤ 法律、行政法规及国家规定的其他情形。

（3）运输单位应当如实记录运输的危险货物品名及编号、装载数量（重量）、发到站、作业地点、装运方式、车（箱）号、托运人、收货人、押运人等信息，并采取必要的安全防范措施，防止丢失或者被盗；发现爆炸品、易制爆危险化学品、剧毒品丢失或者被盗、被抢的，应当立即向当地公安机关报告。

（4）运输放射性物质时，托运人应当持有生产、销售、使用或者处置放射性物质的有效证明，配置防护设备和报警装置。运输的放射性物质及其运输容器、运输车辆、辐射监测、安全保卫、应急预案及演练、装卸作业、押运、职业卫生、人员培训、安全审查等应当符合《放射性物品运输安全管理条例》《放射性物质安全运输规程》等法律、行政法规和标准的要求。运输单位应当按照国家有关规定对放射性物质运输进行现场检测。

（5）危险货物的储存方式、方法以及储存数量、隔离等应当符合规定。仓库、雨棚、储罐等专用设施，应当由专人负责管理。剧毒品以及储存数量构成重大危险源的其他危险货物，应当单独存放，并实行双人收发、双人保管制度。

（6）危险货物运输装载加固以及使用的铁路车辆、集装箱、其他容器、集装化用具、装载加固材料或者装置等应当符合国家标准、行业标准、技术规范和安全要求。不得使用技术状态不良、未按规定检修（验）或者达到报废年限的设施设备，禁止超设计范围装运危险货物。货物装车（箱）不得超载、偏载、偏重、集重。货物性质相抵触、消防方法不同、易造成污染的货物不得同车（箱）装载。禁止危险货物与普通货物混装运输。危险货物装卸作业应当遵守安全作业标准、规程和制度，并在装卸管理人员的现场指挥或者监控下进行。

（7）运输危险货物时，托运人应当配备必要的押运人员和应急处理器材、设备和防护用品，并使危险货物始终处于押运人员监管之下。铁路运输企业应当告知押运注意事项，检查押运人员、备品、设施及押运工作情况，并为押运人员提供必要的工作、生活条件。押运人员应当遵守铁路运输安全规定，检查押运的货物及其装载加固状态，按操作规程使用押运备品和设施。

(8) 运输单位间应当按照约定的交接地点、方式、内容、条件和安全责任等办理危险货物交接。

(9) 危险货物车辆编组、调车等技术作业应当执行相关技术标准和管理办法。运输危险货物的车辆途中停留时，应当远离客运列车及停留期间有乘降作业的客运站台等人员密集场所和设施，并采取安全防范措施。装运剧毒品、爆炸品、放射性物质和气体等危险货物的车辆途中停留时，铁路运输企业应当派人看守。

(10) 装运过危险货物的车辆、集装箱，卸后应当清扫洗刷干净，确保不会对其他货物和作业人员造成污染、损害。洗刷废水、废物处理应当符合环保要求。

(11) 运输单位应当按照国家劳动安全职业卫生有关规定配备符合国家防护标准要求的劳动保护用品和职业防护等设施设备，开展从业人员职业健康体检，建立从业人员职业健康监护档案，预防人身伤害。

(12) 运输单位应当建立健全危险货物运输安全管理、岗位安全责任、教育培训、安全检查和隐患排查治理、安全投入保障、劳动保护、应急管理等制度，完善危险货物包装、装卸、押运、运输等操作规程和标准化作业管理办法。

(13) 运输单位应当对本单位危险货物运输从业人员进行安全、环保、法制教育和岗位技术经常性培训，经考核合格后方可上岗。从业人员应当掌握所运输危险货物的危险特性及其运输工具、包装物、容器的使用要求和出现危险情况时的应急处置方法。

(14) 运输单位在法定假日和传统节日等运输高峰期或者恶劣气象条件下，以及国家重大活动期间，应当采取安全应急管理措施，加强铁路危险货物运输安全检查，确保运输安全。必要时可采取停运、限运、绕行等措施。

(15) 运输单位、托运人应当制定本单位铁路危险货物运输事故应急预案，配备应急救援人员和必要的应急救援器材、设备、设施，并定期组织应急救援演练。

(16) 危险货物运输过程中发生燃烧、爆炸、环境污染、中毒或者被盗、丢失、泄漏等情况，押运人员和现场有关人员应当立即按规定报告，并按照应急预案开展先期处置。运输相关单位负责人接到报告后，应当迅速采取有效措施，组织抢救，防止事态扩大，减少人员伤亡和财产损失，并报告当地安全生产监督管理、环境保护、公安、卫生主管部门以及铁路监督管理局，不得隐瞒不报、谎报或者迟报，不得故意破坏事故现场、毁灭有关证据。

（17）铁路运输企业应当实时掌握本单位危险货物运输状况，并按要求向所在地铁路监督管理局报告危险货物运量统计、办理站点、设施设备、安全等信息。

二、中国铁路总公司《铁路危险货物运输管理规则》的相关安全要求

1. 承运人及专用线要求

（1）承运人管理　铁路危险货物运输的承运人、托运人，必须具有铁路危险货物承运人资质或铁路危险货物托运人资质。有关资质的许可程序及监督管理，按《铁路危险货物承运人资质许可办法》（铁道部第 17 号令）、《铁路危险货物运输管理规则》、《铁路危险货物托运人资质许可办法》（铁道部第 18 号令）、《铁路危险货物运输管理规则》执行。

危险货物承运人和托运人资质每年应进行复审。

（2）专用线管理　危险货物办理站是指站内、专用线、专用铁路办理危险货物发送、到达业务的车站。按类型分为五种：

① 专办站。指主要办理危险货物运输的车站。

② 兼办站。指主要办理普通货物运输，兼办危险货物运输的车站。

③ 集装箱办理站。指在站内办理危险货物集装箱运输的车站。

④ 专用线接轨站。指仅在接轨的专用线、专用铁路办理危险货物作业的车站。

⑤ 综合办理站。指前四项中两项以上的车站。

危险货物办理站要根据危险货物运输需求和铁路运力资源配置的情况，统一规划，合理布局。

铁路对危险货物运输的品名、发到站（专用线、专用铁路）、运输方式、作业能力、安全计量等实行明细化管理。凡是具有承运人、托运人资质的单位在办理危险货物运输时，按《铁路危险货物运输办理站（专用线、专用铁路）办理规定》（以下简称《办理规定》）执行。

专用线（专用铁路）应与设计时办理危险货物运输内容一致，装运和接卸危险货物运输品类，要有专门的仓库、雨棚、栈桥、鹤管、输送管线、储罐等附属设施和安全防护设备，达不到上述要求的（如无上述仓库、雨棚等，或无栈桥采用罐车、汽车对装对卸方式等），不得办理危险货物运输。

危险货物总发到年运量5万吨以下的，原则上不再新增专用线开办危险货物运输发到业务。

专用线原则上不进行危险货物运输共用。危险货物到达确需共用时，年到达量须在3万吨以上，并由产权单位、共用单位、车站三方签订《危险货物专用线共用协议》，经运输安全综合分析达到安全要求。

2. 托运和承运要求

（1）危险货物仅办理整车和10t及以上集装箱运输。

（2）国内运输危险货物禁止代理。

（3）禁止运输国家禁止生产的危险物品。

禁止运输本规则未确定运输条件的过度敏感或能自发反应而引起危险的物品。如叠氮铵、无水雷汞、高氯酸（>72%）、高锰酸铵、4-亚硝基苯酚等。

对易发生爆炸性分解反应或需控温运输等危险性大的货物，须由铁路管理部门确定运输条件。如乙酰过氧化磺酰环己烷、过氧重碳酸二仲丁酯等。

凡性质不稳定或由于聚合、分解在运输中能引起剧烈反应的危险货物，托运人应采用加入稳定剂或抑制剂等方法，保证运输安全。如乙烯基甲醚、乙酰乙烯酮、丙烯醛、丙烯酸、醋酸乙烯、甲基丙烯酸甲酯等。

3. 包装和标志要求

（1）危险货物包装是指以保障运输、储存安全为主要目的，根据危险货物性质、特点，按国家有关法规、标准，专门设计制造的包装物、容器和采取的防护技术。

① 危险货物包装根据其内装物的危险程度划分为三种包装类别：

Ⅰ类包装——盛装具有较大危险性的货物，包装强度要求高；

Ⅱ类包装——盛装具有中等危险性的货物，包装强度要求较高；

Ⅲ类包装——盛装具有较小危险性的货物，包装强度要求一般。

② 有特殊要求的另按国家有关规定办理。

（2）危险货物运输包装不得重复使用。性质特殊，须采取特殊包装的，如盛装气体危险货物的钢瓶等不受本条限制。

（3）危险货物的运输包装和内包装应按《危险货物品名表》及《危险货物包装表》的规定确定，同时还须符合下列要求：

① 包装材料材质、规格和包装结构应与所装危险货物性质和重量相适应。包装材料不得与所装物产生危险反应或削弱包装强度。

② 充装液态货物的包装容器内至少留有5%的余量（罐车及罐式集装箱装运的液体危险货物应符合《铁路危险货物运输管理规则》第十五章有关规定）。

③ 液态危险货物要做到气密封口。对须装有通气孔的容器，其设计和安装应能防止货物流出和杂质、水分进入。其他危险货物的包装应做到严密不漏。

④ 包装应坚固完好，能抗御运输、储存和装卸过程中正常的冲击、震动和挤压，并便于装卸和搬运。

⑤ 包装的衬垫物不得与所装货物发生反应而降低安全性，应能防止内装物移动和起到减震及吸收作用。

⑥ 包装表面应保持清洁，不得黏附所装物质和其他有害物质。

（4）危险货物运输包装应取得国家规定的包装物、容器生产许可证及检验合格证。

铁路运输时，应根据铁路运输特点、状况、条件，由符合国家规定条件且铁道部认定的包装检测机构进行包装性能试验。试验要求、方法、合格标准，须符合《铁路危险货物运输包装性能试验规定》。

钢瓶应符合《气瓶安全监察规程》规定；放射性物质包装应按照《放射性物品安全运输规程》（GB 11806）的要求进行设计和试验。

（5）采用集装化运输的危险货物，包装须符合本规则规定，使用的集装器具必须有足够的强度，能够经受堆码和多次搬运，并便于机械装卸。

（6）货物包装上应牢固、清晰地标明“危险货物包装标志”和“包装储运图示标志”。

进出口危险货物在国内段运输时必须粘贴或拴挂、喷涂相应的中文危险货物包装标志和储运标志。

4. 运输及签认制度

（1）危险货物限使用棚车装运（《危险货物品名表》第11栏内有特殊规定的除外）。装运时，限同一品名、同一铁危编号。

爆炸品、硝酸铵、氯酸钠、氯酸钾、黄磷和钢桶包装的一级易燃液体应选用车况良好的P64、P64A、P64AK、P64AT、P64GK、P64GT等竹底棚车或木底棚车装运，并须对门口处金属磨耗板，端、侧墙的金属部分采用非破坏性措施进行衬垫隔离处理。如使用铁底棚车，须经铁路局批准。

毒性物质限使用毒品专用车，如毒品专用车不足，经铁路局批准可使用铁底棚车装运（剧毒品除外）。铁路局应指定毒品专用车保管（备用）站。毒品专用车回送时，使用“特殊货车及运送用具回送清单”。

（2）危险货物装卸作业使用的照明设备及装卸机具必须具有防爆性能，并能防止由于装卸作业摩擦、碰撞产生火花。装卸作业前，应对车辆和仓库进行必要的通风和检查，向装卸工组说明货物品名、性质、作业安全事项并准备好消防器材和安全防护用品。作业时要轻拿轻放，堆码整齐稳固，防止倒塌，严禁倒放、卧装（钢瓶等特殊容器除外）。

（3）爆炸品、硝酸铵、剧毒品（非罐装、有特殊规定 67 号）、气体类和其他另有规定的危险货物运输作业实行签认制度。作业应按规定程序和作业标准进行并签认。

5. 危险货物运输押运管理

（1）运输爆炸品（烟花爆竹除外）、硝酸铵实行全程随货押运。剧毒品、罐车装运气体类（含空车）危险货物实行全程随车押运。装运剧毒品的罐车和罐式箱不需押运。其他危险货物需要押运时按有关规定办理。

（2）押运员必须取得《培训合格证》。运输气体类的危险货物时，押运员还须取得《押运员证》。

（3）押运员应了解所押运货物的特性，押运时应携带所需安全防护、消防、通信、检测、维护等工具以及生活必需品，应按规定穿着印有红色“押运”字样的黄色马甲，不符合规定的不得押运。押运间仅限押运员乘坐，不允许闲杂人员随乘，执行押运任务期间严禁吸烟、饮酒及做其他与押运工作无关的事情。

押运员在押运过程中必须遵守铁路运输的各项安全规定，并对所押运货物的安全负责。

发站要对押运工具、备品、防护用品以及押运间清洁状态等进行严格检查，不符合要求的禁止运输。

（4）气体危险货物押运员应对押运间进行日常维护保养，破损严重的要及时向所在车站报告，由车站通知所在地货车车辆段按规定予以扣修。对门窗玻璃损坏等能自行修复的，必须及时修复。

押运间内必须保持清洁，严禁存放易燃易爆物品及其他与押运无关的物品。对未乘坐押运员的押运间应使用明锁锁闭。车辆在沿途作业站停留时，押运员必须对不用的押运间进行巡检，发现问题，及时处理。

（5）押运员在途中要严格执行全程押运制度，认真按照“全程押运签认登记表”要求进行签认，严禁擅自离岗、脱岗。严禁押运员在区间或站内向押运间外投掷杂物。运行时，押运间的门不得开启。对押运期间产生的垃圾要收集装袋，到沿途有关站后，可放置车站垃圾存放点集中处理。

6. 消防、劳动安全及防护

（1）办理站要建立健全消防、安全防护责任制，针对本站危险货物业务特点，对职工进行消防、安全防护教育和培训；确定重点危险源，按照国家有关规定，配置消防、安全防护设施和器材，设置消防、安全防护标志。消防、安全防护设施、器材需由专人管理，负责进行检查、维修、保养、更换和添置，确保消防、安全防护设施和器材齐全完好有效。

（2）办理站要建立义务应急救援队伍，制定事故处置和应急预案，设置醒目的安全疏散标志，保持疏散通道安全畅通；定期组织事故救援演练，开展预防自救工作，并对活动进行记录和总结，并对巡查情况进行完整记录。

（3）危险货物办理站和货车洗刷所必须建立健全劳动保护制度，劳动安全与环保设施必须符合国家和铁道部等有关规定。对从事危险货物运输的作业人员应进行劳动安全保护教育，严格执行国家劳动安全卫生规程和标准，有效预防作业过程中的人身伤害事故。

7. 危险货物集装箱运输

（1）铁路危险货物集装箱（以下简称危货箱）限装同一品名、同一铁危编号的危险货物，包装须与本规则规定一致。装箱须采取安全防护措施，防止货物在运输中倒塌、窜动和撒漏。运输时只允许办理一站直达并符合《铁路危险货物运输办理站（专用线、专用铁路）办理规定》要求。

（2）危货箱办理站（专用线、专用铁路）应设置专用场地，并按货物性质和类项划分区域；场地须具备消防、报警和避雷等必要的安全设施；配备装卸设备设施及防爆机具和检测仪器。危货箱的堆码存放应符合《铁路危险货物配放表》中的有关规定。

（3）危货箱仅办理《危险货物品名表》中下列品类：

① 铁路通用箱。

a. 二级易燃固体（41501～41559）。

b. 二级氧化性物质（51501A～51530）。

c. 腐蚀性物质。

• 二级酸性腐蚀性物质（81501～81535，81601A～81647）；

• 二级碱性腐蚀性物质（82501～82524）；

• 二级其他腐蚀性物质（83501～83514）。

② 自备危货箱。

a. 铁路通用箱规定的品名。

b. 毒性物质（61501～61940）。

③ 集装箱装运上述①、②项以外的危险货物，以及改变包装的需经铁路管理部门批准。

8. 剧毒品运输

（1）剧毒品系指一级毒性物质（编号 61001～61499）。剧毒品运输采用剧毒品黄色专用运单，并在运单上印有骷髅图案。未列入剧毒品跟踪管理范围的剧毒品不采用剧毒品黄色专用运单，不实行全程押运，但仍按剧毒品分类管理。

（2）整列运输剧毒品由铁路管理部门确定有关运输条件。

（3）同一车辆只允许装运同一品名、同一铁危编号的剧毒品。装车前，货运员要认真核对剧毒品到站、品名是否符合《铁路危险货物运输办理站（专用线、专用铁路）办理规定》；要检查品名填写是否正确，包装方式、包装材质、规格尺寸、车种车型、包装标志等是否符合《铁路危险货物运输管理规则》规定。

（4）各铁路局要根据专用线办理剧毒品运输的情况，配齐专用线货运员。装卸作业时，货运员要会同托运人确认品名、清点件数（罐车除外），监督托运人进行施封，并检查施封是否有效。须在车辆上门扣用加固锁加固并安装防盗报警装置。

剧毒品运输过程须进行签认。

（5）剧毒品运输安全要作为重点纳入车站日班计划、阶段计划。车站编制日班计划、阶段计划时要重点掌握，优先安排改编和挂运。车站要根据作业情况建立剧毒品车辆登记、检查、报告和交接制度，值班站长要按技术作业过程对剧毒品车辆进行跟踪监控。

9. 放射性物质运输

（1）在托运货物中任何含有放射性核素并且其放射性比活度和总放射性活度都超过《铁路危险货物运输管理规则》相应限值者属于放射性物质。

（2）托运人托运放射性物质或放射性物质空容器时，应出具经铁路卫生防疫部门核查签发的“铁路运输放射性物质包装件表面污染及辐射水平检查证明书”或“铁路运输放射性物质空容器检查证明书”一式两份，一份随货物运单交收货人，一份发站留存。

对辐射水平相等、重量固定、包装件统一的放射性物质（如化学试剂、化学制品、矿石、矿砂等）再次托运时，可出具证明书复印件。

托运封闭型固体块状辐射源，如果当地无核查单位时，托运人可凭原有辐射水平检查证明书托运。

（3）放射性物质的包装除应符合本规则包装和标志的有关规定外，还必须满足下列要求：

① 包装件应有足够的强度，保证内容物不泄漏和散失。内、外容器必须封严、盖紧，能有效地减弱放射线强度至允许水平并使放射性物质处于次临界状态。

② 便于搬运、装卸和堆码，质量在 5kg 以上的包装件应有提手，袋装矿石、矿砂袋口两角应扎结抓手，30kg 以上的应有提环、挂钩，50kg 以上的包装件应清晰耐久地标明总质量。

③ 应在包装件两侧分别粘贴、喷涂或拴挂放射性货物包装标志。

(4) 托运 B 型包装件、气体放射性物质、国家管制的核材料以及“危险货物品名索引表”内未列载的放射性物质时，须由托运人的主管部门与铁路管理部门商定运输条件。

第五节 危险化学品水路运输安全要求

水路运输是以船舶为主要运输工具，以码头、港口为转载基地，以水域包括海洋、河流和湖泊为运输活动范围的一种运输方式。水运至今仍是世界许多国家最重要的运输方式之一。危险化学品水路运输，不但涉及货物运输的安全管理，还涉及各类港口、港站、码头及相关作业的安全管理。

一、水路危险货物运输安全要求

交通部（现交通运输部）颁布并于 1996 年 12 月起施行的《水路危险货物运输规则》[18]，为加强水路危险货物运输管理，保障运输安全，提供了法律依据。要求水路运输危险货物有关托运人、承运人、作业委托人、港口经营人以及其他各有关单位和人员严格执行。

1. 包装和标志

(1) 除爆炸品、压缩气体、液化气体、感染性物品和放射性物品的包装外，危险货物的包装按其防护性能分为：

① Ⅰ类包装。适用于盛装高度危险性的货物。

② Ⅱ类包装。适用于盛装中度危险性的货物。

③ Ⅲ类包装。适用于盛装低度危险性的货物。

各类包装应达到的防护性能要求见《水路危险货物运输规则》附件三“包装型号、方法、规格和性能试验”。各种危险货物所要求的包装类别见该货物明细表。

（2）危险货物的包装（压力容器和放射性物品的包装另有规定）应按规定进行性能试验。申报和托运危险货物应持有交通运输部认可的包装检验机构出具的“危险货物包装检验证明书”，符合要求后，方可使用。

（3）盛装危险货物的压力容器和放射性物品的包装应符合国家主管部门的规定，压力容器应持有商检机构或锅炉压力容器检测机构出具的检验合格证书；放射性物品应持有卫生防疫部门出具的“放射性物品包装件辐射水平检查证明书”。

（4）根据危险货物的性质和水路运输的特点，包装应满足以下基本要求：

① 包装的规格、形式和单件质量（重量）应便于装卸或运输。

② 包装的材质、形式和包装方法（包括包装的封口）应与拟装货物性质相适应。包装内的衬垫材料和吸收材料应与拟装货物性质相容，并能防止货物移动和外漏。

③ 包装应具有一定强度，能经受住运输中的一般风险。盛装低沸点货物的容器，其强度须具有足够的安全系数，以承受住容器内可能产生的较高的蒸气压力。

④ 包装应干燥、清洁、无污染，并能经受住运输过程中温、湿度的变化。

⑤ 容器盛装液体货物时，必须留有足够的膨胀余位（预留容积），防止在运输中因温度变化而造成容器变形或货物渗漏。

⑥ 盛装下列危险货物的包装应达到气密封口的要求：

a. 产生易燃气体或蒸气的货物；

b. 干燥后成为爆炸品的货物；

c. 产生毒性气体或蒸气的货物；

d. 产生腐蚀性气体或蒸气的货物；

e. 与空气发生危险反应的货物。

（5）采用与《水路危险货物运输规则》不同的其他包装方法（包括新型包装），应符合第（4）条的①、②、③的规定，由起运港的港务（航）监督机构和港口管理机构共同依据技术部门的鉴定审核同意并报交通运输部批准后，方可作为等效包装使用。

（6）危险货物包装重复使用时，应完整无损，无锈蚀，并应符合上述（2）、（4）条的规定。

（7）危险货物的成组件应具有足够的强度，并便于用机械装卸作业。

（8）使用可移动罐柜盛装危险货物，可移动罐柜应符合《水路危险货物运输规则》“可移动罐柜”的要求。对适用于集装箱条款定义的罐柜还应满足船检部门《集装箱检验规范》的有关要求。

(9) 每一盛装危险货物的包装上均应标明所装货物的正确运输名称，名称的使用应符合“危险货物明细表”(见《水路危险货物运输规则》附件一) 的规定。包装明显处、集装箱四侧、可移动罐柜四周及顶部应粘贴或印刷符合“危险货物标志”的规定。

具有两种或两种以上危险性的货物，除按其主要危险性标贴主标志外，还应标贴《水路危险货物运输规则》危险货物明细表中规定的副标志（副标志无类别号)。

标志应粘贴、刷印牢固，在运输过程中清晰、不脱落。

(10) 除因包装过小只能粘贴或印刷较小的标志外，危险货物标志不应小于100mm×100mm，集装箱、可移动罐柜使用的标志不应小于250mm×250mm。

(11) 集装箱内使用固体二氧化碳（干冰）制冷时，装箱人应在集装箱门上显著标明“危险！内有二氧化碳（干冰)，进入前需彻底通风”字样。

(12) 集装箱、可移动罐柜和重复使用的包装，其标志应符合规定，并除去不适合的标志。

(13) 按《水路危险货物运输规则》规定属于危险货物，但国际运输时不属于危险货物，外贸出口时，在国内运输区段包装件上可不标贴危险货物标志，由托运人和作业委托人分别在水路货物运单和作业委托单特约事项栏内注明“外贸出口，免贴标志”；外贸进口时，在国内运输区段，按危险货物办理。

国际运输属于危险货物，但按《水路危险货物运输规则》规定不属于危险货物，外贸出口时，国内运输区段，托运人和作业委托人应按外贸要求标贴危险货物标志，并应在水路货物运单和作业委托单特约事项栏内注明“外贸出口属于危险货物”；外贸进口时，在国内运输区段，托运人和作业委托人应按进口原包装办理国内运输，并应在水路货物运单和作业委托单特约事项栏内注明“外贸进口属于危险货物”。

如《水路危险货物运输规则》对货物的分类与国际运输分类不一致，外贸出口时，在国内运输区段，其包装件上可粘贴外贸要求的危险货物标志；外贸进口时，国内运输区段按《水路危险货物运输规则》的规定粘贴相应的危险货物标志。

2. 托运

(1) 危险货物的托运人或作业委托人应了解、掌握国家有关危险货物运输的规定，并按有关法规和港口管理机构的规定，向港务（航）监督机构办理申报并分别同承运人和起运、到达港港口经营人签订运输、作业合同。

（2）办理危险货物运输、装卸时，托运人、作业委托人应向承运人、港口经营人提交以下有关单证和资料：

①“危险货物运输声明”或“放射性物品运输声明”；

②“危险货物包装检验证明书”“压力容器检验合格证书”或“放射性物品包装件辐射水平检查证明书”；

③ 集装箱装运危险货物，应提交有效的“集装箱装箱证明书”；

④ 托运民用爆炸品应提交所在地县、市公安机关根据《民用爆炸物品管理条例》核发的“爆炸物品运输证”；

⑤ 除提交上述①～④条的有关单证外，对可能危及运输和装卸安全或需要特殊说明的货物还要提交有关资料。

（3）运输危险货物应使用红色运单；港口作业应使用红色作业委托单。

（4）托运《水路危险货物运输规则》未列名的危险货物，托运前托运人应向起运港港口管理机构和港务（航）监督机构提交经交通运输部认可的部门出具的“危险货物鉴定表”，由港口管理机构会同港务（航）监督机构确定装卸、运输条件，经交通运输部批准后，按《水路危险货物运输规则》相应类别中“未另列名”项办理。

（5）托运装过有毒气体、易燃气体的空钢瓶，按原装危险货物条件办理。托运装过液体危险货物、毒害品（包括有毒害品副标志的货物）、有机过氧化物、放射性物品的空容器，如符合下列条件，并在运单和作业委托单中注明原装危险货物的品名、编号和“空容器清洁无害”字样，可按普通货物办理：

① 经倒净、洗清、消毒（毒害品），并持有技术检验部门出具的检验证明书，证明空容器清洁无害；

② 盛装过放射性物品的空容器，其表面清洁无污染，或按可接近非固定污染程度，β或γ发射体低于 $4Bq/cm^2$、α发射体低于 $0.4Bq/cm^2$，并持有卫生防疫部门出具的“放射性物品空容器检查证明书”。

托运装过其他危险货物的空容器，经倒净、洗清，并在运单中和作业委托单中注明原装危险货物的品名和编号和“空容器清洁无害”字样，可按普通货物办理。

（6）符合下列条件之一的危险货物，可按普通货物条件运输：

成套设备中的部分配件或部分材料属于危险货物（只限不能单独包装），托运人确认在运输中不致发生危险，经起运港港口管理机构和港务（航）监督机构认可，并在运单和作业委托单中注明“不作危险货物”字样。

危险货物品名索引中注有 * 符号的货物，其包装、标志符合规定，且每个包装件不超过 10kg，其中每一小包件内货物净重不超过 0.5kg，并由托运人在运单和作业委托单中注明“小包装化学品”字样；但每批托运货物总净重不得超过100kg，并按有关规定办理申报或提交有关单证。

(7) 性质相抵触或消防方法不同的危险货物应分票托运。

(8) 个人托运危险货物，还须持本人身份证件办理托运手续。

3. 承运

(1) 装运危险货物时，承运人应选派技术条件良好的适载船舶。船舶的舱室应为钢质结构。电气设备、通风设备、避雷防护、消防设备等技术条件应符合要求。

总吨位在500t以下的船舶以及乡镇运输船舶、水泥船、木质船装运危险货物，按国家有关规定办理。

(2) 客船和客渡船禁止装运危险货物。客货船和客滚船载客时，原则上不得装运危险货物。确需装运时，船舶所有人（经营人）应根据船舶条件和危险货物的性能制定限额要求，部属航运企业报交通运输部备案，地方航运企业报省、自治区、直辖市交通主管部门和港务（航）监督机构备案，并严格按限额要求装载。

(3) 船舶装运危险货物前，承运人或其代理应向托运人收取托运中所规定的有关单证。

(4) 载运危险货物的船舶，在航行中要严格遵守避碰规则。停泊、装卸时应悬挂或显示规定的信号。除指定地点外，严禁吸烟。

(5) 装运爆炸品、一级易燃液体和有机过氧化物的船、驳，原则上不得与其他驳船混合编队、拖带。必须混合编队、拖带时，船舶所有人（经营人）要制定切实可行的安全措施，经港务（航）监督机构批准后，报交通运输部备案。

(6) 装载易燃、易爆危险货物的船舶，不得进行明火、烧焊或易产生火花的修理作业。如有特殊情况，应采用相应的安全措施。在港时，应经港务（航）监督机构批准并向港口公安消防监督机关备案；在航时应经船长批准。

(7) 除客货船外，装运危险货物的船舶不准搭乘旅客和无关人员。搭乘押运人员时，需经港务（航）监督机构批准。

(8) 船舶装载危险货物应严格按照《水路危险货物运输规则》附件四“积载和隔离”的规定和《水路危险货物运输规则》附件一“各类危险货物引言和明细表”中的特殊积载要求合理积载、配装和隔离。积载处所应清洁、阴凉、通风良好。

遇有下列情况，应采用舱面积载：

① 需要经常检查的货物；

② 需要近前检查的货物；

③ 能生成爆炸性气体混合物，产生剧毒蒸气或对船舶有强烈腐蚀性的货物；

④ 有机过氧化物；

⑤ 发生意外事故时必须投弃的货物。

(9) 船舶危险货物的积载，要确保其安全和应急消防设备的正常使用及过道的畅通。

(10) 发生危险货物落入水中或包装破损溢漏等事故时，船舶应立即采取有效措施并向就近的港务（航）监督机构报告详情并做好记录。

(11) 滚装船装运“只限舱面”积载的危险货物，不应装在封闭和开敞式车辆甲板上。

(12) 纸质容器（如瓦楞纸箱和硬纸板桶等）应装在舱内，如装在舱面，应妥加保护，使其在任何时候都不会因受潮湿而影响其包装性能。

(13) 危险货物装船后，应编制危险货物清单，并在货物积载图上标明所装危险货物的品名、编号、分类、数量和积载位置。

(14) 承运人及其代理人应按规定做好船舶的预、确报工作，并向港口经营人提供卸货所需的有关资料。

(15) 对不符合承运要求的船舶，港务（航）监督机构有权停止船舶进、出港和作业，并责令有关单位采取必要的安全措施。

4. 装卸

(1) 船舶载运危险货物，承运人应按规定向港务（航）监督机构办理申报手续，港口作业部门根据装卸危险货物通知单安排作业。

(2) 装卸危险货物的泊位以及危险货物的品种和数量，应经港口管理机构和港务（航）监督机构批准。

(3) 装卸危险货物应选派具有一定专业知识的装卸人员（班组）担任。装卸前应详细了解所装卸危险货物的性质、危险程度、安全和医疗急救等措施，并严格按照有关操作规程作业。

(4) 装卸危险货物，应根据货物性质选用合适的装卸机具。装卸易燃、易爆货物，装卸机械应安置火星熄灭装置，禁止使用非防爆型电气设备。装卸前应对装卸机械进行检查，装卸爆炸品、有机过氧化物、一级毒害品、放射性物品，装卸机具应按额定负荷降低 25% 使用。

(5) 装卸危险货物，应根据货物的性质和状态，在船-岸、船-船之间设置安全网，装卸人员应穿戴相应的防护用品。

（6）夜间装卸危险货物，应有良好的照明，装卸易燃、易爆货物应使用防爆型的安全照明设备。

（7）船方应向港口经营人提供安全的在船作业环境。如货舱受到污染，船方应说明情况。对已被毒害品、放射性物品污染的货舱，船方应申请卫生防疫部门检测，采取有效措施后方可作业。起卸包装破损的危险货物和能放出易燃、有毒气体的危险货物前，应对作业处所进行通风，必要时应进行检测。如船舶确实不具备作业环境，港口经营人有权停止作业，并书面通知港务（航）监督机构。

（8）船舶装卸易燃、易爆危险货物期间，不得进行加油、加水（岸上管道加水除外）、拷铲等作业；装卸爆炸品时，不得使用和检修雷达、无线电电报发射机。所使用的通信设备应符合有关规定。

（9）装卸易燃、易爆危险货物，距装卸地点 50m 范围内为禁火区。内河码头、泊位装卸上述货物应划定合适的禁火区，在确保安全的前提下方可作业。作业人员不得携带火种或穿铁掌鞋进入作业现场，无关人员不得进入。

（10）没有危险货物库场的港口，一级危险货物原则上以直接换装方式作业。特殊情况，需经港口管理机构批准，采取妥善的安全防护措施并在批准的时间内装上船或提离港口。

（11）装卸危险货物时，遇有雷鸣、电闪或附近发生火警，应立即停止作业，并将危险货物妥善处理。雨雪天气禁止装卸遇湿易燃物品。

（12）装卸危险货物，现场应备有相应的消防、应急器材。

（13）装卸危险货物，装卸人员应严格按照计划积载图装卸，不得随意变更。装卸时应稳拿轻放，严禁撞击、滑跌、摔落等不安全作业。堆码要整齐、稳固，桶盖、瓶口朝上，禁止倒放。包装破损、渗漏或受到污染的危险货物不得装船，理货部门应做好检查工作。

（14）爆炸品、有机过氧化物、一级易燃液体、一级毒害品、放射性物品，原则上应最后装最先卸。装有爆炸品的舱室内，在中途港不应加载其他货物，确需加载时应经港务（航）监督机构批准并按爆炸品的有关规定作业。

（15）对温度较为敏感的危险货物，在高温季节，港口应根据所在地区气候条件确定作业时间，并不得在阳光直射处存放。

（16）装卸可移动罐柜，应防止罐柜在搬运过程中因内装液体晃动而产生静电等不安全因素。

（17）危险货物集装箱在港区内拆、装箱，应在港口管理机构批准的地点进行，并按有关规定采取相应的安全措施后方可作业。

（18）对下列各种情况，港口管理机构有权停止船舶作业，并责令有关方面采取必要的安全处置措施：

① 船舶设备和装卸机具不符合要求；

② 货物装载不符合规定；

③ 货物包装破损、渗漏、受到污染或不符合有关规定。

5. 储存和交付

（1）经常装卸危险货物的港口，应建有存放危险货物的专用库（场）；建立健全管理制度，配备经过专业培训的管理人员及安全保卫和消防人员，配有相应的消防器材。库（场）区域内，严禁无关人员进入。

（2）非危险货物专用库（场）存放危险货物，应经港口管理机构批准，并根据货物性质安装安全电气照明设备，配备消防器材和必要的通风、报警设备。库内应保持干燥、阴凉。

（3）危险货物入库（场）前，应严格验收。包装破损、撒漏、外包装有异状、受潮或沾污其他货物的危险货物应单独存放，及时妥善处理。

（4）危险货物堆码要整齐、稳固，垛顶距灯不少于 1.5m，垛距墙不少于 0.5m、距垛不少于 1m；性质不相容的危险货物、消防方法不同的危险货物不得同库存放，确需存放时应符合《水路危险货物运输规则》附件四中的隔离要求。消防器材、配电箱周围 1.5m 内禁止存放任何物品。堆场内消防通道不少于 6m。

（5）存放危险货物的库（场）应经常进行检查，并做好检查记录，发现异常情况迅速处理。

（6）危险货物出运后，库（场）应清扫干净，对存放危险货物而受到污染的库（场）应进行洗刷，必要时应联系有关部门处理。

（7）抵港危险货物，承运人或其代理人应提前通知收货人做好接运准备，并及时发出提货通知。交付时按货物运单（提单）所列品名、数量、标记核对后交付。对残损和撒漏的地脚货应由收货人提货时一并提离港口。

收货人未在港口规定时间内提货时，港口公安部门应协助做好货物催提工作。

（8）对无票、无货主或经催提后收货人仍未提取的货物，港口可依据国家《关于港口、车站无法交付货物的处理办法》的规定处理。对危及港口安全的危险货物，港口管理机构有权及时处理。

6. 消防和泄漏处理

（1）港口经营人、承运船舶应建立健全危险货物运输安全规章制度，制定事故应急措施，组织建立相应的消防应急队伍，配备消防、应急器材。

（2）承运船舶、港口经营人在作业前应根据货物性质配备《船舶装运危险货物应急措施》有关应急表中要求的应急用具和防护设备，并应符合《水路危险货物运输规则》附件一“各类危险货物引言和明细表”中的特殊要求。作业过程中（包括堆存、保管）发现异常情况，应立即采取措施，消除隐患。一旦发生事故，有关人员应按《危险货物事故医疗急救指南》的要求在现场指挥员的统一指挥下迅速开展施救，并立即报告公安消防部门、港口管理机构和港务（航）监督机构等有关部门。

（3）船舶在港区、河流、湖泊和沿海水域发生危险货物泄漏事故，应立即向港务（航）监督机构报告，并尽可能将泄漏物收集起来，清除到岸上的接收设备中去，不得任意倾倒。

船舶在航行中，为保护船舶和人命安全，不得不将泄漏物倾倒或将冲洗水排放到水中时，应尽快向就近的港务（航）监督机构报告。

（4）泄漏货物处理后，对受污染处所应进行清洗，消除危害。

船舶发生强腐蚀性货物泄漏，应仔细检查是否对船舶造成结构上的损坏，必要时应申请船舶检验部门检验。

（5）危险货物运输中有关防污染要求，应符合我国有关环境保护法规的规定。

二、港口危险货物安全要求

交通运输部根据2014年修订的《安全生产法》的要求全面修订了原《港口危险货物安全管理规定》，并自2017年10月15日起施行[19]。

《港口危险货物安全管理规定》共8章88条，分别为总则、建设项目安全审查、经营人资质、作业管理、应急管理、安全监督与管理、法律责任、附则。此次修订主要从完善管理职责、调整许可权限、落实企业主体责任、健全管理制度、强化法律责任五个方面进行了修改，进一步完善了危险货物港口建设项目在工程建设过程中的安全保障与安全监管制度，并着重加强了安全监管责任与企业主体责任的落实。主要内容包括：

1. 完善安全管理职责体系

为充分体现和落实分级管理、属地管理的原则，《港口危险货物安全管理规定》进一步明确了各级交通运输（港口）管理部门的职责，强化了省级交通运输主管部门对下级部门的指导督促。

2. 调整优化部分许可管理权限

一是将危险货物港口建设项目的安全条件审查权限划分标准由立项层级调整为危险程度。随着国家投融资体制改革的推进，国家和省级立项项目逐步减少，考虑到设区的市级港口行政管理部门技术力量相对薄弱，对储存或者装卸剧毒化学品以及危险货物码头、仓储设施达到一定规模的港口建设项目由省级港口行政管理部门负责审查，其他项目由设区的市级港口行政管理部门负责审查。

二是由所在地港口行政管理部门统一实施危险货物港口经营资质管理和监督检查。即将从事剧毒化学品、易制爆危险化学品或者有储存设施的港口经营人资质，由设区的市级港口行政管理部门批准调整为所在地港口行政管理部门批准。

3. 落实企业安全生产主体责任

根据新的《安全生产法》以及国务院有关要求，增加了危险货物港口经营人应当健全安全生产组织机构、提取和使用安全生产经费、加强从业人员安全生产教育培训等方面的内容，强化了装卸管理人员取得从业资格、配备专职安全生产管理人员的有关要求，明确了危险货物港口经营人应当开展安全生产风险辨识、评估，针对不同风险制定具体的管控措施，落实管控责任。

4. 建立健全安全管理制度

新增了三个方面的管理制度。

一是信息化管理制度。吸取近年来发生的事故中不能实时掌握危险货物去向和情况的教训，要求港口经营人建立危险货物作业信息系统，实时记录作业基础数据，进行异地备份，并及时准确提供给管理部门，实现对危险货物全流程、全覆盖的安全管控。

二是重点环节管理制度。明确了船港之间、同一作业区域企业之间同时作业等容易产生交叉环节以及危险货物集装箱直装直取、限时限量存放等容易被忽视环节的安全管理要求。

三是信用管理制度。进一步强化信用监管，对危险货物港口经营人存在安全生产违法行为或者造成恶劣社会影响的，列入安全生产不良信用记录。

5. 强化对企业违法行为的行政强制和处罚

根据新修订的《安全生产法》，补充完善了港口行政管理部门可以依法采取停止供电措施强制危险货物港口经营人履行决定，同时对 6 种其他情形，在规章权限内设定了处罚条款，切实增强了《港口危险货物安全管理规定》的威慑力和执行效果。

三、码头危险化学品安全要求

码头供船舶停靠、装卸货物和上下旅客的水工建筑物，相对于作为水路联运设备以及条件供船舶安全进出和停泊的运输枢纽的港口而言，码头是其中具体的单元。作为装卸危险货物的、停泊装有危险货物的船舶时锚地，须经所在地港口行政管理部门批准。

1. 安全要求

码头内的道路须按《道路交通标志和标线》（GB 5768.1～5768.3—2009）的规定漆划道路标线、安装标志、设置信号和必要的交通安全设施。路况复杂、交通流量大的道路和铁路、道路交叉的道口，视距、宽度、坡度需符合安全要求，并设置警告牌及安全防护等设施。港口流动机械车必须按规定进行年检，未经检验或检验不合格的不准在港口道路行驶。港口流动机械车须喷刷放大牌号、车属单位代号、车种标记，并保持清晰完好。

码头应对泊位进行检查，看绞缆机运转是否正常、护舷有无损坏，并准备好引缆。船抵泊前，应插好泊位旗，如在夜间应开启泊位前照明，放置泊位指示灯。船舶停妥后，放下登轮梯。

车辆载运易燃、易爆或其他危险货物进出港口，必须持有公安机关核发的准运证或有关主管部门核发的营运证，车上须按国家标准《道路运输危险货物车辆标志》要求设置“危险品”字样的标志灯牌。货物要绑扎牢固，指派专人押车，按指定的时间、路线行驶。

车辆载运不得超过行驶证核定的载重量。载运体积超限的大件物品时，须按港口公安机关指定的时间、路线限速行驶，并有明显标志，必要时有先导车辆和人员引导。集装箱专用车载运其他货物时须加装护栏。轮式起重机、叉车、装载机在吊、载货物时，不准作为运输车辆吊载货物在港口主干道路上行驶。

进入危险化学品码头，应消除人体静电。装卸危险化学品时禁止无关人员、车辆进入装卸码头区域内，车辆应配阻火器，控制车速。雨雪天气禁止装卸遇湿易燃物品。遇有雷电或烟囱、排气管冒火，应立即关阀、封舱，停止装卸作业。

2. 船舶管理

载运危险货物的船舶办理进、出港口申报手续，申报内容应至少包括船名、预计进出港口的时间以及所载危险货物的正确名称、编号、类别、数量、特性、包装、装载位置等，并提供船舶持有安全适航、适装、适运、防污染证书或者文书的情况。船舶载运危险货物，应当符合有关危险货物积载、隔离和运输的安全技术规范，并只能承运船舶检验机构签发的适装证书中所载明的货种。

船舶停靠码头时必须在码头允许靠泊的能力范围内，并符合码头的安全要求。在船舶抵港前，根据船方提供的有关系泊设备和缆绳的情况制定系泊方案，并将有关设施情况告知船方，并经船长认可。

油轮靠泊后，必须将围油栏围好，并在码头上准备好吸油毡。油船装卸前应将甲板的排水孔与码头的排水孔堵住。在码头醒目的位置设置各种禁令标志牌、海员通道指示牌、车辆限速牌等。船舶作业前，岸、船双方要确认安全保障措施。

船舶装卸易燃、易爆危险货物期间，不得进行加油、加水（岸上管道加水除外）、拷铲等作业；装卸爆炸品时，不得使用和检修雷达、无线电电报发射机，所使用的通信设备应符合有关规定。

装有爆炸品的舱室内，在中途港不应加载其他货物，确需加载时应经港务（航）监督机构批准并按爆炸品的有关规定作业。对温度较为敏感的危险货物，在高温季节，港口应根据所在地区气候条件确定作业时间，并不得在阳光直射处存放。

危险货物在码头停留时间，一级危险化学品不得超过 24h，二级危险化学品不得超过 48h。

3. 装卸作业管理

危险化学品货船装卸作业时，应随时保持适航性，首尾外侧备有应急拖缆，一旦发生意外应立即离开码头。

装卸易燃、易爆危险货物，距装卸地点 50m 范围内为禁火区，禁止无关船舶停靠码头。内河码头、泊位装卸上述货物应划定合适的禁火区，在确保安全的前提下方可作业。作业人员不得携带火种或穿铁掌鞋进入作业现场，无关人员不得进入。没有危险货物库场的港口，一级危险货物原则上以直接换装方式作业。特殊情况需经港口管理机构批准，采取妥善的安全防护措施并在批准的时间内装上船或提离港口。

易燃、易爆物品装卸作业时，必须使用经国家有关部门鉴定认可的防爆工具及照明设备，接触钢铁设备时严禁敲打和撞击，对可能泄漏易燃易爆气体的地点应设置可燃气体浓度检测报警仪。夜间作业时码头提供良好的照明，照明工具应满足安全防爆的要求。

4. 事故应急

装卸危险货物现场应备有相应的消防、应急器材。装卸剧毒物品时现场要具备剧毒介质装卸作业的应急处理安全措施。

船舶在港区、河流、湖泊和沿海水域发生危险货物泄漏事故，应立即向港务（航）监督机构报告，并尽可能将泄漏物收集起来，清除到岸上的接收设备中去，不得任意倾倒。

第六节 危险化学品航空运输安全要求

航空运输是在航空线路和机场的允许条件下，利用飞机进行人员和货物运输。目前航空运输货运量占全国运输量比例还很小，随着物流的快速发展，航空运输在货运方面将会扮演重要角色。

危险品航空运输现行法律依据是中国民用航空局令第 216 号颁布的《中国民用航空危险品运输管理规定》(CCAR-276-R1)[20]，自 2014 年 3 月 1 日起施行。其中，“危险品”是指列在《危险物品安全航空运输技术细则》危险品清单中或者根据该细则归类的能对健康、安全、财产或环境构成危险的物品或物质。危险化学品属于危险品的管理范围。

一、危险品航空运输许可程序

(1) 经营人从事危险品航空运输，应当取得危险品航空运输许可并根据许可内容实施。

(2) 国内经营人申请危险品航空运输许可的，应当符合下列条件：

① 持有公共航空运输企业经营许可证；

② 危险品航空运输手册符合危险品运输的要求；

③ 危险品培训大纲符合危险品运输的要求；

④ 按危险品航空运输手册建立了危险品航空运输管理和操作程序、应急方案；

⑤ 配备了合适的和足够的人员并按危险品培训大纲完成培训并合格；

⑥ 有能力按《中国民用航空危险品运输管理规定》《危险物品安全航空运输技术细则》和危险品航空运输手册实施危险品航空运输。

二、危险品航空运输手册

(1) 国内经营人的危险品航空运输手册应当至少包括以下内容：

① 进行危险品航空运输的总政策；

② 有关危险品航空运输管理和监督的机构和职责；

③ 旅客和机组人员携带危险品的限制；

④ 危险品事故、危险品事故征候的报告程序；

⑤ 货物和旅客行李中隐含危险品的识别；

⑥ 使用自营航空器运输本经营人危险品的要求；

⑦ 人员的培训；

⑧ 危险品航空运输应急响应方案；

⑨ 紧急情况下危险品运输预案；

⑩ 其他有关安全的资料或者说明。

（2）从事危险品运输经营人的危险品航空运输手册还应当包括以下内容：

① 危险品航空运输的技术要求及其操作程序；

② 通知机长的信息。

国内经营人应当采取措施保持危险品航空运输手册所有内容的实用性和有效性。

三、危险品航空运输的准备

航空运输的危险品所使用的包装物应当符合下列要求：

（1）包装物应当构造严密，能够防止在正常运输条件下由于温度、湿度或者压力的变化，或者由于振动而引起渗漏。

（2）包装物应当与内装物相适宜，直接与危险品接触的包装物不能与该危险品发生化学反应或者其他反应。

（3）包装物应当符合《危险物品安全航空运输技术细则》中有关材料和构造规格的要求。

（4）包装物应当按照《危险物品安全航空运输技术细则》的规定进行测试。

（5）对用于盛装液体的包装物，应当能承受《危险物品安全航空运输技术细则》中所列明的压力而不渗漏。

（6）内包装应当以防止在正常航空运输条件下发生破损或者渗漏的方式进行包装、固定或者垫衬，以控制其在外包装物内的移动。垫衬和吸附材料不得与包装物的内装物发生危险反应。

（7）包装物应当在检查后证明其未受腐蚀或者其他损坏时，方可再次使用。再次使用包装物时，应当采取一切必要措施防止随后装入的物品受到污染。

（8）如果由于之前内装物的性质，未经彻底清洗的空包装物可能造成危害时，应当将其严密封闭，并按其构成危害的情况加以处理。

（9）包装件外部不得黏附构成危害数量的危险物质。

四、托运人的责任

按《中国民用航空危险品运输管理规定》和《危险物品安全航空运输技术细则》要求接受相关危险品知识的培训并合格。托运人将危险品的包装件或者集合包装件提交航空运输前，应当按照《中国民用航空危险品运输管理规定》和《危险物品安全航空运输技术细则》的规定，保证该危险品不是航空运输禁运的危险品，并正确地进行分类、包装、加标记、贴标签，提供真实准确的危险品运输相关文件。

托运国家法律、法规限制运输的危险品，应当符合相关法律、法规的要求。

五、经营人及其代理人的责任

（1）经营人应当在民航地区管理局颁发的危险品航空运输许可所载明的范围和有效期内开展危险品航空运输活动。

（2）经营人应当制定措施防止行李、货物、邮件及供应品中隐含危险品。

（3）经营人接收危险品进行航空运输至少应当符合下列要求：

① 附有完整的危险品运输文件，《危险物品安全航空运输技术细则》另有要求的除外；

② 按照《危险物品安全航空运输技术细则》的接收程序对包装件、集合包装件或者装有危险品的专用货箱进行检查；

③ 确认危险品运输文件的签字人已按规定及《危险物品安全航空运输技术细则》的要求培训并合格。

六、危险品航空运输信息

（1）经营人在其航空器上载运危险品，应当在航空器起飞前向机长提供《危险物品安全航空运输技术细则》规定的书面信息。

（2）经营人应当在运行手册中提供信息，使机组成员能履行其对危险品航空运输的职责，同时应当提供在出现涉及危险品的紧急情况时采取的行动指南。

（3）经营人应当确保在旅客购买机票时向旅客提供关于禁止航空运输危险品的信息。通过互联网提供的信息可以是文字或者图像形式，但应当确保只有在旅客表示已经理解行李中的危险品限制之后方可完成购票手续。

（4）在旅客办理乘机手续前，经营人应当在其网站或者其他信息来源向旅客提供《危险物品安全航空运输技术细则》关于旅客携带危险品的限制要求。通过互联网办理乘机手续的，经营人应当向旅客提供关于禁止旅客航空运输的危险品种类的信息。信息可以是文字或者图像形式，但应当确保只有在旅客表示已经理解行李中的危险品限制之后方可完成办理乘机手续。

旅客自助办理乘机手续的，经营人应当向旅客提供关于禁止旅客航空运输的危险品种类的信息。信息应当是图像形式，并应确保只有在旅客表示已经理解行李中的危险品限制之后方可完成办理乘机手续。

（5）经营人、机场管理机构应当保证在机场每一售票处、办理旅客乘机手续处、登机处以及其他旅客可以办理乘机手续的任何地方醒目地张贴数量充足的布告，告知旅客禁止航空运输危险品的种类。这些布告应当包括禁止用航空器运输的危险品的直观示例。

（6）经营人、货运销售代理人和地面服务代理人应当在货物、邮件收运处的醒目地点展示和提供数量充足、引人注目的关于危险品运输信息的布告，以提醒托运人及其代理人注意到托运物可能含有的任何危险品以及危险品违规运输的相关规定和法律责任。这些布告必须包括危险品的直观示例。

（7）与危险品航空运输有关的经营人、托运人、机场管理机构等其他机构应当向其人员提供信息，使其能履行与危险品航空运输相关的职责，同时应当提供在出现涉及危险品的紧急情况时采取的行动指南。

（8）发生危险品事故或者危险品事故征候，经营人应当向经营人所在国及事故、事故征候发生地所在国有关当局报告。

参考文献

[1] 邹宗峰，张保全．危险化学品道路运输安全管理现状及发展趋势研究［J］．中国安全科学学报，2011，21（6）：129-133.

[2] 张江华，赵来军．危险化学品运输风险分析［J］．系统工程理论与实践，2007，（12）：117-121.

[3] 俞丹，徐逸桥，梁力虎．我国危险品公路运输业发展现状分析［J］．中国储运，2019，（2）：105-108.

[4] Nikolai H. Hazardous materials truck transportation problems A classification [J]. Safety Transportation Research Part D, 2019, 69: 305-328.

[5] Ren C, Yuan X, Wang J, et al. Study on Emergency response rank mode of flammable and explosive hazardous materials road transportation [J]. Procedia Engineering, 2012, 45: 830-835.

[6] Hao Y, Yang W, Xing Z, et al. Calculation of accident probability of gas pipeline based on evolutionary tree and moment multiplication [J]. International Journal of Pressure Vessels and Piping, 2019, 176: 103955.

[7] Huang W C. A systematic railway dangerous goods transportation system risk analysis [J]. Journal of loss Preventing in the Process Industries, 2019, 61: 94-103.

[8] 杨露萍, 陆松. 铁路危险货物运输发展策略的思考 [J]. 铁路货运, 2016, 34 (2): 55-58.

[9] 许文清. 内河水域危险化学品储运研究 [J]. 铁道警察学院学报, 2018, 28 (4): 52-54.

[10] 民航局运输司综合处. 中国民用航空危险品运输管理现状及政策解读 [EB/OL]. 中国民用航空危险品运输网, 2016.

[11] 交通运输部. 交通运输部关于修改《道路危险货物运输管理规定》的决定 [A]. 交通运输部 1 令 2019 年第 42 号, 2019.

[12] 交通运输部. 危险货物道路运输安全管理办法 [A]. 交通运输部 2019 年第 29 号, 2019.

[13] JT/T 617—2018. 危险货物道路运输规则 [S].

[14] 楚峰. 让危货运输更安全更高效——解读《危险货物道路运输安全管理办法》 [J]. 运输经理世界, 2019, 1: 22-25.

[15] 国家安全生产监管总局. 危险化学品输送管道安全管理规定 [A]. 2012 年 43 号令颁布, 2015 年 79 号令修正, 2019.

[16] 交通运输部. 铁路危险货物运输安全监督管理规定 [A]. 交通运输部 2015 年第 1 号, 2015.

[17] 中国铁路总公司. 铁路危险货物运输管理规则 [A]. 铁总运 [2017] 164 号, 2017.

[18] 交通部. 水路危险货物运输规则 [A]. 1996 年 10 号令, 1996.

[19] 交通运输部. 港口危险货物安全管理规定 [A]. 2017 年 27 号令, 2017.

[20] 中国民用航空局. 中国民用航空危险品运输管理规定 [A]. 中国民用航空局令第 216 号, 2013.

第五章

危险化学品储运企业安全管理

安全管理是以事故和职业危害的预防、控制为目的而进行的决策、计划、组织、领导和控制等活动的总称。

安全管理是危险化学品储运企业最基本的安全工作。系统安全理论认为，企业生产过程中出现的各种人、机、环境不安全问题以致因此而发生事故背后，都有安全管理丧失、缺位的深层次原因。几年来，发生在危险化学品储运环节的每一次重特大事故，调查结论和原因分析中都会涉及管理因素和对管理责任的行政、法律追究。

危险化学品储运企业的安全管理，首先要加强企业的安全生产保障，包括在深刻认识和全面落实企业安全生产主体责任的基础上，提高企业负责人的安全觉悟和责任担当，分解并全面落实岗位安全生产责任制，同时在构建和推行安全生产标准化管理体系中完善安全生产管理制度和安全操作规程，实现全员、全方位、全过程、持续改进的安全管理；其次要加强人的行为安全管理，防止各类不安全行为，加强设备、物料以及环境的安全管理，实现安全的人、安全的物、安全的环境。另外，还要认真落实应急管理各项规定，防止小事故变成大灾害；积极推进储运安全管理信息化建设，实现对储运远程、分散作业的实时安全监管。

第一节　危险化学品储运责任关怀

一、实施责任关怀的总体要求

为了在从事化学品的生产、经营、使用、储存、运输、废弃物处置等业务的企业承诺并实施责任关怀，由我国工业和信息化部颁布的《责任关怀实施准则》（HG/T 4184—2011）[1]，自 2011 年 10 月 1 日起实施。该准则是参照国际化学品协会理事会（ICCA）《责任关怀全球宪章》，按照《安全生产法》《环境保护法》《职业病防治法》《清洁生产促进法》《突发事件应对法》《危险化学品管理条例》等有关规定的原则而制定的。

该准则规定了实施责任关怀的企业的总体要求以及在社区认知和应急响应、储运安全、污染防治、工艺安全、职业健康安全、产品安全监管六项准则中应遵守的具体规则。适用于从事化学品的生产、经营、使用、储存、运输、废弃物处置等业务并承诺实施责任关怀的企业。其中总体要求要点如下：

1. 责任关怀指导原则

（1）不断提高对健康、安全、环境的认知，持续改进生产技术、工艺和产品在使用周期中的性能表现，从而避免对人和环境造成伤害。

（2）有效利用资源，注重节能减排，将废弃物降至最低。

（3）充分认识社会对化学品以及运作过程的关注点，并对其做出回应。

（4）研发和制造能够安全生产、运输、使用以及处理的化学品。

（5）制定所有产品与工艺计划时，应优先考虑健康、安全和环境因素。

（6）向政府有关部门、员工、用户以及公众及时通报与化学品相关的健康、安全和环境危险信息，并且提出有效的预防措施。

（7）与用户共同努力，确保化学品的安全使用、运输以及处理。

（8）装置和设施的运行方式应能有效保护员工和公众的健康、安全和环境。

（9）通过研究有关产品、工艺和废弃物对健康、安全和环境的影响，提升健康、安全、环境的认识水平。

（10）与有关方共同努力，解决以往危险物品处理和处置方面所遗留的问题。

（11）积极参与政府和其他部门制定用以确保社区、工作场所和环境安全的有关法律、法规和标准并满足或严于上述法律、法规和标准的要求。

（12）通过分享经验以及向其他生产、经营、使用、运输或者处置化学品的部门提供帮助来推广责任关怀的原则和实践。

2. 领导与承诺

（1）企业的最高管理者是本单位实施责任关怀的第一责任人，全面负责并落实企业的方针目标、机构设置、制度建立、职责确定、教育培训等基本保障要素。对企业健康、安全、环保管理工作做出明确、公开、文件化的承诺，并提供必要的资源支持。

（2）应坚持全员、全过程、全方位、全天候的健康、安全、环保监督和管理原则，员工要立足岗位，认真落实责任关怀的各项要求。

（3）应明确在社区认知和应急响应、储运安全、污染防治、工艺安全、职业健康安全、产品安全监管等方面的责任，提供有效的资源保障并及时与相关方沟通交流。

（4）应配备相应的工作人员负责产品安全监管。其职责和权限应包括：组织识别和评价产品风险；制定并实施产品安全监管及应急措施；建立有效的产品安全监管制度并持续改进。

3. 法律法规和管理制度

（1）企业应建立识别和获取与责任关怀管理内容相关的适用的法律、法规、标准、规范及其他管理要求的制度，明确责任部门，确定获取渠道、方式和时机，并及时更新。

（2）需将适用的法律、法规、标准及其他管理要求及时传达给相关方，应依据上述要求建立符合企业自身特点的管理制度和技术规程。

（3）应根据相关的产品监管法律法规、标准和其他要求定期进行符合性评审，及时取消不适用的文件。

4. 教育和培训

（1）企业应将适用的法律、法规、标准及其他要求及时对从业人员进行宣传和培训，提高从业人员的守法意识，规范作业行为。

（2）确立全员培训的目标和终身受教育的观念，制定教育和培训计划，定期组织培训教育，建立从业人员的健康、安全、环保等培训教育档案，并做好培训记录。

（3）建立产品安全监管培训制度和计划，根据不同岗位为员工提供有关产品安全的教育与培训，培训对象应特别包括产品的分销商以及与客户接触的员工。

（4）定期开展班组安全活动，对从业人员进行经常性的健康、安全、环保知识和技能的培训和教育，保证其具备必要的专业知识和技能以及应对和处置突发事故的能力。

（5）应对承包商作业人员，外来参观、学习等人员进行健康、安全、环保等相关知识的教育。

5. 检查与绩效考评

（1）企业应建立检查与绩效考评长效机制，采用专项检查表的形式，对责任关怀管理体系各要素的落实情况定期进行监督检查。

（2）应对检查过程中发现的问题及时进行整改，对构成隐患的需进行原因分析，制定可行的整改措施，并对整改结果进行验证。

（3）对暂时不具备整改条件的事故隐患，须采取可靠的应急防范措施，并限期解决或停产。

（4）建立绩效考核制度，围绕责任关怀准则要求，每年至少进行一次管理评审，实现持续改进。

二、储运安全准则的实施细则要求

《责任关怀实施准则》（HG/T 4184—2011）对落实储运安全准则提出了具体要求。

1. 目的

为规范化学品相关企业实施责任关怀过程中化学品储运安全管理（包括化学品的转移，再包装和库存保管，经由公路、铁路、水路、航空及管输等各种形式的运输安全管理），从而将其对人和环境可能造成的危害降至最低。

2. 风险管理

（1）企业应制定风险管理的文件化程序，建立和保存风险评价记录。

（2）制定风险管理计划，包括对物流服务供应商的选择、审核等管理手段，不断改善企业在健康、安全及环保方面的表现，以减少与储运活动相关的风险。

（3）在化学品储运前，应对储运链中各环节的作业风险进行有效的识别和评价，其中包括潜在的风险的可能性以及人和环境暴露在泄漏的化学品之下的风险，并且包含物流服务供应商的法规符合性及健康、安全、环保（HSE）绩效评价，并根据风险类型及等级制定相应的风险控制措施。

3. 沟通

（1）企业应定期识别与物流服务有关的风险，及时反馈至供应商。

（2）应向储运链中相关方提供有关危险化学品的最新的化学品安全技术说明书 SDS 数据，SDS 的书写应符合《化学品安全技术说明书 内容和项目顺序》（GB/T 16483）和《化学品安全标签编写规定》（GB 15258）的相关规定，并随产品包装提供符合法规要求的安全标签。

（3）应向储运链中各相关方（包括当地社区）提供有关危险化学品转移、储存和运输方面的信息并重视公众关注的问题。

4. 化学品的转移、储存和处理

（1）企业应制定严格的化学品（包括化学废弃物）储存、出入库安全管理制度及运输、装卸安全管理制度，规范作业行为，减少事故发生，确保企业在储运链中的合作方有能力进行化学品的安全转移、储存以及运输。

（2）合理选择与化学品的特性及搬运量相适应的运输容器和运输方式。明确与储运过程相关的所有程序，减少向外界环境排放化学品的风险，并保护储运链中所涉及人员的安全。

（3）为用户提供辅导，协助其减少危险化学品容器及散装运输工具在归还、清洗、再使用和服务过程中涉及的风险，并保障清洗残余物及废弃容器的正确处置。

5. 物流服务供应商的管理

（1）企业应建立物流服务供应商管理制度，制定物流服务供应商选择标准，实施资格预审、选择、工作准备（包含培训）、作业过程监督、表现评价、续用等的文件化程序，形成合格供应商名录和业绩档案。

（2）确保储存、运输危险化学品的物流服务供应商具有合法、有效的化学品的储运资质，管理人员和操作人员有相应的安全资格证书；储存、运输的场地、设施、设备等硬件条件符合国家法律、法规和标准对化学品的储运要求。

（3）企业应要求物流服务供应商做到：

a. 建立合格分包商名录和业绩档案；

b. 建立对分包商管理的文件化程序；

c. 明确培训需求，为员工和分包商提供适当的培训。

（4）企业应确保所有有关健康、安全及环保（HSE）关键运作程序都被记录存档，并可供物流服务供应商查用。

6. 应急响应

（1）在化学品储运过程发生事故后，企业应向相关方尽快提供相应的处置方案。

（2）应要求物流服务供应商建立应急管理的文件化程序，制定应急预案并组织演练。

（3）应对化学品储运过程中发生的事故或事件进行调查并记录，分析发生原因，提出防范措施。

（4）企业应要求其物流服务供应商对其所发生的事故和事件以及处理过程进行报告。

三、危险化学品储运企业责任关怀的体系构建

1. 责任关怀管理体系框架

落实危险化学品储运责任关怀的相关规则，需要构建以责任关怀的理念为

指导的管理体系。在这个体系的引领下，全员参与，分解责任，持续改进，使责任关怀的规则落到实处[2,3]。

图 5-1 给出了适用于企业安全管理体系的框架，共包含四大模块，每一个模块都有其相应的责任体系及工作任务。

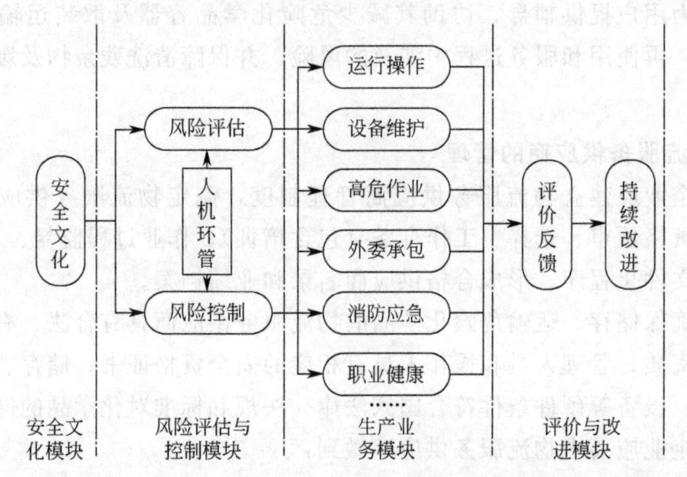

图 5-1　基于责任的安全管理体系框架

（1）安全文化模块　卓越的安全文化是责任关怀体系构建的基础，也是企业安全管理的顶层设计，需要企业主要领导亲自带动，体现企业主要领导作为企业安全生产第一责任人的要求。企业卓越安全文化的建立体现了领导层安全责任的落实程度。

（2）风险评估与控制模块　通过储运过程的危险源辨识、风险评估、制定管理标准和措施、风险预警等方法和措施，达到消除或减少危险源、降低作业风险的目的。评估与控制对象包含人员行为风险、设备风险以及环境风险。风险评估与控制模块是维持安全管理体系有效运作的关键，体现出中层管理者的责任落实程度。

（3）生产业务模块　企业安全决策、安全制度的科学性将最终体现在生产业务执行过程中一线员工的表现和任务的完成结果，多数储运企业的安全问题都出现在这一模块中。正确执行工作程序、正确使用劳动防护用品、正确执行安全措施、正确使用工具、正确避免人身伤害风险等，都是生产业务模块需要规范和约束的，体现了一线员工严格执行制度章程的责任落实程度。

（4）评价与改进模块　优秀的管理体系需要不断评价、反馈和持续改进。通过评价检验制度的有效性，检验管理程序是否符合实际要求；反馈程序执行时的问题，并加以改进，促进管理体系的改善。企业应当营造一个全员参与、主动反馈、实施改进的工作环境，该模块体现了全员主动担当的责任落实程度。

2. 责任关怀管理体系的特征

以责任关怀的理念为指导的管理体系应当具有如下特征：

（1）领导层率先垂范、管理决策体现安全第一原则　领导层在制定安全管理决策、制度章程后应当带头遵循公司的安全承诺，以自身行为树立核心安全价值观，倡导安全高于一切的理念。安全决策的制定是系统全面、严格谨慎的，侧重于反映企业长期的安全业绩。领导层提供保障安全的人力、物力以及管理程序等资源，清楚地定义企业人员的角色、责任和权利，以此来保障安全管理程序能正确执行。

（2）企业内部相互高度信任、充分交流沟通安全信息　企业内部的工作环境是相互信任、相互尊重，通过充分的交流沟通不断加深。在这样的工作环境下，企业建立独立地提出和解决安全问题的渠道，鼓励每名员工提出不同的安全意见，并及时有效地反馈、解决。员工乐于充分交流沟通安全信息，工作相关的沟通、基层工作人员间的沟通、设备的标识、生产经验及文件记录等都成为传递安全信息的载体。

（3）建立学习型团队，真实反映问题并有效解决　企业领导、部门等各级管理团队，珍惜、寻求所有学习提升机会，从管理经验中培育团队的学习能力。利用评估、培训、对标等手段拓宽视野，促进学习来达到提升安全绩效的目的。员工以正确的态度辨识并面对潜在的安全问题，企业给予有效的反馈，充分评价问题的重要性，并采取及时、准确的措施加以解决。而员工正确提出安全问题时，不会遭到企业或个人的骚扰、打压、歧视等。

（4）安全监督管理部门支持和推动　安全监督管理部门主要职责不再是承担现场的隐患排查和作业监察，而是注重安全文化的建设、管理制度的落地、管理流程的推进、安全资源的分配以及获取企业安全生产指标，协助领导层做出安全战略决策。

在这样的管理体系下，员工获得足够的尊重，从被动接受监督转变为主动担当，高效准确地反映安全生产现状，参与安全管理，促进安全绩效提升。

第二节　危险化学品储运企业安全标准化管理

安全生产标准化是指通过建立安全生产责任制，制定安全管理制度和操作规程，排查治理隐患和监控重大危险源，建立预防机制，规范生产行为，使各生产环节符合有关安全生产法律法规和标准规范的要求，人、机、物、环处于良好的生产状态，并持续改进，不断加强企业安全生产规范化建设。

《安全生产法》第四条规定，生产经营单位必须遵守本法和其他有关安全生产的法律、法规，加强安全生产管理，建立、健全安全生产责任制和安全生产规章制度，改善安全生产条件，推进安全生产标准化建设，提高安全生产水平，确保安全生产。

一、安全生产标准化基本规范

《企业安全生产标准化基本规范》(GB/T 33000)[4]，是指导我国企业安全生产标准化管理体系建立的重要依据。

《企业安全生产标准化基本规范》采用了国际通用的策划、实施、检查、改进、动态循环的现代安全管理模式。通过企业自我检查、自我纠正、自我完善这一动态循环的管理模式，更好地促进企业安全绩效的持续改进和安全生产长效机制的建立。

1. 基本规范的一般要求

(1) 原则　企业开展安全生产标准化工作，应遵循“安全第一、预防为主、综合治理”的方针，落实企业主体责任。以安全风险管理、隐患排查治理、职业病危害防治为基础，以安全生产责任制为核心，建立安全生产标准化管理体系，实现全员参与，全面提升安全生产管理水平，持续改进安全生产工作，不断提升安全生产绩效，预防和减少事故的发生，保障人身安全健康，保证生产经营活动有序进行。

(2) 建立和保持　企业应采取“策划、实施、检查、改进”的“PDCA”动态循环模式，按照《企业安全生产标准化基本规范》的规定，结合企业自身特点，自主建立并保持安全生产标准化管理体系，通过自我检查、自我纠正和自我完善构建安全生产长效机制，持续提升安全生产绩效。

(3) 自评和评审　企业安全生产标准化管理体系运行情况，采用企业自评和评审单位评审的方式进行评估。

2. 目标职责

(1) 目标　企业应根据自身安全生产实际，制定文件化的总体和年度安全生产与职业卫生目标，并纳入企业总体生产经营目标。

(2) 机构和职责　企业应落实安全生产组织领导机构，配备相应的专职或兼职安全生产和职业卫生管理人员，按照有关规定配备注册安全工程师，建立健全从管理机构到基层班组的管理网络。落实主要负责人及管理层、分管负责人、各级管理人员的安全责任。

（3）全员参与　企业应建立健全安全生产和职业卫生责任制，应为全员参与安全生产和职业卫生工作创造必要的条件，建立激励约束机制，鼓励从业人员积极建言献策，不断改进和提升安全生产和职业卫生管理水平。

（4）安全生产投入　企业应建立安全生产投入保障制度，按照有关规定为从业人员缴纳相关保险费用。企业宜投保安全生产责任保险。

（5）安全文化建设　企业应开展安全文化建设，确立本企业的安全生产和职业病危害防治理念及行为准则，并教育、引导全体从业人员贯彻执行。

（6）安全生产信息化建设　企业应根据自身实际情况，利用信息化手段加强安全生产管理工作。

3. 制度化管理

（1）法规标准识别　企业应建立安全生产和职业卫生法律法规、标准规范的管理制度，及时识别和获取适用、有效的法律法规、标准规范。应将适用的安全生产和职业卫生法律法规、标准规范的相关要求及时转化为本单位的规章制度、操作规程，并及时传达给相关从业人员，确保相关要求落实到位。

（2）规章制度　企业应建立健全安全生产和职业卫生规章制度，并征求工会及从业人员意见和建议，规范安全生产和职业卫生管理工作。应确保从业人员及时获取制度文本。

（3）操作规程　企业应按照有关规定，结合本企业生产工艺、作业任务特点以及岗位作业安全风险与职业病防护要求，编制齐全适用的岗位安全生产和职业卫生操作规程，发放到相关岗位员工，并严格执行。

（4）文档管理　企业应建立文件和记录管理制度，便于自身管理使用和行业主管部门调取检查。应每年至少评估一次安全生产和职业卫生法律法规、标准规范、规章制度、操作规程的适宜性、有效性和执行情况。应根据评估结果、安全检查情况、自评结果、评审情况、事故情况等，及时修订安全生产和职业卫生规章制度、操作规程。

4. 教育培训

（1）教育培训管理　企业应建立健全安全教育培训制度，按照有关规定进行培训。应如实记录全体从业人员的安全教育和培训情况，并对培训效果进行评估和改进。

（2）人员教育培训　按规定分别对主要负责人和管理人员、从业人员、企业的新入厂（矿）从业人员、特种作业人员、特种设备作业人员、专职应急救援人员、外来人员等进行安全培训并考核。

5. 现场管理

（1）设备设施管理　内容包括设备设施建设、验收、运行、检维修、检测检验、拆除和报废的管理。

（2）作业安全　内容包括作业环境和作业条件、作业行为、岗位达标、相关方的安全要求。

（3）职业健康　企业应为从业人员提供符合职业卫生要求的工作环境和条件，为接触职业病危害的从业人员提供个人使用的职业病防护用品，应将工作过程中可能产生的职业病危害及其后果和防护措施如实告知从业人员，并在劳动合同中写明。企业应按照有关规定，及时、如实向所在地安全监管部门申报职业病危害项目，并及时更新信息。应改善工作场所职业卫生条件，控制职业病危害因素浓度不超过规定的限值。

（4）警示标志　企业应按照有关规定和工作场所的安全风险特点，在有重大危险源、较大危险因素和严重职业病危害因素的工作场所，设置明显的、符合有关规定要求的安全警示标志和职业病危害警示标识。

6. 安全风险管控及隐患排查治理

（1）安全风险管控　企业应建立安全风险辨识管理制度，应建立安全风险评估管理制度，应选择工程技术措施、管理控制措施、个体防护措施等，对安全风险进行控制，应制定变更管理制度。

（2）重大危险源辨识与管理　企业应建立重大危险源管理制度，含有重大危险源的企业应将监控中心（室）视频监控数据、安全监控系统状态数据和监测数据与有关安全监管部门监管系统联网。

（3）隐患排查治理　企业应建立隐患排查治理制度，应根据隐患排查的结果制定隐患治理方案，对隐患及时进行治理。隐患治理完成后，企业应按照有关规定对治理情况进行评估、验收。应如实记录隐患排查治理情况，至少每月进行统计分析，及时将隐患排查治理情况向从业人员通报。

（4）预测预警　企业应根据生产经营状况、安全风险管理及隐患排查治理、事故等情况，建立体现企业安全生产状况及发展趋势的安全生产预测预警体系。

7. 应急管理

（1）应急准备　企业应按照有关规定建立应急管理组织机构，建立与本企业安全生产特点相适应的专（兼）职应急救援队伍。应在开展安全风险评估和应急资源调查的基础上，建立生产安全事故应急预案体系。应根据可能发生的事故种类特点，按照有关规定设置应急设施，配备应急装备，储备应急物资，确保其完好、可靠。应按照规定定期组织生产安全事故应急演练。

（2）应急救援信息系统建设　运输、储存、使用危险物品或处置废弃危险物品的生产经营单位，应建立生产安全事故应急救援信息系统，并与所在地县级以上地方人民政府负有安全生产监督管理职责部门的安全生产应急管理信息系统互联互通。

（3）应急处置　发生事故后，企业应根据预案要求，立即启动应急响应程序，按照有关规定报告事故情况，并开展先期处置。

（4）应急评估　企业应对应急准备、应急处置工作进行评估。运输、储存、使用危险物品或处置废弃危险物品的企业，应每年进行一次应急准备评估。

8. 事故管理

（1）报告　企业应建立事故报告程序，指导从业人员严格按照有关规定的程序报告发生的生产安全事故。

（2）调查和处理　企业应建立内部事故调查和处理制度，将造成人员伤亡（轻伤、重伤、死亡等人身伤害和急性中毒）和财产损失的事故纳入事故调查和处理范畴。

（3）管理　企业应建立事故档案和管理台账，将承包商、供应商等相关方在企业内部发生的事故纳入本企业事故管理。

9. 持续改进

（1）绩效评定　企业每年至少应对安全生产标准化管理体系的运行情况进行一次自评，验证各项安全生产制度措施的适宜性、充分性和有效性，检查安全生产和职业卫生管理目标、指标的完成情况。

（2）持续改进　企业应根据安全生产标准化管理体系的自评结果和安全生产预测预警系统所反映的趋势，以及绩效评定情况，客观分析企业安全生产标准化管理体系的运行质量，及时调整完善相关制度文件和过程管控，持续改进，不断提高安全生产绩效。

二、危险化学品储运企业安全标准化评审

为了客观评定危险化学品储运企业开展安全生产达标建设的情况，国家分别颁布了“评审标准”和“管理办法”。

国家安全生产监督管理总局发布的《危险化学品从业单位安全生产标准化

评审标准》（安监总管三［2011］93号）（简称“评审标准”）[5]，为危险化学品从业单位安全生产标准化工作的规范化、科学化建设提供指导。

国家安全生产监督管理总局下发的《企业安全生产标准化评审工作管理办法（试行）》（安监总办［2014］49号）（简称“管理办法”）[6] 适用于非煤矿山、危险化学品、化工、医药、烟花爆竹、冶金、有色、建材、机械、轻工、纺织、烟草、商贸企业安全生产标准化评审管理工作。

以上两个文件是危险化学品储运企业开展安全生产标准化状况评定的依据。危险化学品储运企业要依据“管理办法”的工作程序，对照“评审标准”的具体条件接受政府主导下的第三方评审，以确定其是否达到以及达到何种等级的标准化要求。

1. 危险化学品储运企业安全生产标准化评审标准

《危险化学品从业单位安全生产标准化评审标准》是以 AQ 3013—2008《危险化学品从业单位安全标准化通用规范》为依据，根据《企业安全生产标准化基本规范》（GB 33000）的内容进行充实，并结合了有关安全生产法律法规和安全许可条件，引入了国务院、国务院安委会、国家安全生产监督管理总局有关文件的要求，细化为危险化学品企业的达标标准。

新修订的《危险化学品安全管理条例》中，对危险化学品的仓储和运输做出了新的规定，《危险化学品从业单位安全生产标准化评审标准》在“危险化学品管理”这一A级要素中也相应增加了规定。其中主要内容有：

（1）危险化学品应储存在专用仓库内，并按照相关技术标准规定的储存方法、储存数量和安全距离，实行隔离、隔开、分离储存，禁止将危险化学品与禁忌物品混合储存；

（2）选用合适的液位测量仪表，实现储罐物料液位动态监控；

（3）危险化学品输送管道应定期巡线；

（4）剧毒化学品及储存数量构成重大危险源的其他危险化学品必须在专用仓库单独存放，实行双人收发、双人保管制度；

（5）危险化学品运输专用车辆要安装具有行驶记录功能的卫星定位装置，并对危险化学品运输车辆 GPS 的安装、使用情况进行检查；

（6）采用金属万向管道充装系统充装液氯、液氨、液化石油气、液化天然气等液化危险化学品。

2. 危险化学品储运企业安全生产标准化打分标准

《危险化学品从业单位安全生产标准化评审标准》对储存和运输项共设25分，其中标准化要求及评分标准见表5-1。

表 5-1　《危险化学品从业单位安全生产标准化评审标准》对储存和运输项的打分标准

标准化要求	企业达标标准	评审方法	评审打分	
			否决项	扣分项
①企业应严格执行危险化学品储存、出入库安全管理制度。危险化学品应储存在专用仓库、专用场地或者专用储存室(以下统称专用仓库)内,并按照相关技术标准规定的储存方法、储存数量和安全距离,实行隔离、隔开、分离储存,禁止将危险化学品与禁忌物品混合储存;危险化学品专用仓库应当符合相关技术标准对安全、消防的要求,设置明显标志,并由专人管理;危险化学品出入库应当进行核查登记,并定期检查	①危险化学品应储存在专用仓库内,并按照相关技术标准规定的储存方法、储存数量和安全距离,实行隔离、隔开、分离储存,禁止将危险化学品与禁忌物品混合储存; ②危险化学品专用仓库符合安全、消防要求,设置明显安全标志、通信和报警装置,并由专人管理; ③危险化学品出入库应当进行核查登记,并定期检查; ④选用合适的液位测量仪表,实现储罐物料液位动态监控; ⑤危险化学品输送管道应定期巡线	查文件: ①危险化学品安全管理制度; ②危险化学品出入库记录; ③检查记录; ④巡线记录。 现场检查: ①危险化学品专用仓库安全设施和安全管理情况; ②液位动态监控系统; ③危险化学品输送管道安全设施		①危险化学品储存不符合规定要求,一处扣2分; ②未建立危险化学品出入库记录,扣2分; ③无动态液位监控系统,扣2分; ④未建立危险化学品输送管道巡线记录,扣2分; ⑤危险化学品专用仓库安全、消防设施配置不符合要求,一处扣2分; ⑥未定期进行安全检查,扣2分; ⑦未设置通信和报警装置,或不符合要求,一处扣2分
②企业的剧毒化学品必须在专用仓库单独存放,实行双人收发、双人保管制度。企业应将储存剧毒化学品的数量、地点以及管理人员的情况,报当地公安部门和安全生产监督管理部门备案	①剧毒化学品及储存数量构成重大危险源的其他危险化学品必须在专用仓库单独存放,实行双人收发、双人保管制度; ②将储存剧毒化学品的数量、地点以及管理人员的情况,报当地公安部门和安全生产监督管理部门备案	查文件: ①剧毒化学品安全管理制度; ②剧毒化学品收发台账; ③剧毒化学品备案资料。 询问: 有关人员对剧毒化学品管理的要求。 现场检查:剧毒化学品仓库安全管理情况	剧毒化学品未实行双人收发、双人保管,扣25分(B级要素否决项)	①剧毒化学品存放不符合要求,一处扣2分; ②未按要求备案,扣2分; ③有关人员不清楚剧毒化学品管理的要求,1人次扣1分; ④剧毒化学品仓库安全管理,一项不符合扣2分

续表

标准化要求	企业达标标准	评审方法	评审打分	
			否决项	扣分项
③企业应严格执行危险化学品运输、装卸安全管理制度，规范运输、装卸人员行为	①严格执行危险化学品运输、装卸安全管理制度，进行安全检查，对运输、装卸人员行为进行规范管理； ②危险化学品运输专用车辆安装具有行驶记录功能的卫星定位装置； ③企业要对危险化学品运输车辆GPS的安装、使用情况进行检查并记录； ④采用金属万向管道充装系统充装液氯、液氨、液化石油气、液化天然气等液化危险化学品；	查文件： ①危险化学品运输、装卸安全管理制度； ②装车前后安全检查记录。 询问： 有关人员对危险化学品运输、装卸的安全管理要求。 现场检查： ①危险化学品运输专用车辆是否配备卫星定位装置； ②充装设施		①装车前后未进行安全检查，无记录，扣2分；检查内容不符合要求，一项扣1分； ②有关人员不清楚危险化学品运输、装卸安全管理要求，1人次扣1分； ③使用无卫星定位装置危险化学品运输车辆，扣2分； ④充装设施不符合要求，一项不符合扣1分
	⑤生产储存危险化学品企业转产、停产、停业或解散时，应当采取有效措施，及时妥善处置危险化学品装置、储存设施以及库存的危险化学品，不得丢弃，处置方案报县级政府有关部门备案	查文件： 危险化学品装置、储存设施以及库存的危险化学品处置文件、备案文件。 现场检查： 废弃设施		①危险化学品装置、储存设施以及库存的危险化学品未按规定处置扣3分； ②未备案扣1分

第三节　危险化学品储运行为安全管理

人的不安全行为是危险化学品储运事故的最主要原因。危险化学品储运作业多属于简单劳动，对人员素质要求不高，其安全意识普遍不高；作业场所往往处于监管盲区，违章作业难以杜绝；作业环境受气候影响较大，易受其干扰而出现作业失误等，这些特点及一系列事故教训决定了危险化学品储运安全管理必须把作业安全管理放在首位。

鉴于危险化学品储运不安全行为的特殊性，作业安全管理需要突破传统“抓三违”之类的头疼医头的模式，推广行为安全管理的科学方法，发挥作业人员的自身安全意识和能动性，变“让我安全”为“我要安全”“我会安全”。

一、个人行为安全管理

1. 行为安全原理及适用方法

（1）行为安全原理　行为安全是应用行为科学强化人员安全行为和消除不安全行为，从而减少因人员不安全行为造成的安全事故和伤害的系统化管理方法。

开展行为安全管理的基本原理是通过对现场员工作业行为的细心观察，发现不安全行为；以干扰或介入的方式对这些行为进行分析与沟通，找到其原因，促使员工认识其危害，阻止并消除不安全的行为；据此调整和改善操作规程、管理制度、作业条件等，提升安全管理水平。

其主要步骤包括：

① 识别关键行为（identify critical behavior）；

② 收集行为数据（gather data on those behavior）；

③ 提供双向沟通（provide on-going，two way feedback）；

④ 消除安全行为障碍（remove barriers to safe behavior）。

（2）员工参与行为安全管理的适用方法　国内外有关行为安全管理的具体方法很多，大多从管理层角度出发，将员工作为监管对象来考虑。正确的行为安全管理应将一线员工作为行为安全管理的主体，因为一线员工最有发现不安全行为的发言权，应发动员工积极参与行为安全管理，主要依靠其自身的觉悟和主动性来实现行为安全。

员工参与行为安全管理的核心是引导其主动觉察自身的不安全行为和不良习惯；积极观察和制止身边作业人员的不安全行为；预防和控制作业中可能发生的不安全行为。其适用方法分别是：安全五步法、六步安全行为观察法、作业安全分析法。

2. 作业者自身行为安全——安全五步法

安全五步法是一种防止自身不安全行为的安全作业方法，是 PDCA 理论的具体应用和延伸，通过要求操作者在开始工作前和工作中需要考虑的五个步骤来保障行为安全。

（1）第一步：停下　在开始工作之前，要问自己：

① 我是否具备从事此项工作所需的技能和知识？

② 我是否有此项工作所要求的许可证或得到有关人员批准？

③ 我是否对此项工作的风险进行了识别并采取了措施以保障自己的安全？

（2）第二步：思考　对所做的工作，按照流程逐个环节思考一遍，看看有无遗漏的工作环节和内容：

① 会出现哪些错误？

② 自己或别人会受到伤害吗？

③ 会有人发生坠落、滑倒、跌倒、扭伤，或被坠落物击打吗？

④ 使用的工具或设备会伤到人吗？

⑤ 会出现泄漏和污染吗？

⑥ 工作区域安全吗？或者被锁定了吗？需要使用围栏或脚手架吗？

（3）第三步：识别　通过仔细观察工作区域来识别存在的危害，并用第二步所涉及的问题来确定所识别危害将产生的影响。

（4）第四步：计划　在开始工作前，要采取必要的防范措施。确定要安全完成本工作所需要的合适的工具、设备、防护用品及其他所需要的物品。

（5）第五步：执行　一旦以上问题都得到满意的处理，可以小心地开始操作。

例如，对于危险化学品槽车的驾驶人员，在开车之前，要：

（1）第一步：停下　问自己：是否接受过专门的培训？是否有相应的运输许可？是否处于良好的精神状态？

（2）第二步：思考　押运员到位了吗？承载危险化学品的技术说明书、承运单等资料齐全吗？行驶路线和转运地熟悉吗？

（3）第三步：识别　车胎、刹车、车灯等车况良好吗？槽车及其附件状态良好吗？行车定位和监控系统正常吗？车上的警示标识、安全标识牌、危险货物标志、反光带清晰吗？

（4）第四步：计划　个人防护用品和应急处置设施、消防器材配齐了吗？

（5）第五步：执行　只有以上问题都得到正确回答并满意处理，才能在押运员陪同下按规定的路线和速度行驶。

需要注意的是，驾驶人员应对每次实施安全五步法的情况记录、整理、总结，吸取经验、教训，不断完善其内容，保障行为安全。

3. 发现和制止他人的不安全行为——六步安全行为观察法

六步安全行为观察法是对员工行为进行有计划、非惩罚性的观察、沟通和干预，强化安全行为，纠正不安全行为，总结、分析全员不安全行为的变化趋势。该方法注重行为安全引导，规避不安全行为发生，最大限度杜绝由于人的不安全行为所产生的安全事故。与其原理类似的还有 BBS 方法（behavior-based safety）等。

（1）“六步法”的步骤

① 观察。现场观察员工的行为，决定如何接近员工，并安全地阻止不安全行为。

② 表扬。对员工的安全行为进行表扬。

③ 讨论。与员工讨论观察到的不安全行为、状态和可能产生的后果，鼓励员工讨论更为安全的工作方式。

④ 沟通。就如何安全地工作与员工取得一致意见，并取得员工的承诺。

⑤ 启发。引导员工讨论工作地点的其他安全问题。

⑥ 感谢。对员工的配合表示感谢。

（2）“六步法”工作流程设计　做好工作流程设计是确保“六步法”效果的关键，其中需要考虑的问题是：

① 制定计划。在实施观察前观察小组组长应向所有观察成员明确相关要求，并进行相关交底。通常采用 5W1H 分析法。

a. 对象（what）。可以将安全工作的重点、典型违章等作为工作对象。通过观察与沟通发现规律，预先防范。

b. 场所（where）。考虑不同的工作环境对某项工作的不同要求。如受限空间作业和高空作业的要求就不尽相同。

c. 时间和程序（when）。考虑不同的时间段或不同季节对某项工作的不同要求。如白天与夜间、冬季与夏季的不同要求。

d. 人员（who）。观察者是谁？被观察者是谁？从事什么工作？

e. 为什么（why）。观察前要明白自己去观察什么？为什么要观察？回来后要沟通，为什么被观察者会有这些不安全的行为？是管理原因还是个人原因？

f. 方式（how）。怎样去做？按照“六步法”的要求及注意事项进行。

② 成立小组。观察与沟通小组人数很关键，1 个人会造成没有证人，对某些现行的论证没有证据，人太多容易产生观点上的争论，所以 2～3 人组成观察与沟通小组比较合适。小组成员中要包含和被观察对象有直线领导关系的人员。

③ 现场实施。此步骤是“六步法”核心要素的细化。

a. 观察技巧。始终强调观察的是“人的行为”，对 1 名正在工作的人员观察 30s 以上，以确认有关任务是否在安全执行，包括对员工作业行为和作业环境的观察。观察时既要识别不安全行为，也要识别安全行为，并采用一定的手段留下相关证据，例如拍照。对观察到的不安全行为和状态应立即采取行动进行纠正或制止。

b. 记录技巧。对观察到的安全行为和不安全行为均应进行记录，但不记被观察者的姓名。观察时小组成员各自判断自行记录，不进行讨论。观察的内容和次序见表 5-2。

表 5-2 安全观察与沟通报告表

观察区域： 观察日期： 观察时间： 观察人姓名：

员工的反应	员工的位置	个人防护装备	工具和设备	程序	人体工效学	整洁
观察到的人员的异常反应 ○调整个人防护装备 ○改变原来的位置 ○重新安排工作 ○停止工作 ○接上地线或上设挂签 ○收起、不使用或改变正在使用的工具、设备	可能 ○被撞击 ○被夹住 ○高处坠落 ○绊倒或滑倒 ○接触极端温度的物体 ○触电 ○接触、吸入或吞食有害物质 ○不合理的姿势 ○接触转动设备 ○搬运负荷过重 ○接触振动设备 ○其他	使用或未正确使用；是否完好 ○眼睛和脸部 ○耳部 ○头部 ○手和手臂 ○腿和腿部 ○呼吸系统 ○躯干 ○其他	○不适合该作业 ○未正确使用 ○工具和设备本身不安全 ○其他	○没有建立 ○不适用 ○不可获取 ○员工不知道或不理解 ○没有遵照执行 ○其他	○办公室、操作和检维修环境是否符合人体工效学原则 ○重复的动作 ○躯体位置 ○姿势 ○工作场所 ○工作区域设计 ○工具和把手 ○照明 ○噪声 ○其他	○作业区域是否整洁有序 ○工作场所是否井然有序 ○材料及工具的摆放是否适当 ○其他

c. 沟通技巧。沟通是对观察的问题进行总结，达成共识，并取得员工的承诺。因此，沟通时先肯定员工好的行为，通过肯定拉近距离，增强亲密感。沟通过程中，多听少讲，多用请教的语言，而非批评教育指导。在员工不知道怎么讨论，或是不知道从何处讨论时，可以通过引导员工进行讨论，如你认为？你想？你觉得？以此启发他对安全行为的认识和认知，从而自觉养成习惯。

d. 统计分析。观察沟通后，观察与沟通小组成员讨论达成共识后及时填写行为安全观察与沟通结果统计表。统计表中对观察与沟通的内容，应从最直接、最主要的原因进行分析，选项不宜超过三项。可通过不同人观察同一个主题，验证统计报告结果。统计表完成后及时提交给所在部门安全组。

e. 跟踪应用持续改进。对有效的案例进行奖励；定期公布统计分析结果，为部门领导决策提供依据和参考；为预测安全趋势提供领先指标；定期组织，复核改进项的有效性。

危险化学品储运作业现场安全观察与沟通记录表见表 5-3。

表 5-3 储运作业现场安全观察与沟通记录表

A类：人员的反应（观察 30s 内被审核人的各种不正常反应）	B类：未使用或未正确使用个人护品和装备	C类：人员的工作位置、行为、姿势不正确	D类：工具、设备和仪表	E类：票证管理、个人资质证、操作规程、应急预案等	F类：工作环境
□开始调整个人防护装备 □改变原来的工作位置 □重新开始工作 □停止原来进行的工作 □收起、不使用或更换原来使用的工具、设备 □驾驶员停止或改变行为 □对不安全行为及状况无反应 □其他	□未按规定佩戴安全帽 □未穿符合安全标准的工装 □未按规定佩戴眼镜或面部保护用品 □未按规定佩戴耳塞或其他护耳用品 □未按规定佩戴符合安全标准的手套及臂部护品 □未按规定佩戴符合安全标准的工鞋（靴）及腿部护品 □未按规定佩戴符合安全标准的呼吸系统防护品 □未按规定佩戴防止高空坠落的安全带或护品 □未按规定佩戴符合安全标准的防触电护品（具）	□有可能受转动设备伤害 □有违反现场安全警示标示、信号指令的行为 □有违反规定进行危险化学品装卸作业和储罐切水或是作业人员擅离现场的行为 □有违反压力容器、管道的检验、检修、使用、维护标准及规定的行为 □易被物体撞到 □易被物体击中 □易被物体夹到 □易绊倒、滑倒而受伤 □可能导致高处坠落 □可能被高压流体击中	□未切断动力源进行作业 □工器具不适合该作业 □未正确使用 □工具和设备本身不安全 □工艺管线、设备、阀门有跑冒滴漏等现象 □工器具没有定期检查 □指示仪表没有定期标校或没有标签 □仪表选择不合适或指示异常 □设备工作异常 □联锁、报警等异常 □硫化氢及其他检测仪器不好用或没有定期校验 □安全阀、安全报警装置没有按期标校	□未进行倒空、置换，进行管线、容器打开作业； □未安全隔离、分析合格，进入受限空间 □危险作业安全措施不当或不落实 □监护人未履行监护职责 □未开具票证进行作业 □特种作业人员无有效资质 □不按照作业程序或操作规程进行作业 □没有应急预案或物料准备不足 □员工不知晓或未掌握相关的安全标准和安全知识、技能、应急措施等	□现场有乱排、乱放现象 □无安全警示标志或警示标志不规范 □安全和职业卫生防护、检测设施不符合标准 □消防设施不符合标准或维护不善 □临时作业区域未隔离 □作业环境安全条件不够和不完善 □员工对工作环境安全标准、风险和防范措施不知晓 □作业现场达不到目视化管理标准要求 □其他

续表

A类:人员的反应(观察30s内被审核人的各种不正常反应)	B类:未使用或未正确使用个人护品和装备	C类:人员的工作位置、行为、姿势不正确	D类:工具、设备和仪表	E类:票证管理、个人资质证、操作规程、应急预案等	F类:工作环境
	□未系车辆座位安全带或安全带不好用 □其他	□可能接触高温或低温而受伤害 □易触电 □可能接触有毒有害物质 □工作过度用力或姿势别扭易受伤 □可能吸入或误食有毒有害物质 □其他	□其他	□操作规程、应急预案等不完善 □其他	

<table>
<tr><td colspan="4">安全观察与沟通记录</td></tr>
<tr><td colspan="4">发现的优点:</td></tr>
<tr><td colspan="4">发现的问题描述:</td></tr>
<tr><td colspan="3" rowspan="4">整改措施:</td><td>现场是否已整改</td></tr>
<tr><td>1. 是□ 否□</td></tr>
<tr><td>2. 是□ 否□</td></tr>
<tr><td>3. 是□ 否□</td></tr>
<tr><td>记录人:</td><td>陪同人:</td><td>时间:</td><td>区域:</td></tr>
</table>

4. 不安全行为的预控——作业安全分析法

作业安全分析(job safety analysis, JSA),又称工作前安全分析,最早来源于美国职业安全与健康管理局出版的OSHA 3071:2002标准,其实施是通过重点关注员工作业中使用的工具和所处的工作环境之间的关系实现作业行为的安全。其分析程序是:

(1) 分解作业步骤　识别工作任务关键环节的危害及影响,按实际作业程序、先后顺序不累赘也不遗漏地分解需要关注的作业信息。例如,对于安全泄放阀检验作业,恰当的步骤分解见表5-4。

表 5-4 安全泄放阀检验作业步骤分解

分解太细	分解太粗	恰当地分解
关闭 ESD 系统手动放空球阀 确认放空区是否正常 架好登高用人字梯 利用人字梯登高至安全泄放阀附近 打开 ESD 放空旋塞阀进行放空 拆卸引压管卡套 拆下安全泄放阀 安全泄放阀安装在校验台上 校验安全泄放阀 安装安全泄放阀 将引压管卡套拧紧 关闭 ESD 放空旋塞阀 打开手动放空球阀，恢复正常工艺流程	进行放空 检验安全泄放阀恢复正常工艺	关闭 ESD 系统手动放空球阀 打开 ESD 放空旋塞阀进行放空 拆下安全泄放阀 检验安全泄放阀 安装安全泄放阀 关闭 ESD 放空旋塞阀 打开手动放空球阀，恢复正常工艺流程

（2）危害因素辨识 应充分考虑人员、设备、材料、环境、方法五个方面的正常、异常、紧急三种状态。对应这些状态，逐一确定是否全面有效地制定了所需的控制措施、对实施该项工作的人员还需要提出哪些要求、风险是否能得到有效控制等。若工作任务风险无法接受，则应停止该工作任务，或者重新设定工作任务内容。

（3）风险评价 在危害因素辨识的基础上，按照发生可能性和后果严重性对识别出的危害因素进行风险评价。例如，动火作业前安全分析表见表 5-5。

表 5-5 动火作业前安全分析表

序号	工作步骤	动火危害及后果的严重性				发生的可能性				L	S	风险度
		对人的危害	财产损失	制度符合情况	公司形象受损程度	偏差发生频率	管理措施	员工胜任程度	防范、控制设施			$R=LS$
1	确定动火部位（在易燃易爆部位动火）	火灾爆炸事故可以致人死亡，但至今未发生	1994 年因动火，致使甲醇罐发生爆炸，损失达 45 万元	符合	影响极坏	多次发生	有	胜任	有	4	5	20
2	用火申请	无	无	符合	集团公司检查批评我厂降低用火等级	曾发生	有	一般胜任	—	1	5	5

续表

序号	工作步骤	动火危害及后果的严重性				发生的可能性				L	S	风险度
		对人的危害	财产损失	制度符合情况	公司形象受损程度	偏差发生频率	管理措施	员工胜任程度	防范、控制设施			$R=LS$
3	现场分析，落实安全措施	无	多次发生火灾但损失不大	符合	无毒气及可燃气分析记录，受集团公司批评	多次发生	无	胜任	有	4	5	20
4	动火工器具检查	有触点、烧伤的危险，但未发生	无	符合	临时用电不规范，受到集团公司的批评，很典型	多次发生	有	一般胜任	不完善	5	4	20
5	动火审批	无	无	符合	动火票受到集团公司安全检查严厉批评	曾经发生	有	胜任	—	2	5	10
6	动火人作业	无	发生火灾但未作统计	不符合厂级制度	受到集团公司检查的批评	偶尔发生	有	一般胜任	—	3	4	12
7	现场监护	无	无	不符合厂部有关制度	无影响	经常发生	有	一般胜任	—	4	5	20
8	动火结束后清理现场	有引发火灾危险但未发生	无	符合	受到厂部检查的批评	多次发生	有但执行不严	胜任	—	3	4	12

（4）风险控制　应针对识别出的危害因素考虑现有的预防控制措施是否足以控制风险，否则，应提出改进措施并由专人落实。

二、企业组织行为安全管理

1. 组织的行为安全

在现代化生产企业中，人不再是孤立存在，其一切行为、动作都受到组织的制约和作业的限制。组织的行为安全，就是能够在组织内部形成安全互助、安全交流、安全行为互相敦促的气氛，这种主要发自组织内部的、内化的安全性，其作用远远优于外来的、强制性的安全要求，将有效地教化、培育组织内成员的安全思想、安全习惯、安全行为，能够有效地监督、防范各种不安全行为[7]。其可形成“不伤害他人，不伤害自己，不被别人伤害，保护他人不受伤害”的组织安全化。

组织的行为安全主要依赖于组织安全文化的培育、安全管理体系的构建以及 HSE 行为观察的落实。其中，安全文化是组织安全化的最高层次，安全管理体系是组织安全化的保障，而 HSE 行为观察是以组织手段保证人员作业过程安全的有效工具。

2. 安全文化的内涵和发展阶段

(1) 安全文化的内涵　安全文化（safety culture）是安全理念、安全意识以及在其指导下的各项行为的总称。主要包括安全理念、安全制度、安全器具文化等。

企业安全文化是企业组织行为和员工个人行为特征的集中表现，这种集中所建立的就是安全拥有高于一切的优先权。通过“文之教化”的作用，将人培养成具有现代社会所要求的安全情感、安全价值观和安全行为表现的人。人们通过生产、生活实践中的教养和熏陶，不断提高自身的安全素质，从而有效预防事故发生、保障生活质量。

国际核安全咨询组（INSAG）于 1986 年针对切尔诺贝利事故，在 INSAG-1（后更新为 INSAG-7）报告提到“苏联核安全体制存在重大的安全文化的问题”。认为切尔诺贝利事故“是由于一系列人失误导致的。即现代流程工业的生产系统发生的事故，不是哪一次、哪一个人操作造成的，而是一种文化缺失”。1991 年出版的 INSAG-4 报告给出了安全文化的定义：安全文化是存在于单位和个人中的种种素质和态度的总和。

(2) 安全文化的发展阶段　安全文化建设不可能一蹴而就，而是一个持久、渐进的过程，一般要经历四个阶段（见图 5-2）：

① 自然本能阶段。企业和职工对安全工作仅仅是一种自然本能保护的反应：职工没有或很少有安全的预防意识，缺乏安全的主动自我保护和参与意

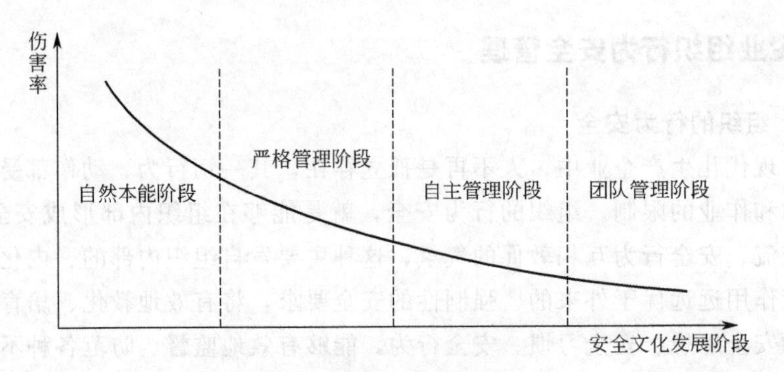

图 5-2 安全文化的发展阶段

识，对安全是一种被动的服从；将职责委派给安全部门，各级管理层认为安全是安监部门和安全科长的责任，他们仅仅是配合的角色；高级管理层没有或很少给予在人力物力上的支持，对安全的支持仅仅是口头或书面上的。

② 严格管理阶段。企业建立起了必要的安全管理系统和规章制度，各级管理人员均承担明确的安全职责，各级管理层对安全责任作出承诺；职工的安全意识和行为是因害怕和担心而产生的，职工的安全意识及安全行为往往是被动的，职工遵守安全规章制度仅仅只是因为害怕被解雇或受到纪律、经济处罚；被动的事后管理。

③ 自主管理阶段。良好的安全管理体系在企业内部已经建立，各级管理人员和职工均承担了一定的安全责任和承诺，职工把安全作为个人价值的一部分，视为个人成就，安全已经成为一种实践和习惯性行为，安全意识深入人心。管理人员和全体职工具有了良好的安全管理技巧、能力和安全意识。

④ 团队管理阶段。在团队管理阶段，企业从高级至生产主管的各级管理层须对安全责任作出承诺并表现出无处不在的有感领导。每位职工不仅对自己的安全负责，而且也要对同事的安全负责。职工将自己的安全知识和经验分享给其他同事；关心其他职工，关注其他职工的异常情绪变化，提醒安全操作；职工将安全作为一项集体荣誉。

根据安全文化的阶段特征，对照企业实际，可以正确认识目前企业安全文化发展阶段，有助于发现安全文化建设中存在的问题，明确建设方向，实现组织的本质安全化目标。

3. 危险化学品储运企业安全文化建设

(1) 危险化学品储运企业安全文化的内涵　安全器具文化又称为安全物质文化，指企业生产经营活动所使用的保护职工身心健康与安全的工具、设施、材料、工艺、仪器仪表、护品护具等安全器物，一般也被称为企业生产的“硬件”，是安全文化的表层部分。对于危险化学品储运企业而言，安全器具文化包括各种安全设备设施，如：安全帽、防毒器具、防静电服等劳动防护用品，各类超限自动保护、压力表、安全阀、呼吸阀等安全设备装置，有害气体报警仪、可燃气体检测器等各种预警预报装置，各类安全标志、警示，消防设施，以及凝聚在各种设备设施中起到本质安全功能的部件等。

安全制度文化和安全理念文化合称为安全精神文化，指在其发展过程中形成的具有特色的思想、意识、观念等安全意识形态和安全行为模式，以及与之相适应的组织结构和安全制度。一般也被称为企业生产的“软件”，是安全文化的内层部分。安全精神文化的物化会变成强大的安全生产动力。对于危险化学品储运企业而言，安全精神文化包括：企业安全制度文化（落实危险化学品储运安全法律法规、条例的体制机制，安全组织机构，安全奖惩、安全培训等各种规章制度，岗位操作规程、防范措施等）、企业安全行为文化（安全相关的精神面貌、人际关系、行为作风等）、企业安全观念文化（安全思想意识、安全理念、价值标准等）。

（2）危险化学品储运企业安全文化建设　危险化学品储运企业的安全文化建设，要在企业主要负责人认真组织、全体员工的积极参与下，认真调研和客观分析企业所处的安全文化发展阶段，结合企业特点进行顶层设计和系统策划，分步推进、持续改进。

安全文化建设的主要内容包括[8]：

① 建立稳定可靠、标准规范的安全物质文化。严格按照相关规定，配齐并保证安全设备设施，保证其处于完好状态；储存场所中推行5S管理、运输设备定置管理；作业场地明亮、整洁，噪声、高温、尘毒、辐射等有害因素控制在规定的标准范围内，创造舒适、安全的作业环境；储运设备设施安全警示完整、清晰；安全防护设备、设施可靠；应急装备和器材随时可用等。

② 建立符合安全伦理道德和遵章守纪的安全行为文化。积极开展行为安全管理活动，杜绝储运作业环节的不安全行为；多渠道教育培训，使员工掌握危险化学品安全知识、岗位安全操作技能，能够严格按照安全操作规程进行操作。

③ 建立健全切实可行的安全管理（制度）文化。根据《安全生产法》《危险化学品安全管理条例》等的规定，开展安全标准化建设和达标工作，建立健全企业安全管理机构、落实安全责任、健全并不断完善安全规章制度和奖惩制度，使其规范化、科学化、适用化，并严格执行。

④ 建立“安全第一、预防为主、综合治理”的安全观念文化。各级领导以身作则，落实安全责任；开展各种员工参与的安全活动，提高全员安全意

识；认真开展风险管控和隐患排查活动，提高事故防控能力。

三、特殊作业安全管理

《化学品生产单位特殊作业安全规范》（GB 30871—2014）[9]中给出了特殊作业的定义，即化学品生产单位设备检修过程中可能涉及的动火、进入受限空间、盲板抽堵、高处作业、吊装、临时用电、动土、断路等，对操作者本人、他人及周围建（构）筑物、设备、设施的安全可能造成危害的作业。

危险化学品储运过程中，很多情况下涉及上述八大特殊作业，必须按规范要求加强安全管理。其主要要求为：

（1）作业前，作业单位和生产单位应对作业现场和作业过程中可能存在的危险（能量安全）、有害因素进行辨识，制定相应的安全措施（控制安全）。

（2）作业前，应对参加作业的人员进行安全教育，主要内容如下：

① 有关作业的安全规章制度；

② 作业现场和作业过程中可能存在的危险、有害因素及应采取的具体安全措施；

③ 作业过程中所使用的个体防护器具的使用方法及使用注意事项；

④ 事故的预防、避险、逃生、自救、互救等知识；

⑤ 相关事故案例和经验、教训。

（3）作业前，生产单位应进行如下工作：

① 对设备、管线进行隔绝、清洗、置换，并确认满足动火、进入受限空间等作业安全要求；

② 对放射源采取相应的安全处置措施；

③ 对作业现场的地下隐蔽工程进行交底；

④ 腐蚀性介质的作业场所配备人员应急用冲洗水源；

⑤ 夜间作业的场所设置满足要求的照明装置；

⑥ 会同作业单位组织作业人员到作业现场，了解和熟悉现场环境，进一步核实安全措施的可靠性，熟悉应急救援器材的位置及分布。

（4）作业前，作业单位对作业现场及作业涉及的设备、设施、工器具等进行检查，并使之符合如下要求：

① 作业现场消防通道、行车通道应保持畅通；影响作业安全的杂物应清理干净。

② 作业现场的梯子、栏杆、平台、盖板等设施应完整、牢固，采用的临时设施应确保安全。

③ 作业现场可能危及安全的坑、井、沟、孔洞等应采取有效防护措施，并设警示标志，夜间应设警示红灯；需要检修的设备上的电器电源应可靠断电，在电源开关处加锁并加挂安全警示牌。

（5）作业前，作业单位对作业现场及作业涉及的设备、设施、工器具等进行检查，并使之符合如下要求：

① 作业使用的个体防护器具、消防器材、通信设备、照明设备等应完好。

② 作业使用的脚手架、起重机械、电气焊用具、手持电动工具等各种工器具应符合作业安全要求；超过安全电压的手持式、移动式电动工器具应逐个配置漏电保护器和电源开关。

（6）进入作业现场的人员应正确佩戴符合《头部防护 安全帽》(GB 2811—2019）要求的安全帽，作业时，作业人员应遵守本工种安全技术操作规程，并按规定着装及正确佩戴相应的个体防护用品，多工种、多层次交叉作业应统一协调。

特种作业和特种设备作业人员应持证上岗。患有职业禁忌证者不应参与相应作业。

作业监护人员应坚守岗位，如确需离开，应有专人替代监护（并交代清楚作业情况）。

（7）作业前，作业单位应办理作业审批手续，并由相关责任人签名确认。同一作业涉及动火、进入受限空间、盲板抽堵、高处作业、吊装、临时用电、动土、断路中的两种或两种以上时，除应同时执行相应的作业要求外，还应同时办理相应的作业审批手续。作业时审批手续应齐全，安全措施应全部落实，作业环境应符合安全要求。

（8）当生产装置出现异常，可能危及作业人员安全时，生产单位应立即通知作业人员停止作业，迅速撤离。

当作业现场出现异常，可能危及作业人员安全时，作业人员应停止作业，迅速撤离，作业单位应立即通知生产单位。

（9）作业完毕，应恢复作业时拆移的盖板、箅子板、扶手、栏杆、防护罩等安全设施的安全使用功能；将作业用的工器具、脚手架、临时电源、临时照明设备等及时撤离现场；将废料、杂物、垃圾、油污等清理干净。

第四节　危险化学品储运设备安全管理

危险化学品储运设备包括储存、运输危险化学品的各种储罐（槽罐）等容器及其配套的相关附件。危险化学品储运的安全，依赖于这些设备的可靠、稳定、完好。

一、危险化学品储罐安全管理

1. 储罐及其运行特性

储罐主要分为锥顶罐、球顶罐、浮顶罐、地下罐、球罐、低温罐等，其结构、适用范围及运行特性见表 5-6[10]。

表 5-6 各种储罐的安全特性

储罐类型	结构及其适用范围	运行特性
锥顶罐	立式圆筒锥顶储罐，适于在常压或接近大气压的条件下储存用。建造费用便宜	储存挥发性液体时，由于呼吸作用使蒸气从排气口大量逸散(约5%)。罐内形成爆炸性混合气体，预防火灾困难
球顶罐	仅罐顶是圆形的，其他同锥顶罐。可以在稍高的压力(压力在350mm H_2O左右)下使用	可以用来储存汽油等挥发性高的液体。遇到破坏性引燃时，爆炸的危险性要比锥顶罐大。可以用氮气等惰性气体在液面上进行气封，借以防止内容液体的氧化、分解或聚合
浮顶罐	储罐有浮顶。浮顶与储罐内壁之间有密封结构。浮顶可以随同液面自由升降。用于储存原油、航空燃料油和汽油等	由于液面随同罐顶升降，几乎没有蒸发损耗和爆炸性混合气体，所以火灾危险性很小。在降雨和降雪量大的地方，浮顶有下沉的危险。若采用机械密封，遇到地震时储罐会成为引火源
地下罐	在地下建造的储罐，多为圆筒罐。用于在市区地面狭窄的地段储存可燃性气体	由于储罐建在地下，温度变化小，可以有效地预防火灾。由于储罐要受到排气和地下潮气的侵蚀，一定要注意防腐
球罐	由于结构方面的有利条件，可以储存高压物料。用于储存在常压下不能储存的液化气和城市煤气。有利于在常温高压下作储存之用	球罐比圆筒罐的强度高，壁厚小。若用于储存液化石油气等可燃性液体，必须要采用耐火结构，也可以设置喷水灭火设施

续表

储罐类型	结构及其适用范围	运行特性
低温罐	单层壁或夹套壁储罐。有保冷层。在低温常压下储存液化气和沸点极低的乙烯、液化石油气和液化天然气	由于是在常温或在低温条件下储存，缓和了对容器本身要求的苛刻条件。适合于储存大量物料。由于压力在0.005～0.01MPa，储罐在破坏时不会出现爆炸的危险性，流出的液体处于低温状态，汽化时要从周围环境中吸收大量的热量，所以不易大量扩散。如果建有拦液围堰，能够减少由于扩散造成的火灾。缺点：保冷材料从大气中吸收潮气，从而使保冷性能劣化

注：1mmH_2O=133.322Pa。

2. 储罐的安全对策措施

根据储罐的运行特性，其危险状态及安全对策措施见表5-7[10]。

表5-7 各种储罐的危险状态及安全对策措施

出现的危险状态		安全对策措施
锥顶罐	储罐超压或由于产生负压造成破坏的危险	根据内容液的挥发性，设置适当的排气口或安全阀； 采用可以从上放压的罐顶； 设置喷水设施，防止由于外界气温上升、产生蒸气而造成超压
	由于罐内产生的爆炸性混合气体引燃产生爆炸的危险	使储罐与其他设备保持适当的距离，以减少火灾蔓延，便于消防活动； 在排气管上装设阻火器； 装设接地系统，防止由于静电积累、雷击或者由于产生火花形成引火源，将灌输口设在面对检尺口的对面一侧； 设置灭火用的固定式灭火器
	由于腐蚀等各种原因造成泄漏危险	设置拦(液)围堰，防止漏液流出扩散； 针对腐蚀性液体以及在液体中掺杂的腐蚀性物质，采用耐蚀性材料制造储罐壳体，或在储罐中做耐蚀衬里； 为了防止罐底接触地面产生电腐蚀，在储罐底板外侧涂防锈涂料，并在与罐底接触的基础上10mm的范围内浸涂含硫量低的重油或沥青； 为了防止液面异常上升，除了要装设能够大致测出液量的液位指示计以外，还要设置检尺口，以便准确检测液量
	由于呼吸作用的影响，在液体中混入水分，从而使水分漏入连接在储罐上的其他装置	在罐底装设排水管； 装设升降管，使水分可以直接返回到加热装置
	由于结构和强度不适配，造成储罐破坏	采用足够的强度和结构(耐震、耐风压结构)； 采用铸钢制造的储罐专用截止阀； 凡是与配管连接的接头一律装设缓冲装置，防止损坏储罐

续表

出现的危险状态		安全对策措施
球罐	由于气温上升，球罐温度升高	装设喷水冷却装置； 装设泄压装置； 设计压力取球罐(裸罐)壳体温度在55℃时的饱和蒸气压力
	由于装灌过量造成破坏	装设液位计，加装自动止回阀，从而可以预先知道液量，有时还可以装设防止装灌过量的安全阀
	由于在储罐上连接的配管破坏造成大量泄漏	装设紧急断流阀和执行机构
	发生火灾，使储罐受热，温度上升，球罐破坏	设置冷却裸球罐用的喷水冷却装置，在球罐的支腿上装设隔热保护层； 留出安全距离
低温罐	低温脆性造成破坏	选用无低温脆性的材料：−46℃以上(丙烷)采用铝镇静钢；−46℃以下采用2.5%或3.5%镍钢；达到−196℃(天然气)时采用9%镍钢或渗铝钢
	储罐与基础连接的部分由于土地中的水分冻结将罐底拱起，或者由于基础的温差造成弯曲破坏	在罐底浇灌隔热性强的珍珠岩混凝土，作为保冷层； 在基础中预留缝隙通道使空气能够通畅流通，或者在基础中预埋电加热设施，或者敷设防冻液的循环管路
	气温上升，结果使罐内压上升，造成夹套壁罐的内壁破坏	利用压缩机打循环，使罐内蒸气重新液化，防止内压上升
	由于内层壁破坏，造成泄漏危险	在内、外壁之间的保冷材料层中封入干燥氮气，防止保冷材料吸湿，借以使漏出的可燃性气体不会生成爆炸性混合气体； 装设爆炸性混合气体检测器，检测内壁与外壁之间有无爆炸性混合气体； 设置拦油(液)堤
	邻近的火灾蔓延造成的危险	留出足够的安全距离

3. 储罐的定期检查

立式油罐每两个月进行一次外部检查，严寒地区的冬季应不少于两次，检查内容主要包括以下几个方面：

(1) 各密封点、焊缝及罐体有无渗漏；油罐基础及外形有无异常变形。

(2) 检查焊缝情况是否良好（包括纵向、横向焊缝）；进出油结合管、人孔等附件与罐体的结合焊缝；顶板和包边角钢的结合焊缝。应特别注意下层圈板的纵、横焊缝及底板结合的角焊缝有无渗漏及腐蚀裂纹等。如有渗漏，应用铜刷擦光，涂以10%的硝酸溶液，用8～10倍放大镜观察，如发现裂缝（发黑色）或针眼，应及时修理。

（3）罐壁的凹陷、褶皱、鼓泡处一经发现，即应加以检查测量，超过规定标准应大修。

（4）无力矩油罐应首先检查罐顶是否起呼吸作用，然后再检查罐体其他情况。

（5）检查罐前进出口阀门阀体及连接部位是否完好。当发现罐体缺陷时，应用鲜明的油漆标明，以便处理。

立式油罐每3～5年应结合清罐进行一次罐内部全面检查，主要内容是：

（1）对底板、底圈板逐块检查，发现腐蚀处可用铜质尖头小锤敲去腐蚀层。用深度游标卡尺或超声波测厚仪测量每块钢板，一般用测厚仪各测三个点。

（2）罐顶桁架的各个构件位置是否正确，有无扭曲和挠度出现。各交接处的焊缝有无裂纹和咬边。

（3）无力矩油罐中心柱的垂直度，柱的位置有无移动，支柱下部有无局部下沉，以及各部件的连接情况。

（4）检查罐底的凹陷和倾斜，可用注水法或使用水平仪测量；用小锤敲击局部凹陷的空穴范围。

（5）每年雨季前检查油罐护坡有无裂纹、破损或严重下沉。

二、危险化学品管道安全技术

1. 化工管道的特点

化工管道是管路、各种管件、阀门及管架的总称，是危险化学品储运系统的重要组成部分。

（1）管路的分类　根据输送介质的种类、性质、压力、温度以及管路材质不同，管路可按下列分类。

① 按管路的材质分类有铸铁、碳素钢、合金钢（不锈钢及各种合金钢）及非金属（如塑料、橡胶和水泥）材质的管路。

② 按被输送介质的压力分类：

a. 真空管路。管路内的绝对压力小于一个大气压。

b. 常压管路。工作压力小于0.1MPa（表压）。

c. 低压管路。工作压力为0.11～1.6MPa（表压）。

d. 中压管路。工作压力为1.6～10MPa（表压）。

e. 高压管路。工作压力为10～100MPa（表压）。

f. 超高压管路。工作压力大于100MPa（表压）。

③ 按输送介质性质的不同分类有输送水、蒸汽、空气、油类等介质的管

路和输送碱、酸、盐等腐蚀性介质的管路。

（2）管件及阀门　管路中除直通管子以外，改变管路的方向接出支路改变管径以及密封管路等配件总称为管件。管件主要有弯头、三通、异径管（即大小头）、活接头、法兰及盲板等。

阀门是用来控制化工管路和设备的气体、液体或含有固体粉末的混合气体等介质流量和压力的一种管件。阀门的大小是以阀门的公称直径（DN）多少来表示，如 $DN25$、$DN65$、$DN80$ 等。

阀门的分类：

a. 按阀门在化工管路中的作用不同可分为截止阀、节流阀、止回阀和安全阀等类型。

b. 按阀门的结构形式不同分为闸阀、球阀、蝶阀、隔膜阀、柱塞阀和衬里阀等。

c. 按阀门的材料不同分为不锈钢阀、铸钢阀、铸铁阀、塑料阀、玻璃钢阀、玻璃阀和各种衬塑料阀门。

d. 按介质压力大小分类；（用 PN 表示）

真空阀：绝对压力$<$0.1MPa

低压阀：公称压力 $PN\leqslant$1.6MPa

中压阀：公称压力 PN2.5～6.4MPa

高压阀：公称压力 PN10.0～80.0MPa

超高压阀：公称压力 $PN\geqslant$100.0MPa

2. 管道的安全技术

管道破损导致危险化学品泄漏，不但会造成物料的大量流失，还可能引起火灾、爆炸、毒害、环境污染等严重事故。例如，2013 年 11 月 22 日青岛东黄输油管道爆炸事故，造成 62 人死亡、136 人受伤，直接经济损失 7.5 亿元，就是输油管道破裂引起的。因此，防止管道破损是管道安全技术的核心目标。

表 5-8、表 5-9 分别简要列出了管道破损及阀门常见故障原因、表现及安全技术措施[10]。

表 5-8　管道破损的原因及其安全技术措施

故障原因	故障表现	安全技术措施
由于材料被腐蚀造成的破坏	由于在高温条件下配管的强度不足造成的破坏	温度升高，抗拉强度和屈服点下降，在 350℃以上的温度条件下不要使用碳钢。 要求高温强度时，350℃以下使用沸腾钢或半镇静钢的配管；在 350℃时，应根据不同的温度分别使用镇静钢、钼钢、Cr-Mo 钢和不锈钢

续表

故障原因	故障表现	安全技术措施
由于材料被腐蚀造成的破坏	低温脆性破坏	要使用没有低温脆性的奥氏体不锈钢以及铝、镍铜合金的配管。一般情况下，-45℃以上时使用铝镇静钢和硅镇静钢；$-100\sim-45$℃使用低镍钢；-10℃以下使用奥氏体不锈钢、9%镍钢、渗铝钢
	腐蚀性流体的破坏	针对海水配管的盐分腐蚀破坏，要使用可锻铸铁管、水泥砂浆衬里管，并在两者的外表面做焦油或沥青包覆层。 针对硫化氢的腐蚀，根据不同的温度条件，分别使用铬钢、不锈钢或渗铝钢。 在高温条件下的氢脆性显著，要用Cr-Mo钢。 针对硫的腐蚀，根据腐蚀的程度不同，分别采用5Cr、7Cr、9Cr钢管
	流体磨蚀造成的破坏	虽然可以使用5Cr-0.5Mo钢、13Cr钢，但在高温条件下效果不明显，采用18-8不锈钢耐磨蚀的效果很好
	应力腐蚀造成的破坏	采用渗铝钢
	高温氧化腐蚀造成的破坏	在高温配管中，为了防止高温氧化，要用奥氏体不锈钢管、5Cr或9Cr钢管
	埋设配管由于腐蚀造成的破坏	为了防止由于水分造成的破坏，要在配管的外表面做沥青包覆层，采用镁电位差防腐法或选择排流器防腐法
由于移动造成的破坏	由于热收缩造成的破坏	由于管内流体和管外温度的变化，使配管产生伸缩，针对这种现象，应敷设弯管。大中径的管子，弯管的曲率半径应取配管直径的4～5倍以上，也可以设膨胀节或挠性管
	振动破坏	由于往复泵的脉动作用以及过小节流孔引起的振动，会使台架等设施产生接触磨耗，结果会造成疲劳破坏。针对这种现象，要在配管的支托架上敷设适当的配管、弯管或膨胀节，借以消除振动
	地基沉降和地震造成的破坏	选择适当的埋设位置埋设配管，或将立管做成挠性管。 针对地震破坏的影响，在配管的整体系统中设置适当的弯管，同时设置适当的支托件，防止破坏
异常压力造成的破坏	由于误操作产生异常高压，造成破坏	在高压和低压系统之间的接点处设置止回阀。设置安全阀、爆破膜。在塔器的配管接点部位安装安全阀，在液化气的配管系统中安装安全阀，在高压气体的导管中安装安全阀
	由于在配管中产生分解反应产生异常压力	在乙烯和过氧化物的配管中，可能会出现突发的分解反应，造成异常高压，因此，要在塔器和配管的接头处以及在压缩机和进气口之间的换向阀处装设阻火器。 在乙烯和氧气的配管中，根据规定，要限制气体的流速和压力

续表

故障原因	故障表现	安全技术措施
其他	静电灾害	将配管接地或作接地连接。在油轮用的装、卸油配管和陆地上的配管的接点处,要在陆地部分的适当位置上装设绝缘法兰并将配管作导电连接
	爆炸性杂质积累造成的灾害	例如在乙烯配管中若有微量铁粉,就有可能成为引爆的介质。因此,在此类配管中,就要采用无积尘部位的结构,同时还要将配管做成能够进行内部清扫的结构
	由于杂质或夹杂物造成事故	在泵和阀门的进口装设管道过滤器

表 5-9 阀门常见故障与排除方法

故障原因	故障表现	安全技术措施
密封圈不严	阀座与阀体配合不严密; 关闭阀门使用辅助工具不当,关得过紧	修理密封圈; 关阀用力适当,不要用加力杆开关阀门
密封面上有划痕、凹痕等缺陷	阀体内有污垢; 焊渣、锈蚀杂质进入阀体; 操作不当,阀打开过量	拆下清洗; 研磨密封面; 正确操作
法兰端面密封渗漏	垫片损伤; 法兰密封面有伤痕	更换垫片; 研磨密封面
填料处渗漏	填料加入不合要求; 阀杆有伤痕; 填料选择不当或不干净	分段添加填料; 阀杆研磨光滑; 更换优质填料

三、汽车油罐车安全技术

公路运输在石油运输中一直占有重要地位,油罐汽车运输越来越多。然而汽车油罐车在装卸及运行途中,发生事故也越来越多,为防止油罐汽车事故的发生,应加强对其安全管理。

1. 汽车油罐车的特点

汽车油罐车(槽车)的罐体由 3mm 厚的钢板制成,罐车内装有两个带孔的挡板,把罐体隔成三个可以相通的隔间,以减轻运输途中的液力冲击。罐体前端装有量孔,并有导尺筒直通罐底;罐车中部设有人孔及安全阀;罐车底部有排水阀、排油阀。罐车配有扶梯、手摇泵、二氧化碳灭火器和拖地铁链等。有的槽车上还设有公路运输泄放阀。在槽车的气相管路上设置一个降压调节阀，该阀的泄放压力远小于罐体的最高工作压力和安全阀起跳压力。

低温液体槽车在结构上有一定的特殊性。例如，采用双层罐体和隔热支撑。罐体结构比较复杂，隔热支撑要兼顾减少热传递和增大机械强度。加之载运介质的危险性，因此，在运输过程中，应保持匀速，应避免紧急制动，严防撞击。为了保证稳定运行，底盘的可靠性、整车的动力性、横向稳定性、制动性能、隔热支撑的强度等都是液体槽车必须考虑的关键问题。

2. 汽车油罐车的安全技术

汽车油罐车的安全管理，应从以下几个方面考虑：

（1）自控、遥控、计量仪器仪表、阀门等设备，必须定期检验和标定。

（2）运输之前，必须将车体可靠静电接地。其接地电阻不应大于 100Ω。

（3）鹤管应符合技术规范，接卸汽油时严禁使用塑料容器。加油鹤管必须可靠静电接地，且与油罐汽车的静电接地是同一静电接地体，从而使鹤管、油罐汽车形成等电位体。

（4）输油速度不应大于 4.5m/s。

（5）鹤管必须插入罐底，距离底部不应大于 200mm 为宜。

（6）输油完毕后，必须经过一定的静置时间才能提升鹤管，拆除接地线。

（7）输送不同品种的油品时，特别是装有汽油的罐车改装煤油、重柴油时，必须放尽底油后进行清洗或用惰性气体覆盖和吹扫，在确认无爆炸性混合气体后才能进行装油作业。

（8）油罐车应采用泵送装车方式，有地形高差可利用时，也可采用储罐直接自流装车方式，不应采用高架罐和计量罐。

（9）防止人身带电。人体在装卸油品作业时，容易因摩擦而产生静电。进行石油装卸作业者，必须着劳动保护服装和防静电鞋。

（10）加强人员的安全意识，杜绝各类不安全行为。

四、铁路油罐车安全技术

铁路油罐车运输在散装油品运输中占有很大比例，确保安全是收发铁路油品作业的关键。

1. 铁路油罐车类型及结构

铁路油罐车是运输散装油品的专用车辆。按其装载油品的性质，可分为轻油、重油罐车两类。其载重量为 50t、52t、60t、62t、70t、80t 等多种类型。目前国内使用的大多是 60t 和 70t 两类。

铁路油罐车是由罐体、油罐附件、底架等部分组成。罐体是两端为准球形头盖的卧式圆筒形油罐，它由 4～13mm 的钢板焊接制成，通常圆筒下部钢板要比上部钢板厚 20%～40%。罐顶上的空气包用来容纳因油品温度升高而膨胀的部分油品，空气包的容积为油罐容积的 2%～3%，空气包上有一带盖人孔，孔盖为圆形并呈球状，关闭时利用杠杆和铰链螺栓压紧，在罐车盖与人孔间夹以垫片保证密封。罐的底部略有坡度，并坡向集油坑以便抽净底油。在空气包附近设有平台，罐车内外皆有扶梯供操作人员登车和进入罐内使用。

轻油罐车是运输轻质油品（如汽油、煤油、轻柴油等）用的，罐体外一般均涂成银白色。轻油罐车为了防止油品跑、漏、渗，确保安全运输，一般都没有下卸口，采用上装上卸的方法。因不需要加热，故没有加热管和加温套等设施。轻油罐车在罐体上（或空气包上）装有一个进气阀和两个出口阀，以减少运输途中的呼吸损耗和保证安全。其控制压力为 150kPa，真空度为 20kPa。当罐内真空度超过 20kPa 时，罐内外压差迫使进气阀阀芯与阀座离开，大气经阀罩和阀体上的小孔，并通过阀芯与阀座间的空隙和过滤网进入罐内。当罐内真空度小于 20kPa 时，阀芯借助旋转螺帽来调节。当罐内正压超过 150kPa 时，出口阀打开，排出油气混合气。当压力小于 150kPa 时，在弹簧张力的作用下，阀芯与阀座压紧。弹簧张力的大小同样可用旋转螺帽来调节。

润滑油罐车大多数设有加热装置和排油装置。运输原油的罐车外表涂成黑色，运送成品润滑油的罐车外表涂成黄色。

罐车卸油，油品进入油罐，都必须静置，以便静电消散和计量稳定。

2. 铁路油罐车收发油安全技术

铁路卸原油设施作用是从铁路槽车中卸下原油并转至原油罐。主要设施有卸油台、鹤管、汇油管、零位罐和转油泵。

轻油罐车没有下卸管，一律采用上卸，一般使用往复泵，要求抽吸能力较大，也有使用真空泵卸车的。为避免“气蚀”发生，一般很少采用虹吸卸车。

重油卸车时，量大的燃料油一般采用自流下卸，卸油方法和卸原油相同，都有一套罐车加热和卸、转油设施。

润滑油量一般很少，大都采取往复泵直接下卸。

液化气卸车比较困难，尤其是夏季气温高时，极易产生“气阻”，造成泵抽空。卸车有的采用往复泵、柱塞泵，还有的用压缩机。把泵入口接在槽车液相管上，用泵抽出，转入球形罐或卧式罐内。有条件的采用高压瓦斯，接在气相管上，把液化气通过液相管压入球形罐，再用压缩的方法回收一部分瓦斯或干脆把瓦斯留在车内。液化气卸车可以不设栈桥。如果同时卸车较多，还是设置栈桥较好。泵卸车用胶管连接比较方便，但必须采用高压钢丝胶管才安全。高压瓦斯卸车采用钢质固定鹤管更为安全，但槽车对位比较困难，尤其是车型不统一，每种车型都要单配一套管线，拆装比较麻烦。使用活动套压式法兰更容易对正。

确保安全是铁路收发油品作业顺利进行的关键。参加作业的人员必须熟悉装卸油设备性能及操作规程，严格遵守规章制度，全面落实事故防范措施。

（1）防火　为防止在收发油作业时发生着火事故，工作人员在操作过程中必须严格执行防火有关规定。

（2）防雷电　雷雨天应停止收发油作业，以防雷感应产生放电，引起火灾。

（3）防静电积聚　工作人员在严格进行油品数质量检查后，在操作时要身穿防静电服。严禁喷溅式装卸油作业，装车鹤管应插到罐车底部不大于0.2m处，装车初速度不大于1m/s，装车速度不应大于4.5m/s。扶梯入口应设消除人体静电接地装置。

（4）防混油　混油是收发油作业中经常发生的事故之一，多数混油事故的原因是操作人员业务能力低、责任心不强。

（5）防跑油　为了防止跑油，现场值班员和保管员对作业接收油品的储油罐油量、已装油量及作业管道的容量和放空罐的空容量必须做到心中有数。

（6）防渗漏　对输油系统的垫片、填料，除平时定期维护和更换外，加强作业中的检查极为重要，鹤管组装前要检查垫片是否完好，发现损坏及时更换。

（7）防中毒　作业人员应穿工作服，戴手套，以防皮肤直接与油品接触；泵房、洞库要有良好的通风设备，并适时地进行通风；洞库作业必须坚持两人同行和先通风后进洞库的制度；清扫粘油槽车油时，必须戴防毒口罩。

（8）防混料　更换品种、车内存留水与机械杂质或不合格油品卸车后等都需要洗刷槽车。

五、水上油轮安全技术

水上运输需要大量的油船和油驳。

1. 油轮、油驳

（1）油轮　油轮带有动力设备，可以自航，一般还备有输油、扫舱、加热以及消防等设施。由于各种石油产品的闪点、黏度、密度等特性不同，因而对载运不同种类石油产品的油轮要求也不一样。例如，对载运闪点较低油品的油轮，防火防爆要求严格；对载运黏度较大的油品，舱内需要大量加热设施；对载运密度较小油品的油轮，舱容要求大。国内海运和内河使用的油轮，可分为10000t以上、3000t以上和3000t以下几种。10000t以上的油轮主要用于海上原油运输；3000t以下的油轮多用于成品油的海运和内河运输。

（2）油驳　油驳是指不带动力设备、不能自航的油船，它必须依靠拖船牵引并利用石油库的油泵和加热设备进行装卸和加热。油驳载重量有100t、300t、400t、600t、1000t、3000t等多种形式。油驳一般有6～9个油舱，并有一套可以相互连通隔离的管组，有的油驳也可以装卸两种以上的油品，它所运载的石油种类与油轮相同。油驳采用单条或多条编队由拖轮拖带或顶推航行，是内河、港内油品驳运主要工具。通常，在油驳编队航行中拖带油驳的拖轮，从防火防爆角度上考虑，应该与一般拖轮有所区别，在拖轮上要求有强大能力的消防设施。

2. 油轮和油驳的安全技术

（1）限制流速　在装卸油品之初，由于管内多少总有存水，故应低速运行，一般不超过1m/s，尤其是装过压舱水的油轮在装轻油时更应严格加以控制，只有待油位超过船底高腹板的纵向桁材，水稳定在油轮底部以后才可以增速。

（2）合理使用过滤器　一般油品只能使用粗孔的过滤器，它产生的静电比管道产生的静电要少。当使用精密过滤器时，则必须采用相应的消除静电措施，如降低流速、加缓和器或消电器等。

（3）防止气体和水的混入　当用空气或惰性气体将管道内、软管内残油驱向油舱内时，应注意不要将空气或惰性气体放入油舱，禁止使用压缩空气清扫输送过挥发性油品的管道和油舱。

（4）注意加油方式　禁止通过外部软管从舱口直接灌装挥发性油品以及作业温度超过其闪点的其他油品。

（5）防静电与接地要求　禁止使用化纤碎布或丝绸去擦抹油轮油舱内部，并要合理使用尼龙绳索。为防止金属面之间或金属面与地面之间发生电火花，在有可燃性油气混合的场所，所有金属部件均需良好接地。

此外，油轮作业前，油轮上的接管口应与岸上输油管道进行等电位连接。

第五节　危险化学品储运应急预案管理

应急预案指面对突发事件如自然灾害、重特大事故、环境公害及人为破坏的应急管理、指挥、救援计划等。

应急预案的制定和管理是危险化学品储运企业安全管理的重要内容，旨在迅速、科学、有效地应对各类危险化学品事故，最大限度减少事故损失。《安全生产法》规定：生产经营单位对重大危险源应当登记建档，进行定期检测、评估、监控，并制定应急预案，告知从业人员和相关人员在紧急情况下应当采取的应急措施。

一、生产安全事故应急预案管理

目前实行的《生产安全事故应急预案管理办法》由国家安全生产监督管理总局令第88号公布，应急管理部令第2号《应急管理部关于修改〈生产安全事故应急预案管理办法〉的决定》[11] 对其进行了修正。

《生产安全事故应急预案管理办法》是为了规范生产安全事故应急预案管理工作，迅速有效处置生产安全事故，依据《突发事件应对法》《安全生产法》《生产安全事故应急条例》《突发事件应急预案管理办法》（国办发〔2013〕101号）等法律、行政法规而制定的，适用于生产安全事故应急预案的编制、评审、公布、备案、实施及监督管理工作。

应急预案的管理实行属地为主、分级负责、分类指导、综合协调、动态管理的原则。

生产经营单位主要负责人负责组织编制和实施本单位的应急预案，并对应急预案的真实性和实用性负责；各分管负责人应当按照职责分工落实应急预案规定的职责。

1. 应急预案体系

生产经营单位应急预案分为综合应急预案、专项应急预案和现场处置方案。

综合应急预案，是指生产经营单位为应对各种生产安全事故而制定的综合性工作方案，是本单位应对生产安全事故的总体工作程序、措施和应急预案体系的总纲。

专项应急预案，是指生产经营单位为应对某一种或者多种类型生产安全事故，或者针对重要生产设施、重大危险源、重大活动防止生产安全事故而制定的专项性工作方案。

现场处置方案，是指生产经营单位根据不同生产安全事故类型，针对具体场所、装置或者设施所制定的应急处置措施。

2. 应急预案的编制

应急预案的编制应当遵循以人为本、依法依规、符合实际、注重实效的原则，以应急处置为核心，明确应急职责、规范应急程序、细化保障措施。

应急预案的编制应当符合下列基本要求：

(1) 有关法律、法规、规章和标准的规定；

(2) 本地区、本部门、本单位的安全生产实际情况；

(3) 本地区、本部门、本单位的危险性分析情况；

(4) 应急组织和人员的职责分工明确，并有具体的落实措施；

(5) 有明确、具体的应急程序和处置措施，并与其应急能力相适应；

(6) 有明确的应急保障措施，满足本地区、本部门、本单位的应急工作需要；

(7) 应急预案基本要素齐全、完整，应急预案附件提供的信息准确；

(8) 应急预案内容与相关应急预案相互衔接。

生产经营单位应当根据有关法律、法规、规章和相关标准，结合本单位组织管理体系、生产规模和可能发生的事故特点，与相关预案保持衔接，确立本单位的应急预案体系，编制相应的应急预案，并体现自救互救和先期处置等特点。

3. 应急预案的评审、公布和备案

矿山，金属冶炼企业和易燃易爆物品、危险化学品的生产、经营（带储存设施的，下同）、储存、运输企业，以及使用危险化学品达到国家规定数量的化工企业，烟花爆竹生产、批发经营企业和中型规模以上的其他生产经营单位，应当对本单位编制的应急预案进行评审，并形成书面评审纪要。应当在应急预案公布之日起20个工作日内，按照分级属地原则，向县级以上人民政府应急管理部门和其他负有安全生产监督管理职责的部门进行备案，并依法向社会公布。

4. 应急预案的实施

生产经营单位应当组织开展本单位的应急预案、应急知识、自救互救和避险逃生技能的培训活动，使有关人员了解应急预案内容，熟悉应急职责、应急处置程序和措施。

易燃易爆物品、危险化学品等危险物品的生产、经营、储存、运输单位，矿山、金属冶炼、城市轨道交通运营、建筑施工单位，以及宾馆、商场、娱乐场所、旅游景区等人员密集场所经营单位，应当至少每半年组织一次生产安全事故应急预案演练，并将演练情况报送所在地县级以上地方人民政府负有安全生产监督管理职责的部门。应当每三年进行一次应急预案评估。应急预案评估可以邀请相关专业机构或者有关专家、有实际应急救援工作经验的人员参加，必要时可以委托安全生产技术服务机构实施。

二、危险化学品储运企业的应急准备

制定危险化学品储运应急预案要以“事故一定会发生”为基本认识，一切为实战需要。因此，为了保证应急预案在事故发生时有效实施，还要做好应对各项事故的思想、组织、制度、管理、技术、物质的准备工作，以确保“有备无患”。这些准备具体包括以下内容：

1. 思想理念

①以人为本、安全发展、生命至上、科学救援理念；②安全发展红线意识；③风险防控底线思维；④建立健全各项应急管理制度。

2. 组织与职责

①设置负有应急管理职责的安全生产管理机构或配备负有应急管理职责的专职安全生产管理人员；②建立健全各级生产安全事故应急工作责任制，明确企业主要负责人、法定代表人、主要技术负责人、各分管负责人职责任务。

3. 法律法规

①建立安全生产应急管理法律、法规、标准、规范的管理制度，明确主管部门，确定获取的渠道、方式；②对相关人员进行培训；③建立健全应急值班值守、信息报告、应急投入、物资保障、人员培训及预案管理（定期评估、修订、备案、公布）等应急救援管理制度。

4. 风险评估

①风险辨识：辨识危险有害因素、风险源、可能的事故及原因、后果等；②风险分析：采用定性、定量或定性、定量相结合的方法，对辨识出的风险后果的严重性、发生的可能性进行分析；③风险评价：确定风险等级，提出针对性的风险防控措施；④情景构建：运用情景构建技术，准确揭示本企业小概

率、高后果的“巨灾事故”。

5. 预案管理

①预案编制：成立应急预案编制工作小组，确定应急预案编制原则与要点，进行风险评估和应急资源调查；②应急预案体系应包括综合应急预案、专项应急预案、现场处置方案；③预案管理：对本单位编制的应急预案进行评审，应急预案由本单位主要负责人签署后向本单位人员公布，并发放至有关部门、岗位和相关应急救援队伍；④在全面调查和客观分析本单位应急资源状况基础上开展应急能力评估，并依据评估结果完善应急保障措施。

6. 监测与预警

①建立健全基于过程控制系统、安全仪表系统、灾害报警系统的监测预报系统，重大危险源和关键部位的监测监控信息要接入危险化学品安全生产风险监测预警系统；②预警分级：按照事故发生的紧急程度、发展势态和可能造成的危害程度分为一级、二级、三级和四级，分别用红色、橙色、黄色和蓝色标示，一级为最高级别；③一旦重大危险源发生事故，做到提前预警、提前防范、提前处置。

7. 教育培训与演练

①制定应急教育培训计划与目标，对从业人员进行应急教育和培训，并对参加培训的人员进行评估考核；②制定本单位的应急预案演练计划，至少每半年组织一次生产安全事故应急预案演练，演练可多形式互相组合；③演练设置评估组，编写评估方案和评估标准，并根据改进建议按程序对预案进行修订完善。

8. 值班值守

①建立应急值班制度，配备应急值班人员，明确24h应急值守电话。②明确事故信息接收、通报程序和责任人。③事故发生后，事故现场有关人员应当立即向本单位负责人报告，单位负责人接到报告后，应当于1h内向事故发生地县级以上人民政府安全生产监督管理部门和负有安全生产监督管理职责的有关部门报告；事故报告应当及时、准确、完整，任何单位和个人对事故不得迟报、漏报、谎报或者瞒报。④明确事故发生后向本单位以外的有关部门或单位通报事故信息的方法、程序和责任人。

9. 信息管理

①应急救援信息包括有关生产工艺信息，本单位危险化学品安全技术说明书，应急预案、专业应急队伍、兼职应急队伍、应急专家及其他信息。②建立

有线与无线相结合的应急通信保障系统。

10. 装备设施

①应急设施包括消防设施、气防设施、防尘防毒/防化学灼伤设施、紧急切断设施、应急事故池。②应急物资装备根据本单位危险化学品的种类、数量和危险化学品事故可能造成的危害进行配置；生产、储存和使用氯气、氨气、光气、硫化氢等吸入性有毒有害气体的企业，还应当配备两套以上全封闭防化服。③建立应急设施和物资装备的管理制度和台账清单，按要求经常性维护、保养，确保完好。

11. 救援队伍建设

①危险化学品生产、经营、储存企业应当建立应急救援队伍；中小型企业或者微型企业等应当指定兼职的应急救援人员；工业园区、开发区等产业聚集区域内的危险化学品生产、经营、储存企业，可以联合建立应急救援队伍。②应急救援人员应当具备必要的专业知识、技能、身体素质和心理素质。③制定应急救援人员教育培训计划，配备必要的应急救援装备和物资，定期组织训练，开展形式多样的应急演练。④建立应急值班制度，配备应急值班人员。⑤生产经营单位应当及时将本单位应急救援队伍建立情况报送县级以上人民政府负有安全生产监督管理职责的部门，并依法向社会公布。

12. 应急处置与救援

①明确应急组织形式及组成单位或人员及其职责；救援队伍指挥员应当作为指挥部成员。②应急救援基本原则：救人第一、防止灾害扩大，统一领导、科学决策，信息畅通、协同应对，保护环境、减少污染。③针对事故危害程度、影响范围，对事故应急响应进行分级，明确分级响应的基本原则。④明确应急指挥机构启动、应急资源调配、应急救援、扩大应急等响应程序。⑤明确事故报警、各项应急措施启动、应急救护人员的引导、事故扩大及同生产经营单位应急预案衔接的程序。⑥从警戒隔离、人员救护与防护、遇险人员救护、公众安全防护、装备物资正确选用、工艺操作配合、现场监测、洗消、现场清理等方面制定明确的应急处置措施。⑦从完善安全监控措施、加强个体防护等方面，提升危险化学品应急处置能力。⑧突发事件发生地的其他单位应当服从人民政府发布的决定、命令，配合人民政府采取应急处置措施，做好本单位的应急救援工作。

13. 应急准备恢复

①事后排查、消除现场事故隐患，排查、消除现场次生、衍生事故风险。

②维护、补充、更新装备、物资，休整队伍，恢复到正常应急准备状态。③生产安全事故调查组应当对应急救援工作进行评估，事故救援结束后应当开展应急处置工作总结。

14. 经费保障

①企业年度预算中应包含应急教育、培训、演练，应急装备与设施检测、维护、更新，应急物资、器材采购等有关应急资金预算。②应急救援队伍根据救援命令参加生产安全事故应急救援所耗费用，由事故责任单位承担；事故责任单位无力承担的，由有关人民政府协调解决。

第六节　危险化学品储运企业信息化管理

实现危险化学品储运安全管理的关键是推进信息化平台建设。利用互联网、大数据、云计算实现风险监测预警是防范化解危险化学品行业系统性重大安全风险、实现新时代安全监管工作改革发展、提升储运企业本质安全水平的迫切要求，也是推动安全监管思想观念变革、监管机制变革、工作模式变革和业务流程变革的探索创新。

一、信息化平台的思路和架构

1. 信息化平台建设思路

危险化学品储运企业安全生产信息化平台的建设思路是[11]：

(1) 分布采集　基于云服务技术构建混合云大数据平台，按照数据属性与权限分为公有云和私有云两部分，记录生产及监管环节中的各类数据，为信息溯源与核对提供基础。

(2) 集中管理　基于混合云大数据平台，结合物联网等技术构建统一的园区管理基础支撑系统，为平台各应用系统的运行提供基础性服务。

(3) 按需服务　在分布数据与应用服务的基础上，通过 WEB 应用和移动应用两种应用模式，面向不同用户的需求，分别提供安全监管、监测监控、应急管理、综合服务等应用功能。

2. 信息化平台架构

平台构建“五层两体系”的架构，见图 5-3[11]。

(1) 综合展示层　面向各级用户，通过综合信息门户全方位、多维度、多

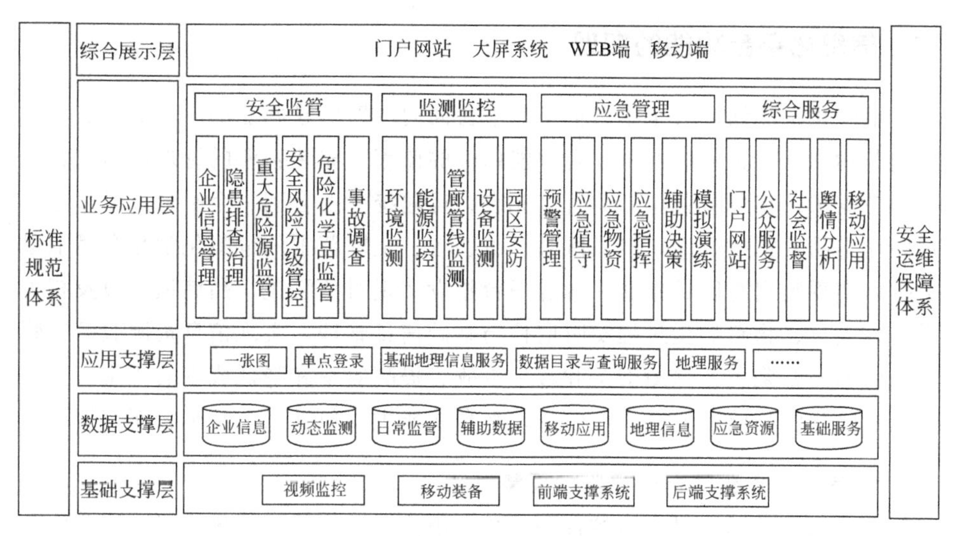

图 5-3　逻辑架构图

视角支撑安全信息化管理与服务业务展示、应用。

(2) 业务应用层　包括安全监管、监测监控、应急管理、综合服务等部分，是平台业务应用的核心环节，基于底层数据与应用支撑，通过 WEB 端和各类移动端等多类别访问途径，为各级用户提供符合实际工作流程的日常管理、信息分析、综合研判、决策辅助支持服务。

(3) 应用支撑层　为保证平台使用的通用性与兼容性，集成多类别中间件与基础支撑、地理信息服务、安全信息支撑等服务，包括单点登录、数据目录与查询服务、地理服务等。此外，分为电子政务外网应用支撑和互联网服务应用支撑两部分，分别实现面向政务系统的数据交换共享和面向企业的在线应用服务。

(4) 数据支撑层　主要用于存储园区日常管理、企业安全生产、安全防范、能源监测、基础设施监控等多类别安全生产与业务管理数据，为平台各子系统的正常运行、与外部系统的数据交换、公众服务等提供支撑。

(5) 基础支撑层　提供保证系统运行所必备的软硬件环境，为数据采集、管理、业务系统运行等提供基础支撑。

(6) 标准规范体系　遵循国家电子政务有关标准、行业要求等各类信息化标准规范，为各平台内部数据采集管理、平台之间及系统外部数据信息交换和共享提供技术规范。

(7) 安全运维保障体系　为保证平台运行提供统一的安全认证、运行管理、维护管理等服务。

二、信息化平台功能的实现

危险化学品储运安全生产信息化平台面向政府监管职能部门、危险品充装单位与物流运输企业，通过整合职能单位的监管、充装企业的管理、运输企业的业务需求，将危险化学品监管、充装、运输统一融合到一个平台，通过建立危险化学品数据中心库，接通区县、市、省、全国范围的危险化学品车辆卫星数据，实现数据跨区域互通，通过平台建设实现对危险化学品储运环节及相关设备、人员、物料的全过程实时监控与基础信息管理，实现信息资源服务、管控风险和排查隐患、保障安全和减少事故、提高效率和降低成本的作用。

危险化学品储运安全生产信息化平台功能主要包括以下几个方面[12]：

1. 危险化学品储存过程监控预警

危险化学品储存过程监控预警系统，由传感器、数据采集装置、企业生产控制系统以及工业数据通信网络等组成，实现对储存过程的动态、静态信息的采集、显示、分析、保存、传输功能，并在达到预设值的时刻智能预警。同时，配备系统安全防护设备。

(1) 动态信息采集　系统采集的动态信息如：可燃及有毒有害气体，危险化学品储罐的温度、压力、液位、联锁投切信号等工艺参数的实时数据及报警信息等。采集时间的间隔可调，且系统对采集的信息具有巡检功能。实时信息采集截图见图 5-4。

图 5-4　实时信息采集截图

（2）静态信息采集 系统采集的静态信息如：企业基本信息、储罐及装置信息、物料信息、监测预警系统的前端软/硬件有关数据、化学品安全技术说明书、应急管理数据等。静态信息采集截图见图 5-5。

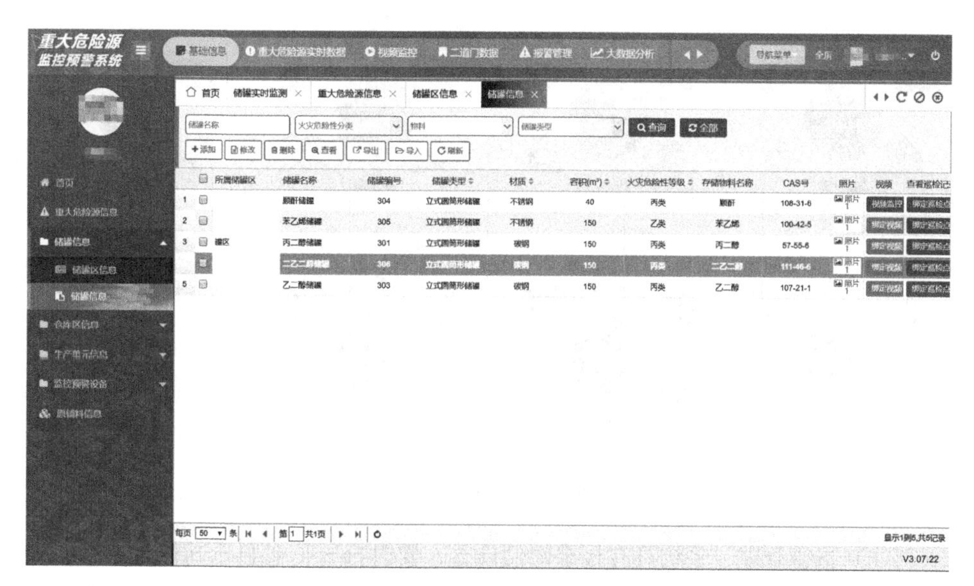

图 5-5 静态信息采集截图

（3）视频信息采集 系统通过直接接入、集成视频管理系统等方式实时获取企业重大危险源区域、重点监管的危险化工工艺岗位的视频监控信息。视频采集截图见图 5-6。

图 5-6 视频采集截图

（4）监测数据和厂区状态显示　系统采用监测阵列图显示各测点的参数及设备的运行状态，采用监视窗口显示工艺流程图、企业电子地图等。监测阵列截图见图 5-7。

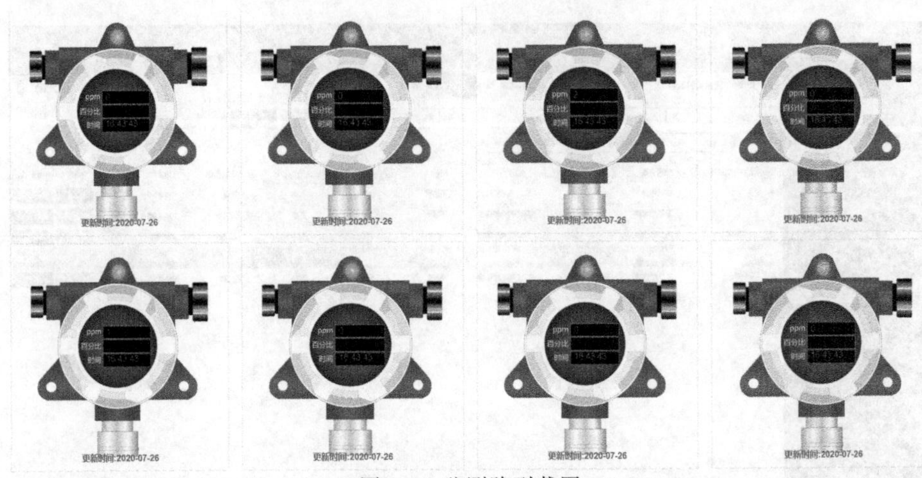

图 5-7　监测阵列截图

（5）报警管理　系统具有报警阈值设置、实时报警信息显示功能，包括报警汇总列表、专门的报警区或弹出式界面。系统可实现页面图文报警、报警点声光报警以及短信等多种报警方式。页面图文报警时，生产现场的监控摄像机应同时显示现场监控视频图像与参数报警信息，并录像。报警管理截图见图 5-8。

首页　储罐报警数据

储罐位号　储罐类型　监测类型　时间段　报警时间 ~ 报警时间
处理状态　查询　全部　刷新　批量处理

	储罐位号	储罐类型	存储物料名称	类型	报警信息	报警时间	状态	预警推送	操作	处理人	处理时间
1	304	立式圆筒形储罐	顺酐	消警	5.05 %	2020-07-26 14:40:00	消警				
2	305	立式圆筒形储罐	苯乙烯	温度严重报警	25.04 ℃	2020-07-26 13:06:00	可忽略报警		已处理	李高	2020-07-26 13:07:02
3	305	立式圆筒形储罐	苯乙烯	消警	24.95 ℃	2020-07-26 13:05:00	消警				
4	305	立式圆筒形储罐	苯乙烯	温度严重报警	25.07 ℃	2020-07-26 12:56:00	可忽略报警		已处理	李高	2020-07-26 12:57:01
5	305	立式圆筒形储罐	苯乙烯	消警	24.98 ℃	2020-07-26 12:54:00	消警				
6	305	立式圆筒形储罐	苯乙烯	温度严重报警	25.01 ℃	2020-07-26 12:53:00	可忽略报警		已处理	李高	2020-07-26 12:54:35
7	305	立式圆筒形储罐	苯乙烯	消警	24.95 ℃	2020-07-26 12:52:00	消警				
8	305	立式圆筒形储罐	苯乙烯	温度严重报警	25.01 ℃	2020-07-26 12:46:00	可忽略报警		已处理	李高	2020-07-26 12:47:17
9	305	立式圆筒形储罐	苯乙烯	消警	24.91 ℃	2020-07-26 12:45:00	消警				
10	305	立式圆筒形储罐	苯乙烯	温度严重报警	25.01 ℃	2020-07-26 12:42:00	可忽略报警		已处理	李高	2020-07-26 12:42:38
11	305	立式圆筒形储罐	苯乙烯	消警	24.95 ℃	2020-07-26 12:36:00	消警				
12	305	立式圆筒形储罐	苯乙烯	温度严重报警	25.04 ℃	2020-07-26 12:33:00	可忽略报警		已处理	李高	2020-07-26 12:35:32
13	305	立式圆筒形储罐	苯乙烯	消警	24.95 ℃	2020-07-26 12:32:00	消警				
14	305	立式圆筒形储罐	苯乙烯	温度严重报警	25.01 ℃	2020-07-26 12:26:00	可忽略报警		已处理	李高	2020-07-26 12:26:57

每页 50 条　第 1 共30页　显示1到50,共1463记录

图 5-8　报警管理截图

（6）数据趋势显示　系统能够以折线图、点状图等形式显示模拟量参数实时趋势、历史趋势信息，应能够根据时间、点位等信息自由分组显示和查询；支持各类参数和历史报警的统计、查询和图表化显示、报表输出等功能。趋势显示截图见图 5-9。

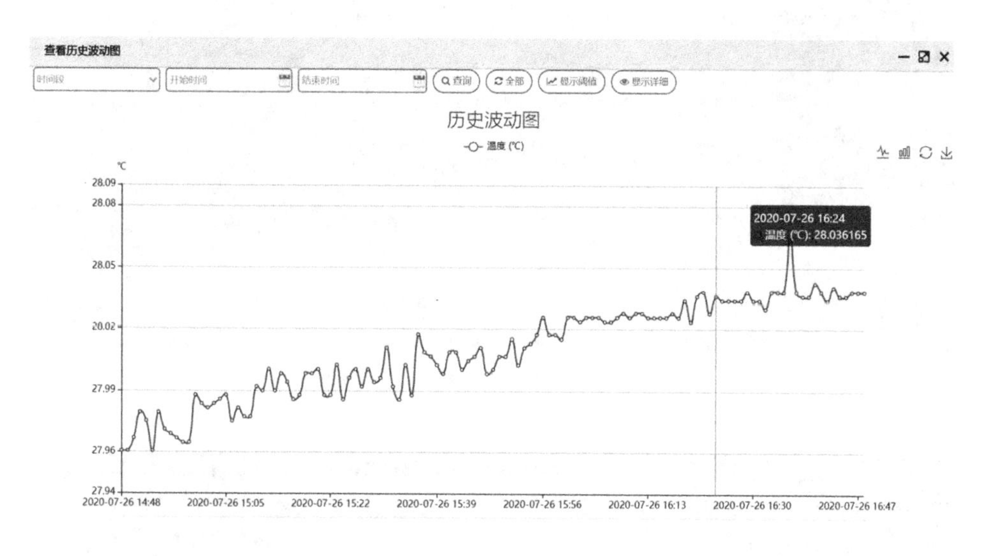

图 5-9　趋势显示截图

（7）上级平台通信　系统须具备独立将重大危险源的实时数据、报警信息、视频信息与相关政府监管平台的数据对接和交互功能。

2. 危险化学品运输过程监控预警

危险化学品运输过程监控预警系统，可以将危险化学品、危险化学品运输车辆、从业人员等相关“物”相连接，实现对危险化学品的状态感知、识别、定位、跟踪、监控和管理，实现对危险化学品运输、储存、销售、人员、车辆、物品等全过程、全流程的管控和信息资源服务。

（1）危险化学品运输车辆实时位置监控预警　显示运输车辆实时位置信息，可对指定车辆进行轨迹回放，见图 5-10。对指定区域（如化工园区）内危险化学品车辆停车场、清洗点、充装单位、许可路线、卡口、运输企业等兴趣点的地理信息管理，见图 5-11。在指定区域（如化工园区）进行临时通行证管理，并可根据订单号、货物名称、车牌号码、驾驶员等信息实现订单跟踪；实现运输公司备案、待备案管理；对危险化学品充装单位的充装信息进行校验管理；可按查询要求导出各类报表。危险化学品道路运输单见图 5-12。

图 5-10 危险化学品车辆的实时位置图

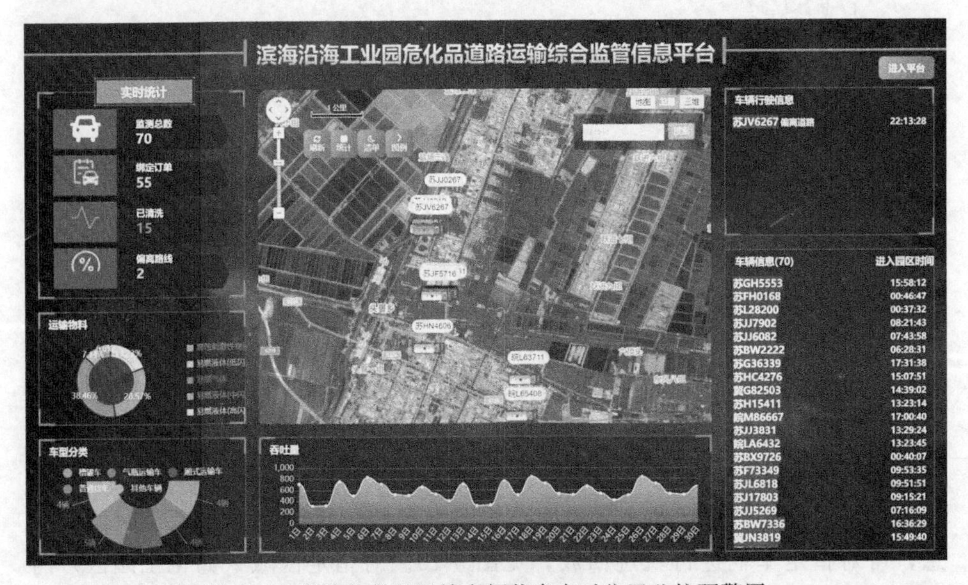

图 5-11 危险化学品运输车辆状态实时位置监控预警图

（2）资质备案管理　实现对运输公司的道路经营许可证、道路运输证、运输公司车辆行驶证、驾驶证及从业证、禁区通行证等证件的审核、发放管理，并实现对装卸料作业人员的审核管理，可设置到期自动提醒功能，提醒运输企业相关人员及时换证。

（3）运输风险管控　对申报的订单进行风险评估，根据危险化学品类别、

滨海沿海工业园危化品道路运输单

⑥ 运单编号：2007190811040

订单类型

安监局审核 ☐　公安审核 ☑　环保审核 ☐

① 托运方信息 Shipper Information

单位名称：盐海化工

联系电话：

② 收货方信息 Receiver Information

单位名称：江苏科利

联系电话：

③ 装货详情 Loading details

装货地点：滨海盐海工业　运输目的地：江苏科利

装货日期：2020-07-19　预计到达日期：2020-07-19

④ 承运方信息 Carrier Information

单位信息　单位名称：　联系电话：　经营许可证：

车辆信息　车牌号码：　道路运输证号：

挂车信息　车牌号码：　道路运输证号：

驾驶员信息　姓名：　从业资格证号：　联系方式：

押运员信息　姓名：　从业资格证号：　联系方式：

⑤ 货物信息 Cargo information

货物名称	联合国编码	类/项别	包装类别	规格	质量(kq)
液氯					25000

图 5-12　危险化学品道路运输单

运输量及运行路线建立运算模型，综合评估出其风险等级，同时在地图上显示实时的危险品运输风险动态分布图，见图 5-13。

图 5-13　危险品运输风险动态分布图

（4）基础信息管理　基础信息管理用于登记辖区危险化学品运输车辆行驶

的主要道路，记录进入辖区的危险化学品车辆信息、运输公司信息，划定停车场，限定行驶路线，从而提高危险化学品运输车辆的安全性、规范性。图 5-14 为危险化学品车辆基本信息管理，主要用于自动记录进入的危险化学品车辆信息，包括车牌号、车型、吨位、核载人数等信息。可按车型、车牌号、车辆负责人等条件进行检索，见图 5-15。

图 5-14 危险化学品车辆基本信息管理

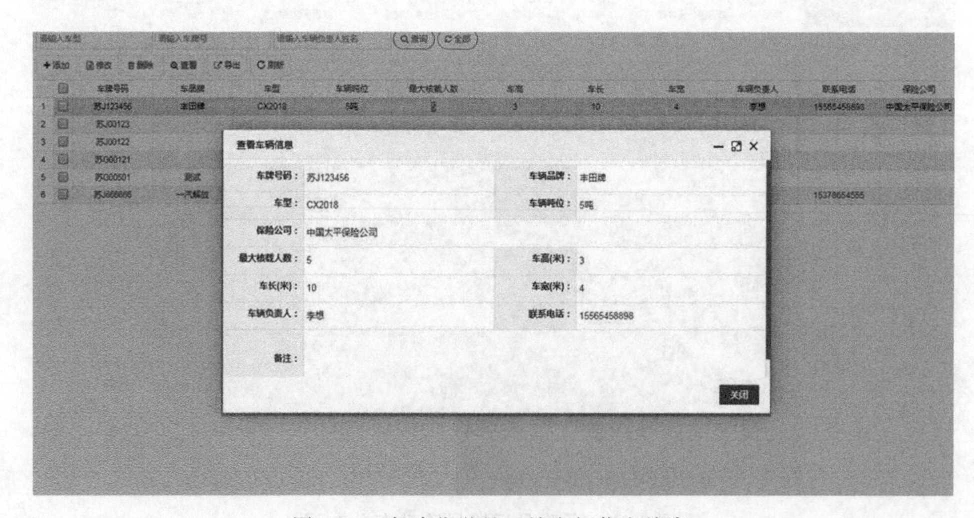

图 5-15 危险化学品运输车辆信息检索

（5）车辆违章管理 用于危险化学品车辆、人员违章记录统一记录、查询，包括具体违法行为、扣分处罚情况以及是否处理完成等信息，并实现对车辆黑名单管理、人员黑名单及公司黑名单管理。可按查询条件进行导出存档。图 5-16 显示了车辆违章记录。

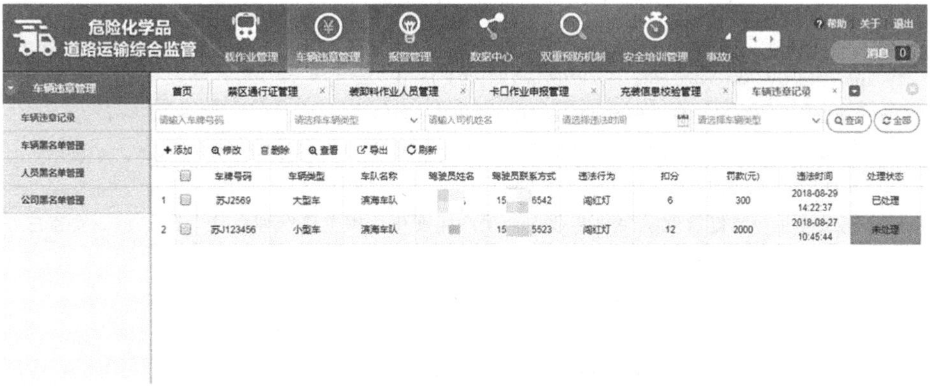

	车牌号码	车辆类型	车队名称	驾驶员姓名	驾驶员联系方式	违法行为	扣分	罚款(元)	违法时间	处理状态
1	苏J2569	大型车	滨海车队		15 6542	闯红灯	6	300	2018-08-29 14:22:37	已处理
2	苏J123456	小型车	滨海车队		15 5523	闯红灯	12	2000	2018-08-27 10:45:44	未处理

图 5-16 危险化学品车辆违章记录

3. 事故应急管理

系统还提供了事故后果模拟计算，可实现针对运输车辆所载危险化学品进行火灾、爆炸、泄漏等事故后果的计算模拟，并能在地图上显示事故影响范围。包括死亡半径、重伤半径、轻伤半径、应急处置技术等信息。图 5-17 为火灾事故后果计算。

图 5-17 火灾事故后果计算

参考文献

[1] 责任关怀实施准则 [S]. HG/T 4184—2011.

[2] 刘娜. 责任关怀储运安全工作组扬帆再启航 [EB/OL]. 中化新网, 2017-07-27 [2020-8-19]. http://www.ccin.com.cn/detail/0f983cd98d4e5eac02b48ee55b9e6307.

[3] 责任关怀理念注入危险化学品运输 [EB/OL]. 中国化工报, 2015-02-23 [2020-8-19]. https://www.antpedia.com/news/96/n-1234896.html.

[4] 企业安全生产标准化基本规范 [S]. GB/T 33000—2016.

[5] 国家安全生产监督管理总局. 危险化学品从业单位安全生产标准化评审标准. 安监总管三 [2011] 93 号, 2011.

[6] 国家安全生产监督管理总局. 企业安全生产标准化评审工作管理办法（试行）. 安监总办 [2014] 49 号, 2014.

[7] 王凯全. 安全系统学导论 [M]. 北京: 科学出版社, 2019.

[8] 陈志爱. 再谈化工储运企业的安全文化 [J]. 中国远洋航务, 2014, (1): 62-63.

[9] 化学品生产单位特殊作业安全规范 [S]. GB 30871—2014.

[10] 王凯全, 王新颖. 危险化学品设备安全 [M]. 2 版. 北京: 中国石化出版社, 2010.

[11] 应急管理部. 应急管理部关于修改《生产安全事故应急预案管理办法》的决定 [A]. 应急管理部令第 2 号, 2019.

[12] 袁雄军, 等. 化工园区企业在线风险管理系统 [CP/CD]. 2015SR033070.

第六章

危险化学品储运安全技术

安全技术是为防止人身事故和职业病的危害、控制或消除生产过程中的危险因素而采取的专门的技术措施。

根据两类危险源事故致因和风险管理理论，危险化学品储运安全技术应包括防止事故发生和减少事故损失两方面。前者是指约束、限制能量或危险物质，防止能量意外释放的安全技术措施；后者是指安全屏障一旦失效，要迅速控制局面，防止事故的扩大，避免引起二次事故，控制事故危害的安全技术措施。

危险化学品储存企业的安全技术措施，要以系统本质安全化为目标，以储存过程的风险辨识和评估为基础，综合规划、系统实施预防和控制事故技术措施；特别要加强罐区、仓库、运输等重大危险源、主要作业环节的安全监控设施；切实保障事故应急处置能力。

第一节　危险化学品储运本质安全化技术

一、本质安全化技术的原理

系统本质安全化技术是综合运用安全科学技术，使系统各要素和各组成部分之间达到最佳匹配和协调；系统具有可靠且稳定的安全品质特性，安全管理质量，完善的安全防护、救助功能；系统发生事故或灾害的风险率降低到最低限度或公认的安全指标以下，并使系统的安全状态始终处于动态的良性循环之中。

本质安全是安全技术的终极目标，本质安全需要不断控制系统风险、推行本质安全化技术来实现。生产系统本质安全化技术按照可靠性的降序依次为[1]：

（1）本质安全（inherent） 使用没有危害或危害更小的化学品，或者通过改善工艺条件以消除或明显减少危害，使安全性成为工艺系统本身的一种属性。

（2）被动保护（passive） 依靠工艺或设备设计上的特征，降低事故发生的频率、减轻事故的后果，或者二者兼顾。这类保护在发挥作用时，不依赖任何人为的启动或控制元件的触发。例如，在设计储罐时，使它们本身能够承受储存过程中可能产生的最高压力，即使压力出现波动，也总能保障安全，而且可以省掉复杂的压力联锁控制系统和超压泄放系统如收集罐、收集池等。

（3）主动保护（active） 又称工程控制。即采用基本的工艺控制、联锁和紧急停车等手段，及时发现、纠正工艺系统的非正常工况。例如，当化学品储罐的压力升高到设定压力时，调节阀自动开启调压以防止储罐超压，就属于此类保护。

（4）程序运用（procedural） 又称管理控制，即运用操作程序、维修程序、作业管理程序、应急反应程序或通过其他类似的管理途径来预防事故，或者减轻事故所造成的后果。例如，在焊接作业时，为了控制火源，需要严格执行动火作业许可证制度。人总是可能犯错误，而且可能出现判断上的失误，所以程序运用属于低层次的风险控制策略，但仍然是风险控制的一个重要环节。程序运用的另一方面重要意义在于，它是被动保护装置和主动保护装置处于可靠、可工作状态的保障。

上述四类风险控制途径主要是预防事故。为了在事故发生时保护操作人员，需要采取必要的个人防护措施，这是保护操作人员免受伤害的最后环节。图 6-1 反映了本质安全与风险控制的相互关系。

二、系统本质安全化引导词技术

系统本质安全化引导词技术是通过预设的、以本质安全化为目标的“引导词”，进行逐项对照，审查系统安全程度，逐项落实安全技术措施。1991 年，英国 Trevor Kletz 提出了一系列“本质安全”概念的引导词，见表 6-1。

表 6-1 Trevor Kletz 提出的“本质安全”引导词

序号	引导词	说明
1	减量(Miuimization)	减少系统中危险物质的数量
2	替代(substitution)	使用安全或危险性较小的物质或工艺替代危险的物质或工艺
3	缓和(attenuation)	采用危险物质的最小危害形态或危害最小的工艺

续表

序号	引导词	说明
4	限制影响(limitation of effect)	改变系统的设计或操作条件,限制或减少事故可能的破坏程度
5	简化(simplifiction)	简化工艺系统及其操作,减少安全防护装置的使用,进而减小人为失误的可能性
6	容错(error tolerance)	系统能够容忍某些操作错误,保证设备能够经受扰动,反应过程能承受非正常反应

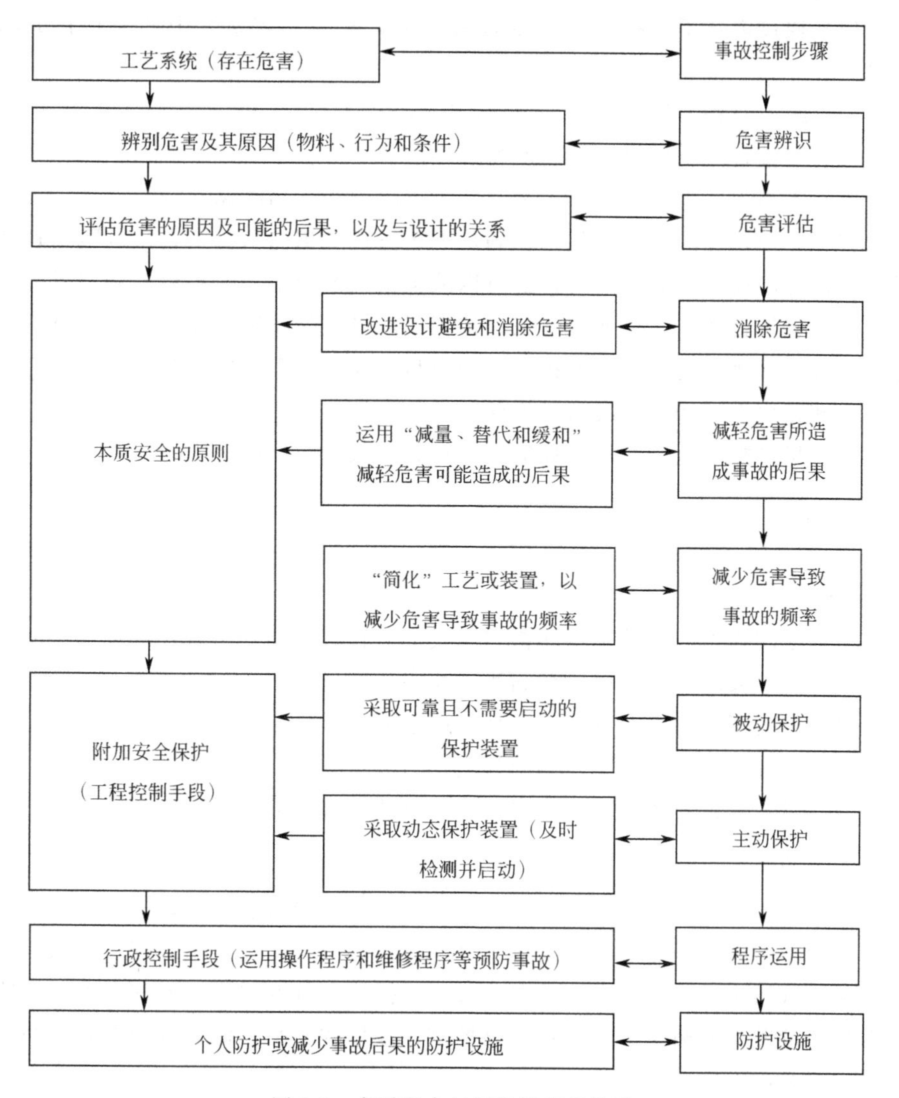

图 6-1　本质安全与风险控制的关系

以危险化学品储运为例，如果从损失预防（loss prevention）的角度，可以运用下列四项实现“本质安全”的策略：

1. 减量

减量也可以理解成“最小化（minimizeation）”，尽可能减少危险化学品的使用量。

本策略的要点是减少储运过程中（储罐和输送管道等）危险物料的滞留量和工厂范围内危险物料的储存量，以降低工艺系统的风险。具体的做法诸如：

（1）通过创新工艺技术和改变现有工艺，减少工艺系统中危险物料的滞留量。

（2）减少设备数量和采用容积更小的设备。

（3）安排合理的原料和中间产品储存量。

（4）提高工厂维护和维修水平，减少危险中间产品的储存量。

（5）应用合理的工艺控制，在满足工艺操作要求的情况下，将危险物料储罐的液位控制在较低的范围内，也可以减少工艺系统中危险物料的滞留量。

（6）选择合适的储存地点。在决定工厂区域危险物料的储存量时，可以考虑几个基本问题：是否有必要将所有的原料都储存在工厂区？是否有其他更加安全的储存地点（如码头或第三方储存设施等）。

（7）尽可能就地生产和消耗危险物料，以减少它们的运输。

2. 替代

替代（substitution）即用危害小的物质（或工艺）替代危害较大的物质（或工艺）。

本策略的要点是用危害小的物质替代危害较大的物质，或者用危害小的工艺替代危害较大的工艺。例如在储运过程中：

（1）改变现有的危害较大化学品的运输方式；

（2）用焊接管替代法兰连接的管道；

（3）对管道系统清洗时，用水溶性的清洗剂替代溶剂清洗剂。

3. 缓和

缓和（Attenuation）是使物质或工艺系统处于危险性更小的状态。

本策略的要点是通过改善物理条件（如操作温度、化学品的浓度）或改变化学条件（如化学反应条件）使工艺过程的操作条件变得更加温和，万一危险物料或能量发生泄漏时，可以将后果控制在较低的水平。储运过程中，“缓和”策略主要有：

（1）稀释　对于沸点低于常温的化学品，通常储存在常温常压的系统中。

假如工艺条件许可，可以采用沸点较高的溶剂来稀释，从而降低储存压力。不幸发生泄漏时，储罐内、外压差相对较小，泄漏程度会较低；如果容器破裂，泄漏区的危险物料浓度则相对较低，可减轻事故造成的后果。

（2）冷冻 这种方法通常用来储存氨和氯等危险物质。与稀释的效果类似，冷冻可以降低储存物的蒸气压，使储存系统与外部环境之间的压差降低，如果容器出现破口或裂缝，泄漏速度会明显降低。

（3）泄漏容纳 储罐区的围堤、泵区的地面围堰等都是典型的泄漏容纳系统，它们在发挥作用时，不需要有人去开启，也不依赖自控装置的触发。虽然它们不能够消除泄漏，但是可以明显地减轻泄漏后果。

4. 简化

简化（simplifiction）是尽量剔除工艺系统中烦琐的、冗余的部分，使操作更加容易，减少操作人员犯错误的机会；即使出现操作错误，系统也具有较好的容错性来确保安全。

简化策略的要点是在设计中充分考虑人的因素，尽量剔除工艺系统中烦琐的、不必要的组成部分，使操作更简单、更不容易犯错误；而且系统要有好的容错性，即使在操作人员犯错误的情况下，系统也能保障安全。例如：整齐布置管道并清楚标识，便于操作人员辨别；控制盘上按钮的排列和标识容易辨认等。

三、危险化学品储运本质安全化技术示例

1984年12月3日发生在印度博帕尔的甲基异氰酸酯（MIC）泄漏事故是迄今为止最严重的化工事故。事故中有约25tMIC发生泄漏，造成大量的人员和牲畜死亡。

调查发现，事故工厂在很大程度上依赖工程控制和程序运用来保障安全。假如合理地运用“本质安全”的策略，或许该事故可以避免，至少可以有效地减轻事故的后果。

（1）运用“减少”策略 事故工厂的MIC既不是原料也不是产品，而是一种中间产品。在工厂现场储存足够量的MIC固然能够使操作方便，但并不是必需。调查发现，在工厂生产中，MIC储罐的实际液位也超出规定的高度。运用道化学指数法对本次事故进行模拟显示，如果泄漏的孔径从50mm减小到30mm，危险暴露的距离可以减小28%。假如运用“减少”策略减少MIC的储量，即使发生泄漏，后果也会相对较轻。

（2）运用“替代”策略 MIC只是事故工厂的中间产品，因为其具有毒

性，一些其他类似的工厂选择了不同的工艺路线来生产同类产品，避免了工艺系统中MIC的存在。如果在开发该工艺的初期运用“替代”策略，就能消除MIC带来的危害，或许可以避免本次事故。

（3）运用“缓和”策略 工厂设计的MIC储存温度为0℃，而在实际操作中，工厂停运冷冻系统，使得MIC的实际储存温度接近室温（接近它的沸点，39.1℃）。如果按照“缓和”策略，使储罐保持较低的温度，在事故发生前，即使水进入储罐发生放热反应，其反应的剧烈程度应该会小得多，相应地，事故的后果会更轻一些。

（4）运用“简化”策略 事故储罐有复杂的监测与控制系统，但缺乏必要的维护，它们的可靠性一直备受质疑。这样就出现两方面的问题：一方面，在必要时，这些检测与控制系统不能起到应有的作用；另一方面，操作人员对它们缺乏信任，结果忽视了最初的超压报警。这也是该次事故的另一个重要教训：应该尽量简化操作和监控系统，并确保它们处于良好的工作状态。

第二节 危险化学品储运风险评估技术

一、风险评估技术

1. 风险评估

风险评估（risk assessment）是用系统科学的理论和方法对系统内存在的危险性进行量化评估的工作，确定系统风险发生的概率和严重度，从而为危险控制提供决策依据[2]。

风险评估是由风险识别、风险分析、风险评价构成的一个完整过程（参见图6-2）。

风险评估的主要任务包括：

（1）识别组织面临的各种风险；

（2）评估风险概率和可能带来的负面影响；

（3）确定组织承受风险的能力；

（4）确定风险消减和控制的优先等级；

（5）推荐风险消减对策。

2. 风险评估技术的选择

风险评估技术是开展风险评估的技术方法。在风险识别、风险分析、风险

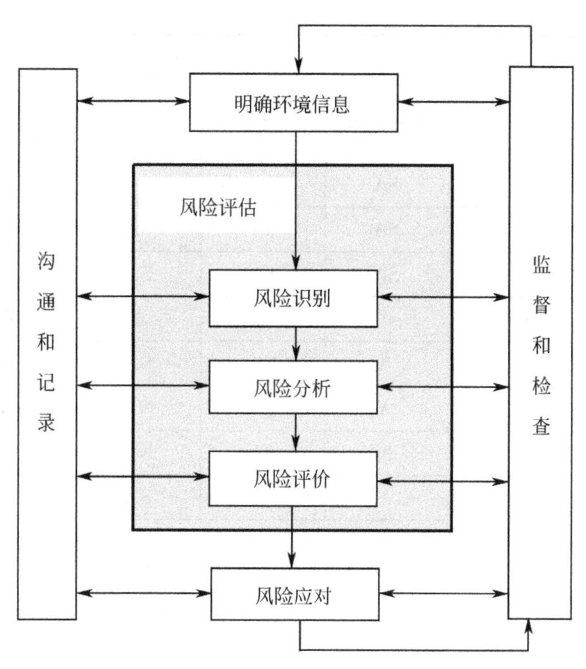

图 6-2　风险评估的过程

评价等阶段，适用不同的评估技术，参见表 6-2。

表 6-2　风险评估技术在安全系统各阶段的适用性

工具及技术	风险评估过程				
	风险识别	风险分析			风险评价
		后果	可能性	风险等级	
头脑风暴法	SA	A	A	A	A
结构化/半结构化访谈	SA	A	A	A	A
德尔菲法	SA	A	A	A	A
情景分析	SA	SA	A	A	A
安全检查表	SA	NA	NA	NA	NA
预先危险分析	SA	NA	NA	NA	NA
故障类型和影响分析(FMEA)	SA	NA	NA	NA	NA
危险性与可操作性研究(HAZOP)	SA	SA	NA	NA	SA
危险分析与关键控制点(HACCP)	SA	SA	NA	NA	SA
保护层分析法	SA	NA	NA	NA	NA
结构化假设分析(SWIFT)	SA	SA	SA	SA	SA

续表

工具及技术	风险评估过程				
	风险识别	风险分析			风险评价
		后果	可能性	风险等级	
风险矩阵	SA	SA	SA	SA	A
人因可靠性分析	SA	SA	SA	SA	A
以可靠性为中心的维修	SA	SA	SA	SA	SA
业务影响分析	A	SA	A	A	A
根原因分析	A	NA	SA	SA	NA
潜在通路分析	A	NA	NA	NA	NA
因果分析	A	SA	NA	A	A
风险指数	A	SA	SA	A	SA
故障树分析	NA	A	A	A	A
事件树分析	NA	SA	SA	A	NA
决策树分析	NA	SA	SA	A	A
Bow-tie 法	NA	A	SA	SA	A
层次分析法(AHP)	NA	SA	SA	SA	SA
在险值(VaR)法	NA	SA	SA	SA	SA
均值-方差模型	NA	A	A	A	SA
资本资产定价模型	NA	NA	NA	NA	SA
FN 曲线	A	SA	SA	A	SA
马尔可夫分析法	A	NA	SA	NA	NA
蒙特卡罗模拟法	NA	SA	SA	SA	SA
贝叶斯分析	NA	NA	SA	NA	SA

注：SA 表示非常适用；A 表示适用；NA 表示不适用。

适合危险化学品储运过程风险评估技术很多，此处仅介绍适于危险化学品储运风险评估的几种方法。

二、危险化学品储运风险评估方法——基于故障和失效的风险评估

1. FMEA 原理

基于故障和失效的风险评估基本原理是将系统分割为子系统和元件，然后逐个分析每个元件可能发生的故障和故障类型并分析故障类型对子系统及整个

系统的影响，采取措施加以防止或消除其影响。最常用的方法是故障类型和影响分析（failure modes and effects analysis，FMEA），使用这种方法可以查明系统中发生的各种故障所带来的危险性，该方法既可以进行定性分析，又可以进行定量分析[3]。

2. FMEA 分析步骤

（1）确定需要分析的故障（失效）　针对系统的具体情况，以设计文件或相关标准、规范为依据，从功能、工况条件、工作时间、结构等方面确定系统失效的定义以及表征故障（失效）的主要参数。

（2）故障（失效）模式　依据具体内容，考虑系统中各部件可能存在的隐患，确定故障（失效）模式。

（3）故障（失效）机理　根据所确定的故障（失效）模式，进行故障（失效）机理分析，并确定失效或危险发生的主要控制因素。

（4）故障（失效）后果　结合任务目标，考虑对全系统工作、功能、状态产生的总后果。

在进行故障（失效）模式和后果分析时，应按照上述内容编制 FMEA 表格。故障类型及影响分析表见表 6-3。

表 6-3　故障类型和影响分析表

系统________分析者________日期________

子系统	元件	故障类型	故障影响			故障概率	故障等级	严重度	修正措施
			对人	对子系统	对系统				

故障概率是指在一定的时间内故障类型出现的次数，可以用定性或定量方法确定某个故障类型的概率，分类见表 6-4。故障等级分为四级，分级标准见表 6-5。将故障类型对系统功能的影响程度及故障是否容易排除称为严重度，共分为四级，分级标准见表 6-6。

表 6-4　故障概率分类

故障概率分类	定性分类	定量分类
Ⅰ级	很低(不太可能)	单个故障类型的概率小于全部故障概率的 1%
Ⅱ级	低(很可能)	单个故障类型的概率大于全部故障概率的 1%,小于 10%
Ⅲ级	中等(相当可能)	单个故障类型的概率大于全部故障概率的 10%,小于 20%
Ⅳ级	高(极可能)	单个故障类型的概率大于全部故障概率的 20%

表 6-5 故障类型分级表

故障等级	影响程度	可能造成的后果
一级	灾难性的	死亡或系统损失
二级	危险性的	严重伤害、严重职业病或主系统损失
三级	临界性的	轻伤、轻职业病或次要系统损失
四级	可忽略的	不会造成伤害和职业病，系统不受损害

表 6-6 严重度的分级标准

严重度等级	内容	相当故障类型等级
Ⅰ. 有影响	对整个系统无影响，对子系统的影响可忽略，通过调整易于消除	四
Ⅱ. 主要的	对整个系统有影响，但可忽略，子系统功能下降，故障能立即修复	三
Ⅲ. 关键的	整个系统功能有所下降，子系统功能严重下降，故障不易通过检修修复	二
Ⅳ. 灾难性的	整个系统功能严重下降，子系统功能全部丧失，故障需彻底修理才能修复	一

对于特别危险的故障类型，即可能导致人员伤亡或系统损坏的事故类型，还可采用致命度做进一步的分析。致命度分析（criticality analysis）与事故类型和影响分析结合，构成故障类型、影响和危险度分析（FMECA），从而定量地描述故障的影响。致命度分类等级见表 6-7。

表 6-7 致命度分类等级

等级	内容
Ⅰ	有丧失生命的危险
Ⅱ	有损害系统的危险
Ⅲ	有推迟运行、造成损失的危险
Ⅳ	造成可能需要计划外维修的危险

3. FMEA 分析示例

对储气罐泄漏的三种故障进行的分析见表 6-8。

表 6-8　储气罐的故障类型和影响、危险度分析（部分）

项目	故障模式	故障影响	危险严重度	故障发生概率	构成因素	检查方法	校正措施和注意事项
储气罐漏气	轻微漏气	能耗增加	Ⅳ	10^{-3}	接口不严	漏气噪声，空压机频繁打压	加强维修保养
	严重漏气	压力迅速下降	Ⅱ	10^{-5}	焊接裂缝	压力表读数下降，巡回检查	停机修理
	破裂	压力迅速下降，损伤人员、设备	Ⅰ	10^{-6}	材料缺陷及受冲击等	压力表读数下降，巡回检查	关断系统，应急处置

三、危险化学品储运风险评估方法二——基于偏差的风险评估

1. HAZOP 原理

基于偏差的风险评估基本原理是以表征系统状态的工艺参数发生偏离为导致系统危险的原因[4]。由于这些工艺参数需要定量化，而偏差往往发生在故障和失效之前，因此与基于故障和失效的评估方法相比，该项技术具有定量化、先兆化的优点，但同时评估工作的复杂性增加。最常用的方法是危险性与可操作性研究（hazard and operability study，HAZOP），由英国化学工程师 T·克莱兹发明，其主要特点是由各相关领域的专家组成的小组，针对生产系统中的某些可能发生偏差的节点，采用头脑风暴法（brainstorming）发现或预见其不利后果及原因，提出预防和控制措施的系统风险评估技术。

国家对危险化学品储运企业开展 HAZOP 分析的推广应用提出了明确要求，《国家安全监管总局关于加强化工安全仪表系统管理的指导意见》（安监总管三〔2014〕116 号）中提出：涉及“两重点一重大”在役生产装置或设施的化工企业和危险化学品储存单位，要在全面开展过程危险分析（如危险性与可操作性分析）基础上，通过风险分析确定安全仪表功能及其风险降低要求，并尽快评估现有安全仪表功能是否满足风险降低要求。

2. HAZOP 概念和分析步骤

（1）概念

① 意图。工艺某一部分完成的功能，一般情况下用流程图表示。

② 偏离。与设计意图的情况不一致，在分析中运用引导词系统地审查工艺参数来发现偏离。

③ 原因。产生偏离的原因，通常是物的故障、人失误、意外的工艺状态（如成分的变化）或外界破坏等。

④ 后果。偏离设计意图所造成的后果（如有毒物质泄漏等）。

⑤ 引导词。为了启发人的思维，对设计意图定性或定量描述的简单词语，常用的危险性与可操作性研究的引导词见表 6-9。

表 6-9　危险性与可操作性研究的引导词

引导词	意义	注释
没有或不	完全否定	意图全部没有实现，也没有其他事情发生
较大 较小	量的增加 量的减少	量正增长，或活动增加量负增长，或活动减少
也，又 部分	量的增加 量的减少	与某些附加活动一起，实现全部设计或操作意图只实现一些意图，没实现另一些意图
反向 非	意图相反 完全替代	与意图相反的活动或物质发生安全另外的事情

⑥ 工艺参数。表达生产工艺的物理或化学特性的参数。

运用引导词与工艺参数相结合可详细地分析出偏离的可能原因，以及可能造成的后果，从而采取相应措施防止产生偏离。

（2）风险评估步骤　危险性与可操作性研究程序如图 6-3 所示。

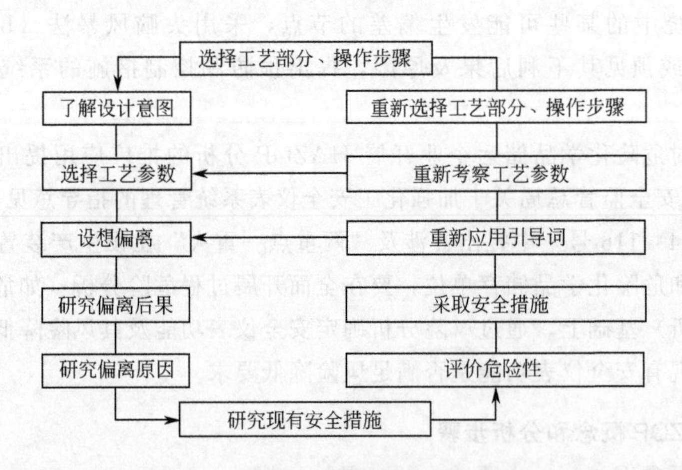

图 6-3　危险性与可操作性研究程序

3. HAZOP 分析示例

对储气罐“压力高”危险进行 HAZOP 分析见表 6-10。

表 6-10　储气罐“压力高”HAZOP 分析

序号	参数	偏离	原因	后果	R	现有措施	建议
1	压力	压力高	操作失误	气体泄漏	1R	1. 压力指示，超压报警； 2 安全阀	1. 规程规定 A 阀和 B 阀何时开启； 2. 现场设警示牌
2	压力	压力高	操作失误	气体闪燃	2R	1. 压力指示，超压报警； 2. 安全阀	1. 气体泄漏检测仪； 2. 喷水冷却系统
3	压力	超压	操作失误	液体泄漏	4R	1. 压力指示，超压报警； 2. 安全阀	1. 液体泄漏检测仪； 2. 防火堤
4	压力	超压	操作失误	火灾	2U	1. 压力指示，超压报警； 2. 安全阀	1. 消防灭火系统； 2. 紧急响应系统； 3. 管路阀门合理设计； 4. 提升储罐耐压级别、更换材质、加强防腐

表 6-10 中，R 为所对应偏差的风险分级色标。根据风险的概念，R 的计算式为：

$$R=FS \tag{6-1}$$

式中　R——风险值；

F——原因发生概率，取值见表 6-11 中“原因频度（F）”；

S——后果严重程度，取值见表 6-11 中“后果严重度（S）”。

表 6-11　风险矩阵中的参数说明

原因频度(F,frequency)/(次/年)					
取值	[0]	[1]	[2]	[3]	[4]
状态	1 次/1000 年	1 次/100 年	1 次/10 年	1 次/1 年	1 次/1 月
后果严重度(S,severity)					
取值	[0]	[1]	[2]	[3]	[4]
状态	轻度	一般	较重	严重	灾难
后果危险分类(C,hazard category)					
取值	[1]	[2]	[3]	[4]	[5]
状态	人员伤害	设备损坏	工厂停产	环境影响	外界反应

根据 F、S 确定的 R 值，可以投射到风险分级矩阵（图 6-4）中，其中，U 为不可接受水平的风险，需要考虑重新设计该系统；R 为需要考虑减少风险的措施；C 为风险水平的减少措施不需要较大的开支。本例中，压力高造成

气体泄漏、气体闪燃分别评估为 1*R*、2*R* 级风险，超压造成液体泄漏评估为 4*R* 级风险，均需要考虑减少风险的措施；超压造成火灾事故评估为 2*U* 级风险，为不可接受水平的风险，该系统需要重新设计。

*F*4	2*R*	3*R*	4*R*	1*U*	2*U*
*F*3	1*R*	2*R*	3*R*	4*R*	1*U*
*F*2	2*C*	1*R*	2*R*	3*R*	4*R*
*F*1	1*C*	2*C*	1*R*	2*R*	3*R*
*F*0	0	1*C*	2*C*	1*R*	2*R*
	*S*0	*S*1	*S*2	*S*3	*S*4

图 6-4 风险分级矩阵

四、危险化学品储运风险评估方法三——基于安全屏障的风险分析

1. LOPA 原理

保护层分析（layer of protection analysis，LOPA）技术是由事件树分析发展而来的一种风险分析技术[5]。保护层分析是在危险识别的基础上，判断场景的风险程度，评估各个保护层以及整体功能的有效性，确定是否需要增加新的安全措施或保护层，保证风险降低到可接受水平。

如图 6-5，保护层 IPL_1、IPL_2、IPL_3 分别有效地降低了系统失效的概率（图中横向箭头逐渐变细）；三个保护层各自独立承担不同的保护作用，其对失效概率的降低可以量化衡量（后两项图中难以直接表达）。

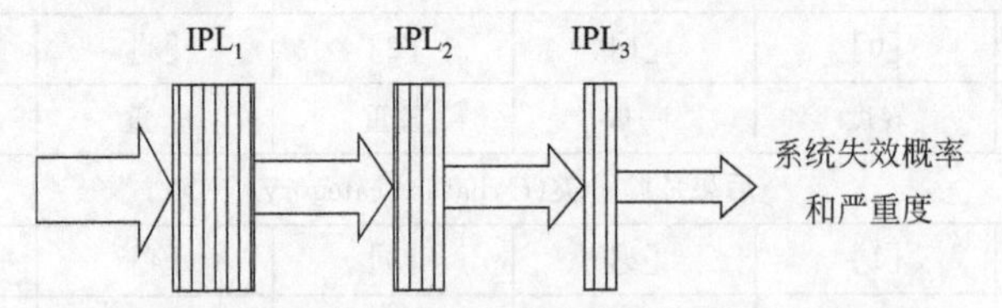

图 6-5 保护层功能（箭头的粗细表示后果发生的概率）

2. LOPA 分析步骤

基于保护层分析建立系统的安全屏障，需要开展一系列工作。其流程见图 6-6。

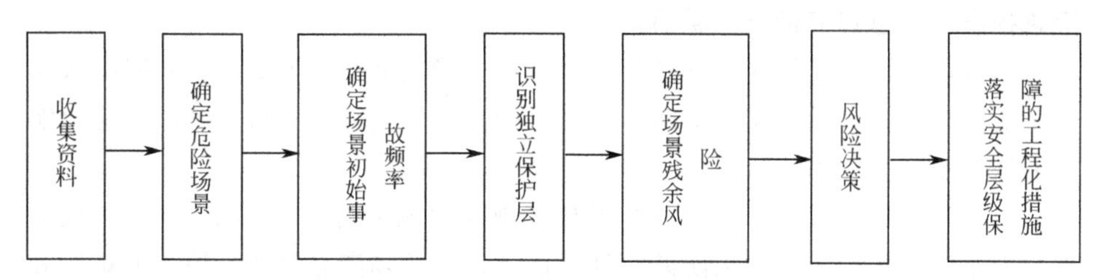

图 6-6　安全系统层级保障的流程

3. LOPA 分析示例

以储运企业的储罐溢流引发火灾事故为例进行分析研究。重大危险源为环氧丙烷储罐，事故场景是环氧丙烷储罐液体溢流，并流出防火堤。

（1）识别独立保护层

第一层：重大危险源安全设计保护层（IPL_1）。储罐 BPCS（基本过程控制系统）的 LIC 显示液位，以确保储罐有足够空间容纳槽车内的物料，储罐液位监控装置失效导致储罐溢流。该保护层作为独立保护层，有效性——若检测能正确执行，液位指示数能正确读出，检测到高液位，操作人员不会进行卸载活动，则溢流将不会发生；独立性——它独立于其他任何行动、操作人员行动或初始时间，因为失效发生在库存订购系统中；可审查性——仪表和操作人员的执行状况可被观察、测试和记录。

第二层：监控预警保护层（IPL_2）。监测罐体发生溢流并预警，干预人员可以及时利用防火堤控制溢流物质预防火灾事故。合适的防火堤可以包容这些溢流物。防火堤满足独立保护层的要求：如果按照设计运行，防火堤可有效地包容储罐的溢流；防火堤独立于任何其他独立保护层和初始事件；可以审查防火堤的设计、建造和目前的状况。

第三层：固定装置自动消防系统安全防护保护层（IPL_3）。如果防火堤失效，将发生大规模扩散，从而发生潜在的火灾、伤害和死亡。监测预警后固定消防设置、自动喷淋灭火系统有效可以降低具有潜在严重后果的事件概率。自动喷淋灭火系统满足独立保护层所有的要求，包括：按照设计，自动喷淋灭火系统能够及时检测到喷淋启动的条件；自动喷淋消防设置独立于初始事件和防护堤保护层；可以确认设计、安装、功能测试和维护系统的合适性，确认独立保护层所有的构成元件运行良好且满足使用要求，系统等运行良好等。

第四层：企业事故应急响应安全保护层（IPL_4）。火灾蔓延后，企业消防小组，可调动的固定和移动消防器材与设施，企业事故应急组织、应急设施、应急预案等应急响应措施被激活。

第五层：园区事故应急处置与区域事故隔离防护层（IPL_5）。火灾事故超出企业防护能力之后，园区消防队、工厂撤离、事故区域分析与隔离等应急响应措施被激活。

第六层：周围社区事故应急处置与区域事故隔离防护层（IPL_6）。事故冲破前五重防护层后，社区消防队、社区撤离、事故隔离与警戒区域、避难所和应急预案等应急响应措施被激活。满足独立保护层的要求，包括：应急响应在火灾报警后能及时检测到行动条件，有消防力量和应急预案能在可用时间内有能力采取所要求的行动；独立于起始事件和其他独立保护层，分别设置于企业、园区和社区不同层级；消防队、应急预案、工厂撤离、社区撤离、避难所和应急预案等应急响应措施可以定期检查和演练，确保运行良好。

综上所述，对于环氧丙烷储罐溢流场景，以上 6 层可作为独立保护层，见图 6-7。

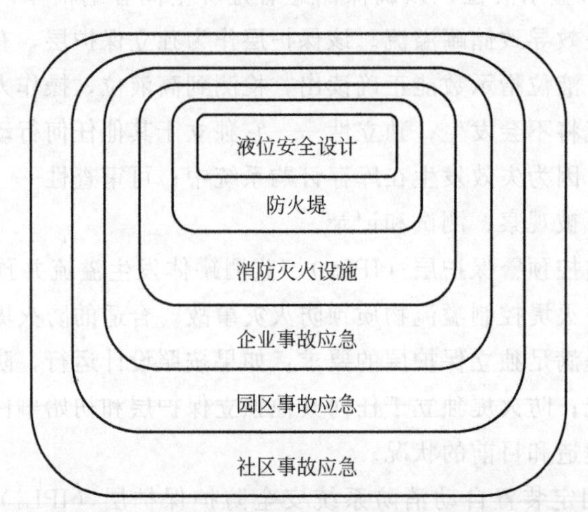

图 6-7 环氧丙烷储罐溢流场景的独立保护层

(2) 确定场景残余风险　环氧丙烷溢流最初是由库存量控制系统失效所造成，库存量控制失效每年发生一次。因此，库存量控制失效的初始频率为 $f^{I}=1/a$。

由于库存量控制单元系统失效（IPL_1），引起防火堤外释放（IPL_2），并在点火情况下启动自动喷淋消防设施（IPL_3），随着事故规模的扩展，分别激活企业、园区和社区的应急响应（IPL_4、IPL_5、IPL_6），查得 PFD_1 为 1×10^{-1}，PFD_2 为 1×10^{-2}，PFD_3 为 1×10^{-1}，PFD_4 为 1×10^{-1}，PFD_5 为 1×10^{-1}，PFD_6 为 1×10^{-1}。

库存量控制系统失效导致储罐溢流，溢流物未被防火堤包容，溢出物接着被点燃，自动喷淋和企业消防启动，企业计算该场景导致死亡的概率为：

$$f_{a}^{fire\_injury}=f_{a}^{I}\cdot PFD_1\cdot PFD_2\cdot P^{ig}\cdot PFD_3\cdot PFD_4\cdot P^{ex}\cdot P^{S}$$

$$=(1/a)\times(1\times10^{-1})\times(1\times10^{-2})\times1.0\times(1\times10^{-1})\times(1\times10^{-1})\times0.5\times0.5=2.5\times10^{-6}/a$$

式中，P^{ig} 为对于可燃物释放的点火概率；P^{ex} 为人员出现在影响区域内的概率；P^{S} 为受伤或死亡等伤害发生的概率。

(3) 风险决策　对于以上的场景，企业下一步需要将已存在的风险与公司风险容忍标准相比较。例如，严重火灾最大风险容忍标准为 $1\times10^{-6}/a$；致死伤害最大风险容忍标准为 $1\times10^{-6}/a$。

该场景不满足致死伤害的风险容忍标准，要求增加减缓措施。经分析，建议借助园区消防以减少该场景的风险，事故场景导致死亡频率为：

$$f_{a}^{fire\_injury}=(1/a)\times(1\times10^{-1})\times(1\times10^{-2})\times1.0\times(1\times10^{-1})\times(1\times10^{-1})\times(1\times10^{-1})\times0.5\times0.5=2.5\times10^{-7}/a$$

满足严重火灾最大风险和致死伤害最大风险的容忍标准。因此，以现有的安全系统层级结构，系统对环氧丙烷储罐液体溢流事故场景的保护，风险处于可接受水平。

五、危险化学品储运风险评估方法四——基于安全完整性的风险分析

1. SI 原理

安全完整性（safety integrity，SI）是以系统安全分析为核心，通过开展一系列设计、安装、检验评估、维护等技术工作，实现整体安全功能的可靠性[5]。

安全完整性的可靠性水平用安全完整性等级（Safety Integrity Level，SIL）来描述。国际电工委员会（International Electrotechnical Commission，IEC）制定的 IEC61508 标准中对安全系统规定了 4 种安全完整性等级，SIL4 最高，SIL1 最低。根据系统对安全功能动作的要求频率，分为低于每年一次的低要求操作模式和高于每年一次的高要求操作模式（或连续操作模式）。低要求模式下安全完整性等级的分类以要求时平均失效概率 PFD_{avg} 为技术指标，高要求模式下安全完整性等级的分类以要求时每小时失效概率 $PFD_{perhour}$ 为技术指标，如表 6-12 所示。

表 6-12 不同操作模式下安全完整性等级的分类

安全度等级(SIL)	低要求操作模式 PFD_{avg}/h^{-1}	高要求或连续操作模式 $PFD_{perhour}/h^{-1}$
4	$10^{-9} < PFD_{avg} \leqslant 10^{-8}$	$10^{-9} < PFD_{perhour} \leqslant 10^{-8}$
3	$10^{-8} < PFD_{avg} \leqslant 10^{-7}$	$10^{-8} < PFD_{perhour} \leqslant 10^{-7}$
2	$10^{-7} < PFD_{avg} \leqslant 10^{-6}$	$10^{-7} < PFD_{perhour} \leqslant 10^{-6}$
1	$10^{-6} < PFD_{avg} \leqslant 10^{-5}$	$10^{-6} < PFD_{perhour} \leqslant 10^{-5}$

2. SI 分析步骤

确定安全完整性等级的步骤是：依据对受控系统的风险分析，得到受控系统（未加装安全系统前的设备）的原始风险（EUC）和安全系统需达到的安全功能 PFD_{avg} 或 $PFD_{perhour}$，根据表 6-12 确定安全系统风险降低的数量和安全完整性等级（SIL）。安全完整性等级的确定见图 6-8。

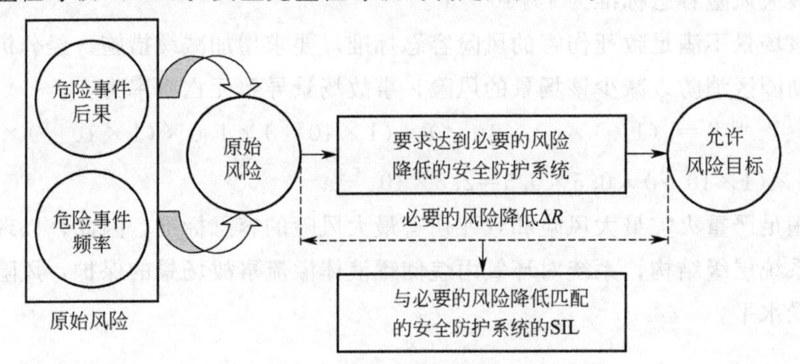

图 6-8 安全完整性等级的确定

3. SI 分析示例

考虑一个储存易挥发易燃液体的压力容器，它受控于基本生产控制系统。现有的以安全为目的的系统包括一个过压警报、一位操作员和一个减压阀。

首先对系统进行危险分析。假设关于容器过压危险分析的结果如表 6-13 所示。

表 6-13 危险分析结果

危险因素	起因	后果	安全措施	安全动作
过压	高液位；容器外部起火	蒸气释放到大气中	警报、操作员、减压阀	根据情况释放容器内的气体

假设考虑了国际和国家标准、工程实践经验、社会、道德和环境等因素后确定安全目标为容器内蒸汽释放到大气中的概率小于 10^{-4} 次/年。

（1）系统原始风险　假设通过可靠数据得到容器过压的概率为 0.1，警报失效的概率为 0.0l，操作员无动作的概率为 0.1，减压阀失效的概率为 0.1。

可得到如图 6-9 所示的事件树。

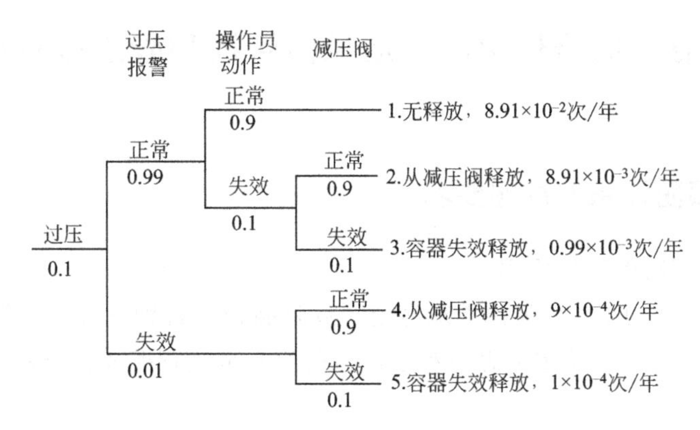

图 6-9　系统过压危险的事件树

图 6-9 事件树给出了过压危险的后果及其发生的可能性。显然，事故 2、3、4 未达到容器内蒸气释放到大气中的概率小于 10^{-4} 次/年的安全目标。假设再无其他可行的技术安全系统和外部风险降低设施，因此必须用电气/电子/可编程（E/E/PES）安全系统来执行一个安全功能使系统达到安全完整性等级的要求。

(2) 安全完整性等级的提升　可在操作员动作和减压阀之间增加 ESD（紧急停车）安全系统对压力容器进行保护。图 6-9 中事故 2 发生的可能性最高，因此该安全系统应该将事故 2 发生的可能性降低到 10^{-4} 次/年或以下。选择该安全系统的安全完整性水平为 2，对应风险降低因子为 10^{-2}，图 6-9 中事故 2 发生的可能性降低到 8.91×10^{-5} 次/年。增加 ESD 安全系统后的事件树见图 6-10。系统安全水平达到了安全目标。

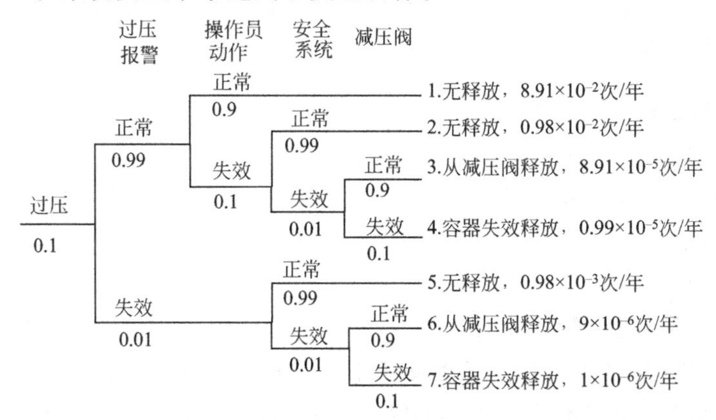

图 6-10　增加 ESD 安全系统后的系统过压危险的事件树

第三节　危险化学品储运风险管控和隐患排查技术

一、双重预防体系的构建要求

1. 双重预防体系的提出

2015 年 8 月 12 日，天津港瑞海公司危险品仓库特别重大火灾爆炸事故发生后，从国家层面开始重新思考和定位当前的安全监管模式和企业事故预防水平问题。

2016 年 1 月 6 日，习近平同志针对全面加强安全生产工作明确指出，必须坚决遏制重特大事故频发势头，对易发重特大事故的行业领域采取风险分级管控、隐患排查治理双重预防性工作机制，推动安全生产关口前移，加强应急救援工作，最大限度减少人员伤亡和财产损失。

国务院安委办 2016 年 10 月 9 日印发《关于实施遏制重特大事故工作指南构建安全风险分级管控和隐患排查治理双重预防机制的意见》，要求全面推行安全风险分级管控，强化隐患排查治理，实现企业安全风险自辨自控、隐患自查自治，形成政府领导有力、部门监管有效、企业责任落实、社会参与有序的工作格局，提升安全生产整体预控能力，夯实遏制重特大事故的坚强基础。

构建风险分级管控与隐患排查治理双重预防体系，是落实党中央、国务院关于建立风险管控和隐患排查治理预防机制的重大决策部署，是实现纵深防御、关口前移、源头治理的有效手段，也是落实企业安全生产主体责任、深化企业安全管理的重要内容，是企业自我约束、自我纠正、自我提高的预防事故发生的根本途径。

2. 双重预防体系内涵

(1) 风险点　风险点是指伴随风险的部位、设施、场所和区域，以及在特定部位、设施、场所和区域实施的伴随风险的作业过程，或以上两者的组合。例如，危险化学品罐区是风险点，在罐区进行的倒罐作业、动火作业、运输过程等也是风险点。

排查风险点是风险管控的基础。对风险点内的不同危险源或危险有害因素（与风险点相关联的人、物、环境及管理等因素）进行识别、评价，并根据评价结果、风险判定标准认定风险等级，采取不同控制措施是风险分级管控的核心。

（2）风险分级　风险分级是指通过采用科学、合理方法对危险源所伴随的风险进行定量或定性评价，根据评价结果划分等级，进而实现分级管理。风险分级的目的是实现对风险的有效管控。通常将风险分为“红、橙、黄、蓝”四级（红色最高）。

蓝色风险：稍有危险或轻度危险，是可以接受或可容许的。不需要另外的控制措施，应考虑投资效果更佳的解决方案或不增加额外成本的改进措施，需要监视来确保控制措施得以维持现状。

黄色风险：中度（显著）危险，需要控制整改。应制定管理制度、规定进行控制，努力降低风险，应仔细测定并限定预防成本，在规定期限内实施降低风险措施。在严重伤害后果相关的场合，必须进一步进行评价，确定伤害的可能性和是否需要改进的控制措施。

橙色风险：高度危险，重大风险，必须制定措施进行控制管理。当风险涉及正在进行中的工作时，应采取应急措施，并根据需求为降低风险制定目标、指标、管理方案或配给资源、限期治理，直至风险降低后才能开始工作。

红色风险：不可容许的巨大风险，极其危险，必须禁止工作，立即采取隐患治理措施。

（3）风险分级管控　风险分级管控是指按照风险不同级别、所需管控资源、管控能力、管控措施复杂及难易程度等因素而确定不同管控层级的风险管控方式。风险分级管控的基本原则是：风险越大，管控级别越高；上级负责管控的风险，下级必须负责管控，并逐级落实具体措施。

从总体上讲，风险分级管控程序包括四个阶段七个步骤。四个阶段即危险源识别、风险评价、风险控制、效果验证与更新。七个步骤如图 6-11 所示。

（4）隐患　隐患即隐藏的祸患。安全生产的隐患是指生产经营单位违反安全生产法律、法规、规章、标准、规程和安全生产管理制度的规定，或者因其他因素在生产经营活动中存在可能导致事故发生的物的危险状态、人的不安全行为和管理上的缺陷。

（5）隐患分级　隐患分级是以隐患的整改、治理和排除的难度及其导致事故后果和影响范围为标准而进行的级别划分。隐患可分为一般事故隐患和重大事故隐患。其中：

一般事故隐患是指危害和整改难度较小，发现后能够立即整改排除的隐患。

重大事故隐患是指危害和整改难度较大，应当全部或者局部停产停业，并经过一定时间整改治理方能排除的隐患，或者因外部因素影响致使生产经营单

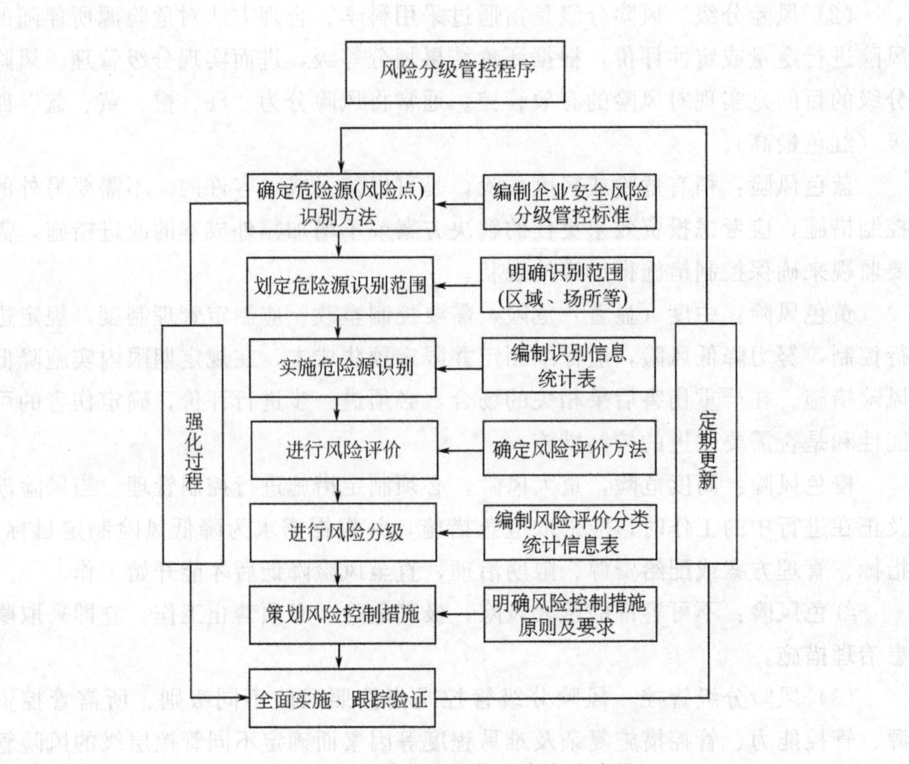

图 6-11 风险分级管控程序实施步骤

位自身难以排除的隐患。

(6) 隐患排查治理 隐患排查治理就是指消除或控制隐患的活动或过程。包括对排查出的事故隐患按照职责分工明确整改责任，制定整改计划、落实整改资金、实施监控治理和复查验收的全过程。其程序见图 6-12。

(7) 风险管控、隐患排查与事故逻辑关系 如前所述，系统中存在两类危险源：第一类的危险源（能量或危险物质）决定风险的严重程度，第二类危险源（导致安全屏障失效的因素）决定风险的概率。风险管控既包括对第一类危险源的辨识与控制，也包括对第二类危险源的辨识与控制。隐患即安全屏障上的漏洞，也就是第二类危险源，对隐患的排查与治理也就是对安全屏障上漏洞的辨识与弥补。

为有效防控事故的发生，首先应通过风险管理全面辨识并管控需要管控的各类危险源；在此基础上，针对安全屏障（措施）漏洞多、有效性差的问题，采取专项措施——开展隐患排查治理，重点整治人的不安全行为、物的不安全状态以及管理缺陷等，堵塞缺陷、漏洞，使安全屏障发挥应有作用。

可见，风险得不到有效管控就会演变成隐患，隐患得不到治理而发展积累

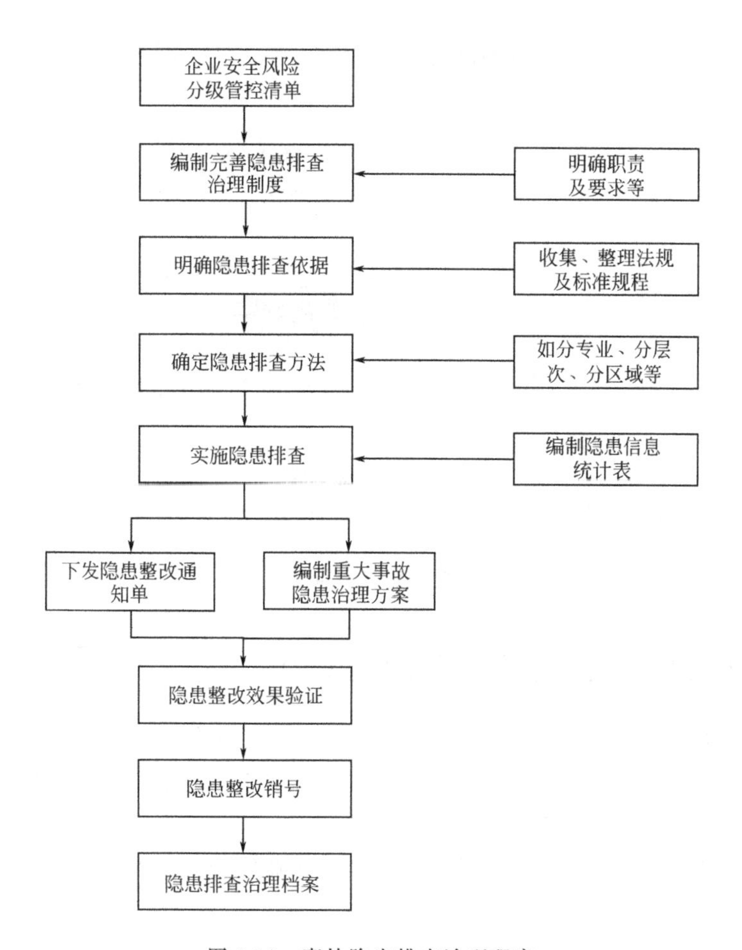

图 6-12　事故隐患排查治理程序

导致事故发生。要改变对事故被动应付的局面，必须将安全工作关口前移——把安全风险管控放在隐患前面，把隐患排查治理放在事故前面。

（8）双重预防体系的作用　双重预防机制是构筑防范生产安全事故的两道防火墙。第一道是管风险，通过定性定量的方法把风险用数值表现出来，并按等级从高到低依次划分为重大风险、较大风险、一般风险和低风险，让企业结合风险大小合理调配资源，分层分级管控不同等级的风险；第二道是治隐患，排查风险管控过程中出现的缺失、漏洞和风险控制失效环节，整治这些失效环节，动态地管控风险。安全风险分级管控和隐患排查治理共同构建起预防事故发生的双重机制，构成两道保护屏障，有效遏制重特大事故的发生。风险、隐患与事故的逻辑关系见图 6-13。

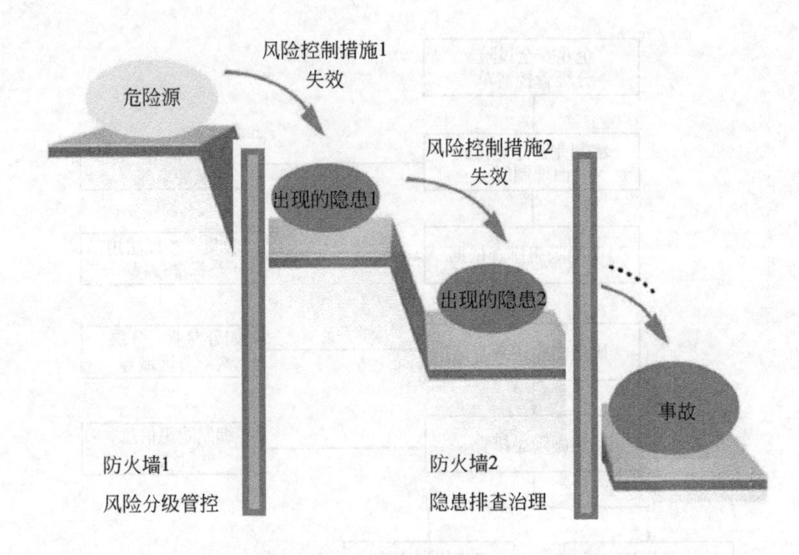

图 6-13 风险、隐患与事故的逻辑关系

二、危险化学品储存企业的风险评估标准

为加快完善安全风险分级管控和隐患排查治理工作机制，应急管理部结合危险化学品生产储存企业安全生产特点和工作要求，制定了《危险化学品生产储存企业安全风险评估诊断分级指南（试行）》（应急〔2018〕19 号）[6]，提出了红、橙、黄、蓝不同等级的危险化学品企业安全风险评估诊断标准，见表 6-14。

表 6-14 危险化学品生产储存企业安全风险评估诊断分级表（简略）

类别	项目(分值)	评估内容
1. 固有危险性	重大危险源(10 分)	存在一级危险化学品重大危险源的，扣 10 分
		存在二级危险化学品重大危险源的，扣 8 分
		存在三级危险化学品重大危险源的，扣 6 分
		存在四级危险化学品重大危险源的，扣 4 分
	物质危险性(5 分)	生产、储存爆炸品的(实验室化学试剂除外)，每一种扣 2 分
		生产、储存(含管道输送)氯气、光气等吸入性剧毒化学品的(实验室化学试剂除外)，每一种扣 2 分
		生产、储存其他重点监管危险化学品的(实验室化学试剂除外)，每一种扣 0.1 分

续表

类别	项目(分值)	评估内容
1. 固有危险性	危险化工工艺种类(10分)	涉及18种危险化工工艺的,每一种扣2分
	火灾爆炸危险性(5分)	涉及甲类、乙类火灾危险性类别厂房、库房或者罐区的,每涉及一处扣1分、0.5分
		涉及甲类、乙类火灾危险性罐区、气柜与加热炉等产生明火的设施、装置比邻布置的,扣5分
2. 周边环境	周边环境(10分)	企业在化工园区(化工集中区)外的,扣3分
		企业外部安全防护距离不符合《危险化学品生产、储存装置个人可接受风险标准和社会可接受风险标准(试行)》的,扣10分
3. 设计与评估	设计与评估(10分)	国内首次使用的化工工艺未经过省级人民政府有关部门组织安全可靠性论证的,扣5分
		精细化工企业未按规范性文件要求开展反应安全风险评估的,扣10分
		企业危险化学品生产储存装置均由甲级资质设计单位进行全面设计的,加2分
4. 设备	设备(5分)	使用淘汰落后安全技术工艺、设备目录列出的工艺及设备的,每一项扣2分
		特种设备没有办理使用登记证书的,或者未按要求定期检验的,扣2分
		化工生产装置未按国家标准要求设置双电源或者双回路供电的,扣5分
5. 自控与安全设施	自控与安全设施(10分)	涉及重点监管危险化工工艺的装置未按要求实现自动化控制,系统未实现紧急停车功能,装备的自动化控制系统、紧急停车系统未投入使用的,扣10分
		涉及毒性气体、液化气体、剧毒液体的一级、二级重大危险源的危险化学品罐区未配备独立的安全仪表系统的,扣10分
		构成一级、二级重大危险源的危险化学品罐区未实现紧急切断功能的,扣5分
		危险化学品重大危险源未设置压力、液位、温度远程监控和超限位报警装置的,每涉及一项扣1分
		涉及可燃和有毒有害气体泄漏的场所未按国家标准设置检测声光报警设施的,每一处扣1分
		防爆区域未按国家标准安装使用防爆电气设备的,每一处扣1分
		甲类、乙类火灾危险性生产装置内设有办公室、操作室、固定操作岗位或休息室的,每涉及一处扣5分

续表

类别	项目(分值)	评估内容
6. 人员资质	人员资质 (15分)	企业主要负责人和安全生产管理人员未依法经考核合格的，每一人次扣5分
		企业专职安全生产管理人员不具备国民教育化工化学类(或安全工程)中等职业教育以上学历，或者化工化学类中级以上专业技术职称的，每一人次扣5分
		涉及“两重点一重大”装置的生产、设备及工艺专业管理人员不具有相应专业大专以上学历的，每一人次扣5分
		企业未按有关要求配备注册安全工程师的，扣3分
		企业主要负责人、分管安全生产工作负责人、安全管理部门主要负责人为化学化工类专业毕业的，每一人次加2分
7. 安全管理制度	管理制度 (10分)	未制定操作规程和工艺控制指标或者制定的操作规程和工艺控制指标不完善的，扣5分
		动火、进入受限空间等特殊作业管理制度不符合国家标准或未有效执行的，扣10分
		未建立与岗位相匹配的全员安全生产责任制的，每涉及一个岗位扣2分
8. 应急管理	应急配备	企业自设专职消防应急队伍的，加3分
9. 安全管理绩效	安全生产标准化达标	安全生产标准化为一级的，加15分
		安全生产标准化为二级的，加5分
		安全生产标准化为三级的，加2分
	安全事故情况 (10分)	三年内发生过1起较大安全事故的，扣10分
		三年内发生过1起安全事故造成1～2人死亡的，扣8分
		三年内发生过爆炸、着火、中毒等具有社会影响的安全事故，但未造成人员伤亡的，扣5分
		五年内未发生安全事故的，加5分

注：1. 安全风险从高到低依次对应为红色、橙色、黄色、蓝色。总分在90分以上（含90分）的为蓝色；75（含75）～90分的为黄色；60（含60）～75分的为橙色；60分以下的为红色。

2. 存在下列情况之一的企业直接判定为红色（最高风险等级）：

新开发的危险化学品生产工艺未经小试、中试和工业化试验直接进行工业化生产的；

在役化工装置未经正规设计且未进行安全设计诊断的；

危险化学品特种作业人员未持有效证件上岗或者未达到高中以上文化程度的；

三年内发生过重大以上安全事故的，或者三年内发生两起较大安全事故，或者近一年内发生两起以上亡人一般安全事故的。

三、重大生产安全事故隐患判定标准

为准确判定、及时整改化工和危险化学品生产经营单位及烟花爆竹生产经营单位重大生产安全事故隐患，有效防范遏制重特大生产安全事故，国家安全监管总局印发《〈化工和危险化学品生产经营单位重大生产安全事故隐患判定标准（试行）〉和〈烟花爆竹生产经营单位重大生产安全事故隐患判定标准（试行）〉》的通知（安监总管三〔2017〕121 号）[7]。

据有关法律法规、部门规章和国家标准，以下情形应当判定为重大事故隐患：

（1）危险化学品生产、经营单位主要负责人和安全生产管理人员未依法经考核合格。

（2）特种作业人员未持证上岗。

（3）涉及“两重点一重大”的生产装置、储存设施外部安全防护距离不符合国家标准要求。

（4）涉及重点监管危险化工工艺的装置未实现自动化控制，系统未实现紧急停车功能，装备的自动化控制系统、紧急停车系统未投入使用。

（5）构成一级、二级重大危险源的危险化学品罐区未实现紧急切断功能；涉及毒性气体、液化气体、剧毒液体的一级、二级重大危险源的危险化学品罐区未配备独立的安全仪表系统。

（6）全压力式液化烃储罐未按国家标准设置注水措施。

（7）液化烃、液氨、液氯等易燃易爆、有毒有害液化气体的充装未使用万向管道充装系统。

（8）光气、氯气等剧毒气体及硫化氢气体管道穿越除厂区（包括化工园区、工业园区）外的公共区域。

（9）地区架空电力线路穿越生产区且不符合国家标准要求。

（10）在役化工装置未经正规设计且未进行安全设计诊断。

（11）使用淘汰落后安全技术工艺、设备目录列出的工艺、设备。

（12）涉及可燃和有毒有害气体泄漏的场所未按国家标准设置检测报警装置，爆炸危险场所未按国家标准安装使用防爆电气设备。

（13）控制室或机柜间面向具有火灾、爆炸危险性装置一侧不满足国家标准关于防火防爆的要求。

（14）化工生产装置未按国家标准要求设置双重电源供电，自动化控制系统未设置不间断电源。

（15）安全阀、爆破片等安全附件未正常投用。

（16）未建立与岗位相匹配的全员安全生产责任制或者未制定实施生产安全事故隐患排查治理制度。

（17）未制定操作规程和工艺控制指标。

（18）未按照国家标准制定动火、进入受限空间等特殊作业管理制度，或者制度未有效执行。

（19）新开发的危险化学品生产工艺未经小试、中试、工业化试验直接进行工业化生产；国内首次使用的化工工艺未经过省级人民政府有关部门组织的安全可靠性论证；新建装置未制定试生产方案投料开车；精细化工企业未按规范性文件要求开展反应安全风险评估。

（20）未按国家标准分区分类储存危险化学品，超量、超品种储存危险化学品，相互禁配物质混放混存。

四、危险化学品储运企业的事故风险隐患排查

为督促危险化学品企业落实安全生产主体责任，着力构建安全风险分级管控和隐患排查治理双重预防机制，有效防范重特大安全事故，根据国家相关法律、法规、规章及标准，应急管理部印发了《危险化学品企业安全风险隐患排查治理导则》（[2019] 76号）[8]。导则对风险隐患排查治理的基本要求、安全风险隐患排查方式和频次、排查内容、闭环管理、特殊要求做了明确规定，其中涉及危险化学品储运企业的内容见表6-15。

表6-15 危险化学品储运企业的安全风险隐患排查表（危险化学品储运部分）

（七）储运系统安全设施		
序号	排查内容	排查依据
1	易燃、可燃液体及可燃气体罐区下列方面应符合《石油天然气工程设计防火规范》(GB 50183)、《石油化工企业设计防火标准(2018年版)》(GB 50160)及《石油库设计规范》(GB 50074)等相关规范要求：1. 防火间距；2. 罐组总容、罐组布置、罐组内储罐数量及布置；3. 防火堤及隔堤；4. 放空或转移；5. 液位报警、快速切断；6. 安全附件(如呼吸阀、阻火器、安全阀等)；7. 水封井、排水闸阀	《石油化工企业设计防火标准(2018年版)》(GB 50160)、《石油库设计规范》(GB 50074)、《石油天然气工程设计防火规范》(GB 50183)
2	1. 火灾危险性类别不同的储罐在同一罐区，应设置隔堤；2. 沸溢性液体的储罐不应与非沸溢性液体储罐同组布置；3. 常压油品储罐不应与液化石油气、液化天然气、天然气凝液储罐布置在同一防火堤内	《石油化工企业设计防火标准(2018年版)》(GB 50160—2008)第6.2.5条、《储罐区防火堤设计规范》(GB 50351—2014)第3.2.1条

续表

序号	排查内容	排查依据
3	可燃、易燃液体罐区的专用泵应设在防火堤外，泵与储罐距离应符合《石油化工企业设计防火标准(2018年版)》(GB 50160—2008)要求	《石油化工企业设计防火标准(2018年版)》(GB 50160—2008)第5.3.5条
4	构成一级、二级重大危险源的危险化学品罐区应实现紧急切断功能，并处于投用状态	《危险化学品重大危险源监督管理暂行规定》(国家安全监管总局令第40号)
5	严禁正常运行的内浮顶罐浮盘落底；内浮顶罐低液位报警或联锁设置不得低于浮盘支撑的高度	《化工(危险化学品)企业安全检查重点指导目录》(安监总管三〔2015〕113号)
6	有氮气保护设施的储罐要确保氮封系统完好在用	《关于进一步加强化学品罐区安全管理的通知》(安监总管三〔2014〕68号)第二条
7	防火堤设计应符合《储罐区防火堤设计规范》(GB50351-2014)要求：1. 防火堤的材质、耐火性能以及伸缩缝配置应满足规范要求；2. 防火堤容积应满足规范要求，并能承受所容纳油品的静压力且不渗漏；3. 液化烃罐区防火堤内严禁绿化	《储罐区防火堤设计规范》(GB 50351)
8	气柜应设上、下限位报警装置，并宜设进出管道自动联锁切断装置	《石油化工企业设计防火标准(2018年版)》(GB 50160—2008)第6.3.12条
9	液氧储罐的最大充装量不应大于容积的95%	《深度冷冻法生产氧气及相关气体安全技术规程》(GB 16912—2008)第6.7.10条
10	定期检测液氧储罐中乙炔、烃类化合物含量，每周至少分析一次，超标时应连续向储罐输送液氧以稀释乙炔浓度，并启动液氧泵和汽化装置向外输送	《深度冷冻法生产氧气及相关气体安全技术规程》(GB 16912—2008)第6.7.4条
11	应建立危险化学品装卸管理制度，明确作业前、作业中和作业结束后各个环节的安全要求	
12	装运危险化学品的汽车应“三证”(驾驶证、准运证、危险品押运证)齐全。进入厂区的车辆应安装阻火器	
13	企业应建立易燃易爆、有毒危险化学品装卸作业时装卸设施接口连接可靠性确认制度；装卸设施连接口不得存在磨损、变形、局部缺口、胶圈或垫片老化等缺陷	《国务院安委会办公室关于山东临沂金誉石化有限公司“6·5”爆炸着火事故情况的通报》(安委办〔2017〕19号)

续表

序号	排查内容	排查依据
14	易燃易爆危险化学品的汽车罐车和装卸场所，应设防静电专用接地线	
15	甲 B、乙、丙 A 类液体的装车应采用液下装车鹤管	《石油化工企业设计防火标准(2018 年版)》(GB 50160—2008)第 6.4.2 条
16	装卸车作业环节应严格遵守安全作业标准、规程和制度，并在监护人员现场指挥和全程监护下进行	《化工(危险化学品)企业保障生产安全十条规定》(安监总政法〔2017〕15 号)
17	甲 B、乙 A 类液体装卸车鹤位与集中布置的泵的防火间距应不小于 8m	《石油化工企业设计防火标准(2018 年版)》(GB 50160—2008)第 6.4.2 条
(八)危险化学品仓储管理		
1	1. 企业应当提供与其生产的危险化学品相符的化学品安全技术说明书，并在危险化学品包装(包括外包装件)上粘贴或者拴挂与包装内危险化学品相符的化学品安全标签；2. 企业采购危险化学品时，应索取危险化学品安全技术说明书和安全标签，不得采购无安全技术说明书和安全标签的危险化学品；3. 化学品安全技术说明书和化学品安全标签所载明的内容应当符合国家标准的要求	《危险化学品安全管理条例》(国务院令第 591 号)第十五条
2	甲类物品仓库宜单独设置；当其储量小于 5t 时，可与乙、丙类物品仓库共用一栋建筑物，但应设独立的防火分区	《石油化工企业设计防火标准(2018 年版)》(GB 50160—2008)第 6.6.1 条
3	仓库内严禁设置员工宿舍；办公室、休息室等严禁设置在甲、乙类仓库内，也不应贴邻建造	《建筑设计防火规范(2018 年版)》(GB 50016—2014)第 3.3.9 条
4	甲、乙、丙类液体仓库应设置防止液体流散的设施；遇湿会发生燃烧爆炸的物品仓库应设置防止水浸渍的措施	《建筑设计防火规范(2018 年版)》(GB 50016—2014)第 3.6.12 条
5	危险化学品仓储应满足以下条件：1. 爆炸物宜按不同品种单独存放，当受条件限制，不同品种爆炸物需同库存放时，应确保爆炸物之间不是禁忌物且包装完整无损；2. 有机过氧化物应储存在危险化学品库房特定区域内，避免阳光直射，并应满足不同品种的存储温度、湿度要求；3. 遇水放出易燃气体的物质和混合物应密闭储存在设有防水、防雨、防潮措施的危险化学品库房中的干燥区域内；4. 自燃物和混合物的储存温度应满足不同品种的存储温度、湿度要求，并避免阳光直射；5. 自反应物质和混合物应储存在危险化学品库房特定区域内，避免阳光直射并保持良好通风，且应满足不同品种的存储温度、湿度要求，自反应物质及其混合物只能在原装容器中存放	《危险化学品经营企业安全技术基本要求》(GB 18265—2019)第 4.2.7～4.2.11 条

续表

序号	排查内容	排查依据
6	易燃易爆性商品存储库房温、湿度应满足《易燃易爆性商品储存养护技术条件》(GB 17914—2013)要求	《易燃易爆性商品储存养护技术条件》(GB 17914—2013)第 4.5 条
7	1. 危险化学品应当储存在专用仓库，并由专人负责管理；2. 剧毒化学品以及储存数量构成重大危险源的其他危险化学品，应在专用仓库内单独存放，实行双人收发、双人保管制度	《危险化学品安全管理条例》(国务院令第 591 号)第二十四条
8	储存危险化学品的单位应当建立危险化学品出入库核查、登记制度	《危险化学品安全管理条例》(国务院令第 591 号)第二十五条
9	应按国家标准分区分类储存危险化学品，不得超量、超品种储存危险化学品，相互禁配物质不得混放混存	《化工和危险化学品生产经营单位重大生产安全事故隐患判定标准》(安监总管三〔2017〕121 号)

第四节　危险化学品储运事故防控技术

一、事故防控的技术原则

危险化学品储运事故防控的技术应针对储运过程的特点，以系统风险分析为基础，建立风险管控和隐患排查双重预防体系，充分调动企业安全管理和技术资源，落实系统化的事故预防、控制技术措施，并应通过效果评估，发现短板，不断完善防控工作。

1. 预防事故发生的技术原则

防止事故发生的安全技术的基本目的是采取措施，约束、限制能量或危险物质的意外释放。按优先次序可选择的技术措施有：

(1) 根除危险因素　只要生产条件允许，应尽可能完全消除系统中的危险因素，从根本上防止事故的发生。例如，在危险化学品包装中采用阻燃材料，减小储运环节的火灾风险。

(2) 限制或减少危险因素　一般情况下，完全消除危险因素是不可能的，只能根据具体的技术条件、经济条件，限制或减少系统中的危险因素。例如，在化工园区的上下游企业之间，采用相对安全的管道输送危险化学品，就可以减少道路运输危险因素。

(3) 隔离、屏障和联锁　隔离是从时间和空间上与危险源分离，防止两种或两种以上危险物质相遇，减少能量积聚或发生反应事故的可能。屏障是将可能发生事故的区域控制起来保护人或重要设备，减少事故损失。联锁是将可能引起事故后果的操作与系统故障和异常出现事故征兆的确认进行联锁设计，确保系统故障和异常不导致事故。例如，在危险化学品仓储中避免混存、加强防火隔离、强调剧毒化学品仓库双人双锁等。

（4）减少故障及失误　通过各种技术措施减少故障、隐患、偏差、失误等各种事故征兆，使事故在萌芽阶段得到抑制。例如，在道路运输中采取远程监控行车路线和车速的技术，对发生偏离路线和超速的情况及时报警。

（5）安全措施　系统一旦出现故障，自动启动各种安全保护措施，部分或全部中断生产或使其进入低能的安全状态。例如，在大型储罐区设置紧急停车系统（ESD），监控输料作业，当发生超量、超压时，及时切断供料系统。

（6）安全技术标准　很多储运事故的发生同安全技术标准规程不完善有关。针对我国危险化学品储运安全标准还严重滞后于安全工作需要的情况，国家近年来加快了各项标准的颁布和修订。

（7）矫正行动　人失误即人的行为结果偏离了规定的目标或超出了可接受的界限，并产生了不良的后果。矫正行动即通过矫正人的不安全行为来防止人失误。

2. 避免或减少事故损失的技术原则

避免或减少事故损失的目的，是在事故由于种种原因没能控制而发生之后，减少事故严重后果。选取的技术措施优先次序为：

（1）隔离　隔离措施的作用在于把被保护的人或物与意外释放的能量或危险物质隔开。危险化学品储运中，具体措施包括远离、封闭、缓冲。远离是位置上处于意外释放的能量或危险物质不能到达的地方；封闭是空间上与意外释放的能量或危险物质割断联系；缓冲是采取措施使能量吸收或减轻能量的伤害作用。

（2）薄弱环节（接受小的损失）　利用事先设计好的薄弱环节使能量或危险物质按照人们的意图释放，防止能量或危险物质作用于被保护的人或物，如危险化学品储运设备中的防爆膜、泄压阀等。一般情况下，即使设备的薄弱环节被破坏了，也可以较小的代价避免较大的损失。因此，这项技术又称为“接受小的损失”。

（3）个体防护　佩戴对个人人身起到保护作用的装备，从本质上说也是一种隔离措施。它把人体与危险能量或危险物质隔开。储运作业人员的个体防护是保护人体免遭伤害的最后屏障。

（4）避难和援救　当判明事态已经发展到不可控制的地步时，应迅速避难，利用救生装备，撤离危险区域。援救分为灾区内部人员的自我援救和来自外部的公共援救两种情况。尽管自我援救通常只是简单的、暂时的，但是由于自我援救发生在事故发生的第一时刻和第一现场，因而是最有效的。因此，要加强储运作业场所应急装备的配备和作业人员应急处置能力的培训。

3. 系统化的危险控制效果的评估

评估危险化学品储运危险控制的效果，可以从以下几个方面来考虑：

（1）防止人失误的能力　必须能够防止在装卸、储存、运输以及检修操作过程中发生可能导致严重后果的人失误。如禁忌物品不能混存、车辆不能超载等。

（2）对失误后果的控制能力　一旦人失误可能引起事故时，应能控制或限制对象部件或元件的运行以及与其他部件或元件的相互作用。例如，储罐液位应实行联锁保护、疲劳驾驶应能够自动报警等。

（3）防止故障传递能力　应能防止一个部件或元件的故障引起其他部件或元件的故障，从而避免事故。例如，对于储罐高液位等关键参数的监测，应采用物理和电子双重仪表、本地和远程双重系统，还要有超高自切断入口流量的设施。

（4）失误或故障导致事故的难易　发生一次失误或故障直接导致事故的设计、设备或工艺过程是不安全的。应保证至少有两次相互独立的失误（或故障，或一次失误与一次故障）同时发生才能引起事故。对于那些一旦发生事故将带来严重后果的设备、工艺必须保证同时发生两起以上的失误或故障才能引起事故。例如，管道发生泄漏在声光报警的同时，还应启动自检测系统，确定泄漏位置和大小。

（5）承受能量释放的能力　运行过程中偶尔可能产生高于正常水平的能量释放，应能承受这种高能量释放。例如，通常在压力罐上装有减压阀以把罐压力降低到安全压力。如果减压阀故障，则超过正常值的压力将强加于管路。为使管路能承受高压，必须增加管路的强度或在管路上增设减压阀。

（6）防止能量蓄积的能力　能量蓄积的结果将导致意外的能量释放。因此，应有防止蓄积的措施，如安全阀、爆破膜、可熔（断、滑动）连接等。

二、安全屏障保障技术

在危险化学品储运过程中，人、机、环、管要素构成系统安全屏障，起到了防止能量和危险物质意外释放的作用。而人失误、物（机）的故障、环境不良是安全屏障失效的直接原因，必须在隐患排查的基础上采取系统控制措施，以确保安全屏障的可靠性和有效性。

1. 人失误的控制

在危险化学品储运事故中，几乎所有的事故都与人的不安全行为有关。按系统安全的观点，人是构成系统的一种元素，当人作为系统元素发挥功能时，同样会发生失误。不安全行为就是操作者在生产过程中直接导致事故的一种人失误。

（1）防止人失误的技术措施　从预防事故角度，可以从三个阶段采取技术措施防止人失误：控制、减少可能引起人失误的各种因素，防止出现人失误；在一旦发生人失误的场合，使人失误无害化，不至于引起事故；在人失误引起事故的情况下，限制事故的发展，减少事故的损失。在危险化学品储运系统中，具体技术措施包括：

① 用机器代替人。机器的故障率一般在10^{-6}～10^{-4}之间，而人的故障率在10^{-3}～10^{-2}。之间，机器的故障率远远小于人的故障率。因此，在人容易失误的地方用机器代替人操作，可以有效地防止人失误。

② 冗余系统。把若干元素附加于系统基本元素上来提高系统可靠性的方法，附加上去的元素称为冗余元素，含有冗余元素的系统称为冗余系统。其方法主要有：两人操作；人机并行作业；作业过程的审查等。

③ 耐失误设计。通过精心设计使人员不能发生失误或者发生了失误也不会带来事故等严重后果的设计。如：利用不同的形状或尺寸防止安装、连接操作失误；利用联锁装置防止人失误；采用紧急停车装置；采取强制措施使人员不能发生操作失误；采取联锁装置使人失误无害化。

④ 警告。在生产操作过程中，人们需要经常注意到危险因素的存在，以及一些必须注意的问题。警告是提醒人们注意的主要方法。在储运中主要包括：视觉警告（如亮度、颜色、信号灯、旗帜、标记、标志、书面警告等）、听觉警告（如喇叭、电铃、蜂鸣器或闹钟等）、气味警告（如在易燃易爆气体里加入气味剂；根据燃烧产生的气味判断火的存在等）、触觉警告（如公路上的振动带等）等。

（2）防止人失误的管理措施

① 职业适合性。指人员从事某种职业应具备的基本条件，反映了职业对人员的能力要求。对于危险化学品储运作业人员包括：职业适合分析，如分析作业条件、工作空间、物理环境、使用工具、操作特点、训练时间、判断难

度、安全状况、作业姿势、体力消耗等特性，确定从事该职业人员应负的责任、知识水平、技术水平、创造性、灵活性、体力消耗、训练和经验等；适合性测试，通过测试考查作业人员的能力是否符合职业要求；适合性人员的选择，如危险化学品车辆驾驶、监督人员就必须通过考核严格筛选。

② 安全教育与技能训练。安全教育与技能训练是为了防止职工产生不安全行为，是防止人失误的重要途径。通过对危险化学品储运管理和作业人员安全知识、技能、态度的教育，提高事故预防工作的责任感和自觉性；掌握安全检测技术和控制技术，搞好事故预防；掌握工伤事故发生发展征兆和规律，提高安全操作水平，保护自身和他人的安全健康。

③ 其他管理措施。主要包括：持证上岗、作业审批等措施都可以有效地防止人失误的发生；合理安排工作任务，防止发生疲劳和使人员的心理处于最优状态；树立良好的企业安全文化，建立和谐的人际关系，调动职工的安全生产积极性等。

2. 物的故障的控制

(1) 物的故障分析　由于物的故障即物所具有的能量或危险物质可能释放引起事故的状态，因此又称为物的不安全状态。人机系统把生产过程中发挥一定作用的机械、物料、生产对象以及其他生产要素统称为物。物都具有不同形式、性质的能量，有出现能量意外释放，引发事故的可能性。这是从能量与人的伤害间的联系所给出的定义。如果从发生事故的角度，也可把物的不安全状态看作曾引起或可能引起事故的物的状态。

在储运过程中，物的不安全状态极易出现。所有的物的不安全状态，都与人的不安全行为或人的操作、管理失误有关。往往在物的不安全状态背后，隐藏着人的不安全行为或人失误。物的不安全状态既反映了物的自身特性，又反映了人的素质和人的决策水平。物的不安全状态所形成的运动轨迹，与人的不安全行为的运动轨迹发生了交叉，为事故的发生提供了时、空条件。因此，针对储运过程中物的不安全状态的形成与发展，正确判断物的具体不安全状态，控制其发展，对预防、消除事故有直接的现实意义。

(2) 物的故障控制　根据能量意外释放的事故致因理论，消除生产活动中物的不安全状态，主要应做到：

① 减少和限制能量的积聚。例如：用安全能源代替不安全能源，限制能量的规模，防止能量蓄积，缓释能量等。

② 防止能量的意外释放。例如：控制能量的非正常流动或转换，防止能量的载体和约束的故障等。

③ 防止人意外进入能量正常流动与转换渠道而致伤害。例如：采取物理屏障和信息屏障措施，阻止人与能量或危险物质运动轨迹交叉等。

3. 环境不良的控制

在储运作业环境中，温度、湿度、照明、振动、噪声、粉尘、有毒有害物质等，不但会影响人在作业中的工作情绪，不适度、人不能接受的环境条件，还会导致人的职业性伤害。良好的作业环境的基本条件包括：

(1) 照明必须满足作业的需要。强光线也叫眩光，使人眼出现疲劳与目眩。昏暗或过暗光，不但使人眼出现疲劳，还可能导致操作失误，甚至发生事故。

(2) 噪声、振动的强度必须低于人生理、心理的承受能力。强度超出承受能力，将损伤人的听觉，影响人的神经系统和心脏功能，有损人的健康，降低工作效率，发生各类事故。

(3) 有毒、有害物质的浓度必须控制在允许的作业标准以下。长期在有毒、有害物质的环境中，能发生人的慢性中毒、职业病。出现急性中毒时会迅速造成死亡。

4. 人机环境的系统安全

任何生产系统都是由人、机、环境构成的有机整体。人-机-环境系统的综合安全分析，就是建立在系统安全工程的基础上，以实现系统整体的安全性、高效性与经济性作为目标，着重研究人、机与环境及三者与系统整体的安全关系。着重分析和研究人、机（设备）、环境三个要素对系统总体性能的影响和应具备的各自功能及相互关系，不断修正和完善“人-机（设备）- 环境系统”的结构方式，最终确保最优组合方案的实现。

人-机-环境系统的综合安全分析的基本要素见图 6-14。

三、危险化学品储运系统静电控制技术

在危险化学品储运过程中，因静电导致的火灾、爆炸事故时有发生。例如，2019 年 9 月 30 日，苏州张家港宁兴液化公司在为罐车加装甲苯后取样时违章作业，发生静电引爆事故，造成司机死亡，装车操作工烧伤。

1. 静电产生的原理

两种不同性质的物体相互摩擦，紧密接触或迅速剥离都会产生静电。如果该物体与大地绝缘，则电荷无法泄漏，停留在物体的内部或表面而呈相对静止状态，这种电荷就称静电。

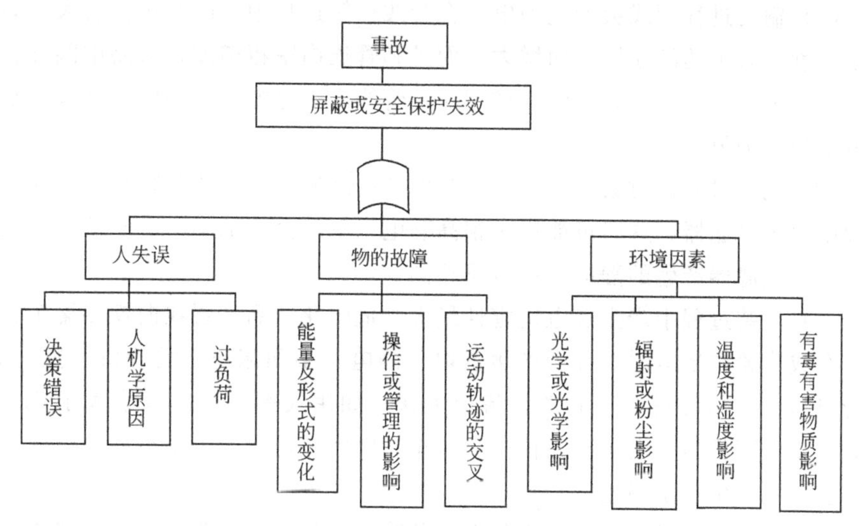

图 6-14 人-机-环境系统的综合安全分析的基本要素

在危险化学品收发、输转、灌装过程中，危险化学品分子之间与其他物质之间的摩擦，会产生静电，其电压随摩擦的加剧而增大，如不及时导除，则增大到一定程度，就会在两带电体之间放电而引起易燃易爆性危险化学品起火、爆炸[9]。

静电电压的高低或静电电荷量大小主要与下列因素有关：

(1) 灌装流速越快，摩擦越剧烈，产生的静电电压越高。

(2) 空气越干燥，静电越不容易从空气中消除，电压越容易升高。

(3) 管道出口与液面的距离越大，危险化学品与空气摩擦越剧烈，液流对液面的搅动和冲击越剧烈，电压就越高。

(4) 管道内壁越粗糙，流经的弯头阀门越多，产生的静电电压越高。危险化学品在输转中含有水分，比不含水分时产生的电压要高。

(5) 非金属管道，如帆布、橡胶、石棉、水泥、塑料等管道比金属管道更容易产生静电。

(6) 管道上安装滤网，其栅网越密，产生的静电电压越高。稠毡过滤网产生的静电电压更高。

(7) 大气的温度较高 (22～40℃)，相对湿度在 13%～24%时，极易产生静电。

2. 危险化学品储运过程中静电的产生

液态危险化学品在储运中，多处于流动、摩擦状态，为静电的产生创造了条件[10]。

（1）输转过程管线会产生静电　在管线输转过程中，因摩擦会有大量静电产生。静电大小随流速增加而增大，而且和管道内壁粗糙度，管路中阀件、弯头多少有关。实践证明，当流量增加时，管线内静电电流增加值远远超过泵内静电电流增加值。

（2）流经过滤器时会产生静电　为保证产品质量，有些危险化学品在输送过程中要经过滤器，这时可能产生很高静电，有时会增加 10～100 倍，而且不同材质的过滤器产生的静电大小也不相同。

（3）灌装过程中产生静电危害性最大　危险化学品经泵在向铁路罐车、公路罐车或货轮中装运时，都会产生静电。静电大小和流速、鹤管口位置高低、鹤管口形状、鹤管材质等有关。流速太快，如用大鹤管，其流速大于 5m/s，就会产生上万伏静电电位。高位式喷装车，因摩擦也会产生很高静电，而低位液下装车则产生较小静电。

（4）车船运输过程也会产生静电　危险化学品装入铁路罐车、公路罐车或油轮、油驳后，在运输过程中，由于危险化学品在罐体或舱内剧烈摇晃、冲击、摩擦，也会产生很高静电。当电荷聚集到一定程度发生放电时，也很容易引起闪爆，造成车船烧毁，这种事例也屡见不鲜。

（5）易燃液体进罐及灌装时产生静电危害更大　易燃石油气体压力高，流速快，在进罐或装车、装船、装瓶过程中，由于和罐壁、胶管或油舱剧烈摩擦会产生很高静电。在设备接地不良情况下，因静电火花也极易引爆瓦斯，使设备、容器爆炸着火，所造成危害及后果十分严重。

3. 防止静电危害基本措施

防止静电危害基本措施主要分为两个方面：一是防止并控制静电产生；二是静电产生后予以中和或导走，限制其积聚。具体措施有[11]：

（1）防止人体产生静电　危险化学品储运作业大多在易燃易爆作业区域，因此严禁穿用易起静电的化纤服装、围巾和手套作业，严禁在危险场所脱换衣服；禁止用化纤抹布擦拭机泵或油罐容器；所有登上油罐和从事燃料油灌装作业的人员均不得穿着化纤服装（经鉴定的放静电工作服除外）；上罐人员登罐前要手扶导电桩，导除人体静电。

（2）在某些危险化学品中加入防静电添加剂　在不影响产品质量的前提下加入防静电添加剂，可增加其导电性能和增强吸湿性能，加速静电泄漏，减少静电聚集，消除静电危害。

（3）做好设备接地，消除导体上的静电　设备可靠接地是消除静电危害最简单最常用的方法。一切用于储存、输转油品的油罐、管线、装卸设备，都必须有良好的接地装置，并应经常检查静电接地装置技术状况和测试接地电阻。油库中油罐的接地电阻不应大于 10Ω（包括静电及安全接地）。立式油罐的接地极按油罐圆周长计，每 18m 一组；卧式油罐接地极应不少于两组。

（4）安装静电消除器 静电消除器又称静电中和器，可以起到消除或减少带电体电荷的作用。

（5）减少静电的产生

① 向罐内装料时，输入管必须插入液面以下或接近罐底，以减少物料的冲击和与空气的摩擦。

② 在空气特别干燥、温度较高的季节，应特别注意检查接地设备，适当放慢装卸速度，必要时可在作业场地和导静电接地极周围浇水。

③ 在开始卸料和达到容器的 3/4 至结束时，容易发生静电放电事故，这时应控制流速在 1m/s 以内。

④ 船舶装料时，要使加料管出口与船上的进油口保持金属接触状态。

⑤ 油库内严禁向塑料桶里灌轻质燃料油，禁止在影响油库安全的区域内用塑料容器倒装轻质燃料油。

4. 危险化学品罐区的静电防护

罐区的防静电接地保护措施应按《防止静电事故通用导则》（GB 12158）、《石油库设计规范》（GB 50074）、《石油化工企业设计防火标准（2018 年版）》（GB 50160）、《石油天然气工程设计防火规范》（GB 50183）和《石油化工静电接地设计规范》（SH/T 3097）的有关规定执行。防静电措施除应符合以上规范外，还应符合下列规定：

（1）安全接地的接地体应设置在非爆炸危险场所，接地干线与接地体的连接点应有两处以上，安全接地电阻应小于 4Ω。

（2）储罐的管道在进出生产装置处、爆炸危险场所的边界处应采取静电接地措施。

（3）浮顶与罐体间的密封带应使用导静电材料。二次密封橡胶刮板宜采用 L 形或 T 形结构，当采用 I 形结构时，每个导电片与浮顶均应作电气连接。

（4）储罐的自动通气阀、量油孔、采样孔等易产生静电部位均应与罐体或浮顶作电气连接。

（5）储罐的所有金属部件之间均应互相等电位连接，浮顶上带开口附件的活动盖板应与浮顶等电位连接，并通过罐壁与罐外部接地件相连。

（6）储罐的相关作业区，应设置消除人体静电的装置：

① 储罐的防火堤及上罐扶梯入口处。

② 储罐取样口两侧 1.5m 之外应各设一组消除人体静电设施。取样绳索、检尺等工具应与设施连接，该设施应与罐体作等电位连接并接地。

(7) 等电位连接导线的横截面积应不小于 $10mm^2$。

(8) 储罐内壁若采用导静电防腐涂料，涂料的导电性能应高于储存液体，涂层表面电阻率应为 10^8～10^{11}Ω。当储罐内采用绝缘型防腐蚀涂料时，涂层的表面电阻率应不低于 10^{13}Ω。

第五节　危险化学品储运事故处置技术

一、隔离、疏散

危险化学品泄漏、火灾、爆炸事故，总有一定的影响范围，隔离、疏散是降低事故影响、脱离事故区域的有效措施[12,13]。

1. 建立警戒区域

事故发生后，应根据化学品泄漏扩散的情况或火焰热辐射所波及的范围建立警戒区，并在通往事故现场的主要干道上实行交通管制。

建立警戒区时应注意以下几项：

(1) 警戒区的边界应设警示标志，并有专人警戒；

(2) 除消防、应急处理人员以及必须坚守岗位的人员外，其他人员禁止进入警戒区；

(3) 泄漏溢出的化学品为易燃品时，警戒区内应严禁火种。

2. 紧急疏散

迅速将警戒区及污染区内与事故应急处理无关的人员撤离，以减少不必要的人员伤亡。

紧急疏散时应注意：

(1) 事故物质有毒时，需要佩戴个体防护用品或采用简易有效的防护措施，并有相应的监护措施；

(2) 应向侧上风方向转移，明确专人引导和护送疏散人员到安全区，并在疏散或撤离的路线上设立哨位，指明方向；

(3) 不要在低洼处滞留；

(4) 要查清是否有人留在污染区与着火区。

二、防护

防护是根据事故物质的毒性及划定的危险区域，确定相应的防护等级，并根据防护等级按标准配备相应的防护器具。

防护等级划分标准，见表 6-16。

表 6-16　防护等级划分标准

毒性	重度危险区	中度危险区	轻度危险区
剧毒	一级	一级	二级
高毒	一级	一级	二级
中毒	一级	二级	二级
低毒	二级	三级	三级
微毒	二级	三级	三级

防护标准，见表 6-17。

表 6-17　防护标准

级别	形式	防化服	防护服	防护面具
一级	全身	内置式重型防化服	全棉防静电内外衣	正压式空气呼吸器或全防型滤毒罐
二级	全身	封闭式防化服	全棉防静电内外衣	正压式空气呼吸器或全防型滤毒罐
三级	呼吸	简易防化服	战斗服	简易滤毒罐、面罩或口罩、毛巾等防护器材

三、现场急救

在事故现场，化学品对人体可能造成中毒、窒息、冻伤、化学灼伤、烧伤等伤害，进行急救时，不论患者还是救援人员都需要进行适当的防护。

1. 现场急救注意事项

(1) 选择有利地形设置急救点；

(2) 做好自身及伤病员的个体防护；

(3) 防止发生继发性损害；

(4) 应至少 2～3 人为一组集体行动，以便相互照应；

(5) 所用的救援器材需具备防爆功能。

2. 现场处理

(1) 迅速将患者脱离现场至空气新鲜处;

(2) 呼吸困难时给氧,呼吸停止时立即进行人工呼吸,心脏骤停时立即进行心脏按压;

(3) 皮肤污染时,脱去污染的衣服,用流动清水冲洗,冲洗要及时、彻底、反复多次;

(4) 头面部灼伤时,要注意眼、耳、鼻、口腔的清洗;

(5) 当人员发生冻伤时,应迅速复温,复温的方法是采用40~42℃恒温热水浸泡,使其温度提高至接近正常,在对冻伤的部位进行轻柔按摩时,应注意不要将伤处的皮肤擦破,以防感染;

(6) 当人员发生烧伤时,应迅速将患者衣服脱去,用流动清水冲洗降温,用清洁布覆盖创伤面,避免创伤面污染,不要任意把水疱弄破;

(7) 患者口渴时,可适量饮水或含盐饮料。

注意:现场处理之前,救援人员应确信受伤者所在环境是安全的。另外,口对口的人工呼吸及冲洗污染的皮肤或眼睛时,要避免进一步受伤。

四、泄漏处理

危险化学品泄漏后,不仅污染环境,对人体造成伤害,如遇可燃物质,还有引发火灾爆炸的可能。因此,对泄漏事故应及时、正确处理,防止事故扩大。泄漏处理一般包括泄漏源控制及泄漏物处置两大部分。

1. 泄漏源控制

可能时,通过控制泄漏源来消除化学品的溢出或泄漏。

在厂调度室的指令下,通过关闭有关阀门、停止作业或通过采取改变工艺流程、物料走副线、局部停车、打循环、减负荷运行等方法进行泄漏源控制。

容器发生泄漏后,采取措施修补和堵塞裂口。制止化学品的进一步泄漏,对整个应急处理是非常关键的。能否成功地进行堵漏取决于几个因素:接近泄漏点的危险程度、泄漏孔的尺寸、泄漏点处实际的或潜在的压力、泄漏物质的特性。

2. 泄漏物处置

现场泄漏物要及时进行覆盖、收容、稀释、处理,使泄漏物得到安全可靠的处置,防止二次事故的发生。

泄漏物处置主要有4种方法:

(1) 围堤堵截　如果化学品为液体,泄漏到地面上时会四处蔓延扩散,难以收集处理。为此，需要筑堤堵截或者引流到安全地点。储罐区发生液体泄漏时，要及时关闭雨水阀，防止物料沿明沟外流。

（2）稀释与覆盖　为减少大气污染，通常是采用水枪或消防水带向有害物蒸气云喷射雾状水，加速气体向高空扩散。在使用这一技术时，将产生大量的被污染水，因此应疏通污水排放系统。对于可燃物，也可以在现场施放大量水蒸气或氮气，破坏燃烧条件。对于液体泄漏，为降低物料向大气中的蒸发速度，可用泡沫或其他覆盖物品覆盖外泄的物料，在其表面形成覆盖层，抑制其蒸发。

（3）收容（集）　对于大型泄漏，可选用隔膜泵将泄漏出的物料抽入容器内或槽车内；当泄漏量小时，可用沙子、吸附材料、中和材料等吸收中和。

（4）废弃　将收集的泄漏物运至废物处理场所处置。用消防水冲洗剩下的少量物料，冲洗水排入含油污水系统处理。

3. 泄漏处理注意事项

（1）进入现场人员必须配备必要的个人防护器具；

（2）如果泄漏物是易燃易爆的，应严禁火种；

（3）应急处理时严禁单独行动，要有监护人，必要时用水枪、水炮掩护；

（4）化学品泄漏时，除受过特别训练的人员外，其他任何人不得试图清除泄漏物。

五、火灾控制

危险化学品容易发生火灾、爆炸事故，但不同的化学品以及在不同情况下发生火灾时，其扑救方法差异很大，若处置不当，不仅不能有效扑灭火灾，反而会使灾情进一步扩大。此外，由于化学品本身及其燃烧产物大多具有较强的毒害性和腐蚀性，极易造成人员中毒、灼伤。因此，扑救化学危险品火灾是一项极其重要而又非常危险的工作。从事危险化学品储存、运输的人员和消防救护人员平时应熟悉和掌握化学品的主要危险特性及其相应的灭火措施，并定期进行防火演习，加强紧急事态时的应变能力。

1. 灭火对策

（1）扑救初期火灾　应迅速关闭火灾部位的上下游阀门，切断进入火灾事故地点的一切物料，然后立即启用现有各种消防设备、器材扑灭初期火灾和控制火源。

（2）对周围设施采取保护措施　为防止火灾危及相邻设施，必须及时采取冷却保护措施，并迅速疏散受火势威胁的物资。有的火灾可能造成易燃液体外流，这时可用沙袋或其他材料筑堤拦截流淌的液体或挖沟导流，将物料导向安全地点。必要时用毛毡、海草帘堵住下水井、阴井口等处，防止火焰蔓延。

（3）火灾扑救　扑救危险化学品火灾决不可盲目行动，应针对每一类化学品，选择正确的灭火剂和灭火方法。必要时采取堵漏或隔离措施，预防次生灾害扩大。当火势被控制以后，仍然要派人监护，清理现场，消灭余火。

2. 几种特殊化学品的火灾扑救注意事项

（1）扑救液化气体类火灾，切忌盲目扑灭火势，在没有采取堵漏措施的情况下，必须保持稳定燃烧。否则，大量可燃气体泄漏出来与空气混合，遇着火源就会发生爆炸，后果将不堪设想。

（2）对于爆炸物品火灾，切忌用沙土盖压，以免增强爆炸物品爆炸时的威力；扑救爆炸物品堆垛火灾时，水流应采用吊射，避免强力水流直接冲击堆垛，以免堆垛倒塌引起再次爆炸。

（3）对于遇湿易燃物品火灾，绝对禁止用水、泡沫、酸碱等湿性灭火剂扑救。

（4）氧化剂和有机过氧化物的灭火比较复杂，应针对具体物质具体分析。

（5）扑救毒害品和腐蚀品的火灾时，应尽量使用低压水流或雾状水，避免腐蚀品、毒害品溅出；遇酸类或碱类腐蚀品，最好调制相应的中和剂稀释中和。

（6）易燃固体、自燃物品一般都可用水和泡沫扑救，只要控制住燃烧范围，逐步扑灭即可。但有少数易燃固体、自燃物品的扑救方法比较特殊。如2,4-二硝基苯甲醚、二硝基萘、萘等是易升华的易燃固体，受热放出易燃蒸气，能与空气形成爆炸性混合物，尤其在室内，易发生爆燃，在扑救过程中应不时向燃烧区域上空及周围喷射雾状水，并消除周围一切火源。

应该注意的是：发生化学品火灾时，灭火人员不应单独灭火，火灾区域的出口应始终保持清洁和畅通，保证灭火人员的撤离安全；化学品火灾的扑救应由专业消防队来进行，其他人员不可盲目行动，待消防队到达后，应详细介绍物料性质，配合扑救；应急处理过程须根据实际情况尽可能同时进行。如发生危险化学品泄漏事故，应在报警的同时尽可能切断泄漏源等。

参考文献

[1] 栗镇宇．工艺安全管理与事故预防［M］．北京：中国石化出版社，2007.

[2] Gary F Bennett. Risk Assessment (1st Edition), Principles and Applications for Hazardous Waste and Related Sites [J]. Journal of Hazardous Materials, 1996, 49 (2): 105-106.

[3] 王凯全．石油化工安全概论 [M]. 2 版．北京：中国石化出版社， 2011.
[4] 王凯全，袁雄军．危险化学品安全评价方法 [M]. 2 版．北京：中国石化出版社， 2010.
[5] 王凯全．安全系统学导论 [M]. 北京：科学出版社， 2019.
[6] 应急管理部．危险化学品生产储存企业安全风险评估诊断分级指南（试行）．〔2018〕 19 号，2018.
[7] 国家安全监管总局．烟花爆竹生产经营单位重大生产安全事故隐患判定标准（试行）[A]. 安监总管三 〔2017〕 121 号，2018.
[8] 应急管理部．危险化学品企业安全风险隐患排查治理导则．2019 年第 76 号，2019.
[9] 马景涛，张国琴．浅谈油品储运系统静电灾害的预防与控制 [J]. 安全、健康和环境，2011, 11（4）： 44-46.
[10] 宋晓熠．论油品储运过程中静电产生的原因及其解决措施 [J]. 民营科技， 2007（01）： 26.
[11] 宋广成．石油产品储运系统的静电及其消除 [J]. 油气储运， 1986， 05（06）： 10-17.
[12] 王凯全．危险化学品运输与储存 [M]. 北京：化学工业出版社， 2018.
[13] 陈海群，王凯全，等．危险化学品事故处理与应急预案 [M]．2 版．北京：中国石化出版社， 2010.

附录

危险化学品储运典型事故案例

案例 1　青岛中石化输油管道爆炸事故

1. 事故经过

2013 年 11 月 22 日，青岛东黄输油管道原油泄漏现场发生爆炸，造成 63 人遇难、156 人受伤，直接经济损失 75172 万元。

22 日凌晨 2 时 40 分，位于山东省青岛经济技术开发区（即黄岛区）秦皇岛路和斋堂岛街交汇处的中石化管道公司输油管线破裂，造成原油泄漏。约 3 时 15 分中石化方面发现管道破裂，黄岛油库关闭输油，向 110 报警，黄岛区立即组织处置。但此时原油已进入雨水管线，并沿着雨水管线进入胶州湾边的港池。7 时 30 分，中石化在入海口处设置了两道围油栏，同时发现海面有油。8 时 30 分，青岛市环境保护局接报，赶到入海口现场救援。中石化为处理泄漏的管道，决定打开暗渠盖板，现场动用挖掘机采用液压破碎锤打孔破碎作业，10 时 25 分发生爆炸。

2. 事故分析

（1）直接原因　输油管道与排水暗渠交汇处管道腐蚀减薄、管道破裂、原油泄漏，流入排水暗渠及反冲到路面。原油泄漏后，现场处置人员采用液压破碎锤在暗渠盖板上打孔破碎，产生撞击火花，引发暗渠内油气爆炸。

（2）间接原因　中石化集团公司及下属企业安全生产主体责任没有落实，隐患排查治理不彻底，现场应急处置措施不当；青岛市人民政府及开发区管委会贯彻落实国家安全生产法律法规不力；管道保护工作主管部门履行职责不力，安全隐患排查治理不深入；开发区规划、市政部门履行职责不到位，事故发生地段规划建设混乱；青岛市及开发区管委会相关部门对事故风险研判失误，导致应急响应不力等。

3. 事故预防

（1）坚持科学发展、安全发展，牢牢坚守安全生产红线　要牢固树立科学发展、安全发展理念，牢牢坚守“发展绝不能以牺牲人的生命为代价”这条红线。把安全生产纳入经济社会发展总体规划，把安全责任落实到领导、部门和岗位，谁踩红线谁就要承担后果和责任。

（2）切实落实企业主体责任，深入开展隐患排查治理　管道运营企业要认真履行安全生产主体责任，保证设备设施完好，确保安全稳定运行；要建立健全隐患排查治理制度，落实企业主要负责人的隐患排查治理第一责任。

（3）加大政府监督管理力度，保障油气管道安全运行　政府要加强本行政区域油气管道保护工作的领导，督促、检查；市政管理部门要与油气管道企业沟通会商，制定并落实油气管道保护的具体措施；油气管道保护工作主管部门要加大监管力度；安全监管部门要配备专业人员，加强监管力量。

（4）科学规划合理调整布局，提升城市安全保障能力　随着经济高速发展及城市快速扩张，开发区危险化学品企业与居民区毗邻、交错，功能布局不合理。油气管道规划建设必须符合油气管道保护要求，并与土地利用整体规划、城乡规划相协调，与城市地下管网、地下轨道交通等各类地下空间和设施相衔接。

（5）完善油气管道应急管理，全面提高应急处置水平　有关部门要高度重视油气管道应急管理工作，各级领导干部要提高应急指挥能力；要制定有针对性的专项应急预案和现场处置方案，并定期组织演练；要加强应急队伍建设，提高人员专业素质，配套完善安全检测及管道泄漏封堵、油品回收等应急装备；事故处置中要对现场油气浓度进行检测，对危害和风险进行辨识和评估，杜绝盲目处置，防止油气爆炸。

（6）加快安全保障技术研究，健全完善安全标准规范　要建立管道信息系统和事故数据库，深入研究油气管道事故的成因机理；要完善油气管道安全法规，制定油气管道穿跨越城区安全布局规划设计、检测频次、风险评价、环境应急等标准规范；要开展油气管道长周期运行、泄漏检测报警、泄漏处置和应急技术研究，提高油气管道安全保障能力。

案例 2　晋济高速甲醇车燃爆事故

1. 事故经过

2014 年 3 月 1 日 14 时 45 分许，位于山西省晋城市泽州县的晋济高速公路山西晋城段岩后隧道内，两辆运输甲醇的铰接列车追尾相撞，前车A（出厂检验证书《危险化学品运输汽车罐体委托检验报告》允许装载介质为轻质燃油，发生事故时实际装载甲醇）甲醇泄漏起火燃烧，隧道内滞留的另外两辆危险化学品运输车和31辆煤炭运输车等车辆被引燃引爆，造成40人死亡、12人受伤和42辆车烧毁，直接经济损失8197万元。

2. 事故分析

（1）直接原因　后车驾驶员未能及时发现前车，距前车仅5～6m时才采取紧急制动措施，且存在超载行为，影响刹车制动；前车罐体未按标准规定安装紧急切断阀，造成甲醇泄漏，追尾造成电气短路后，引燃泄漏的甲醇。

（2）间接原因　山西省晋城市福安达物流公司安全主体责任不落实；河南省焦作市孟州市汽车运输公司安全生产主体责任不落实；晋济高速公路煤焦管理站违规设置指挥岗加重了车辆拥堵；湖北东特车辆制造公司、河北昌骅专用汽车公司销售不合格产品；山西省晋城市、泽州县政府及其交通运输管理部门对危险货物道路运输安全监管不力；河南省焦作市交通运输管理部门和孟州市政府及其交通运输管理部门对危险货物道路运输安全监管不力；山西省高速公路管理部门对高速公路管理和拥堵信息处置不力；山西省公安高速交警部门履行道路交通安全监管责任不到位；山西锅炉压力容器监督检验研究院、河南省正拓罐车检测服务有限公司违规出具检验报告；危险化学品罐式半挂车实际运输介质均与设计充装介质、公告批准、合格证记载的运输介质不相符等其他问题。

3. 事故预防

（1）要始终坚守保护人民群众生命安全的红线　要进一步明确和落实道路运输企业安全生产主体责任、行业主管部门直接监管责任、安全监管部门综合监管责任和地方政府属地管理责任，充分发挥地方各级道路交通安全工作联席会议、危险化学品安全生产监管联席会议等协调机制的作用，切实加强安全生产特别是危险货物道路运输和隧道交通安全工作。

（2）要全面排查整治在用危险货物运输车辆，加装紧急切断装置　要督促各类危险货物运输企业严格执行《道路运输液体危险货物罐式车辆 第1部分：金属常压罐体技术要求》（GB 18564.1—2006）强制性标准要求，逐台核查常压罐式危险货物运输车辆加装紧急切断装置情况。在企业自查的基础上，要组织有关部门对辖区内此类车辆安装情况进行全面摸底排查，集中进行整改。

（3）要进一步加强公路隧道安全管理　山西省及其他各地区地方各级人民政府及其有关部门要结合本地区实际，认真研究制定切实有效的公路隧道安全管理措施，提高公路隧道的本质安全度。

(4) 要进一步加强公路隧道和危险货物运输的应急管理　要高度重视公路隧道应急管理工作。要针对本地区路网布局、产业特点和可能发生的各类事故，制定运输事故应急预案和应急处置方案；要整合危险货物运输企业 GPS 监控平台、高速公路交通运行监控系统、公安交警交通安全管理系统等信息系统资源，统一和规范地方政府危险货物事故接处警平台，建立责任明晰、运转高效的应急联动机制。

案例 3　天津瑞海危险化学品仓库爆炸事故

1. 事故经过

2015 年 8 月 12 日，位于天津港的瑞海国际物流有限公司危险品仓库发生特别重大火灾爆炸事故，造成 165 人遇难，8 人失踪，798 人受伤住院治疗，304 幢建筑物、12428 辆商品汽车、7533 个集装箱受损。核定直接经济损失 68.66 亿元。

22 时 51 分，瑞海公司危险品仓库运抵区（“待申报装船出口货物运抵区”的简称）最先起火，23 时 34 分 06 秒发生第一次爆炸，23 时 34 分 37 秒发生第二次更剧烈的爆炸。事故现场形成 6 处大火点及数十个小火点，8 月 14 日 16 时 40 分，现场明火被扑灭。

事故发生前，瑞海公司危险品仓库内共储存危险货物 7 大类、111 种，共计 11383.791t，包括硝酸铵 8001t，氰化钠 680.5t，硝化棉、硝化棉溶液及硝基漆片 229.37t。其中，运抵区内共储存危险货物 72 种、4840.42t，包括硝酸铵 800t，氰化钠 3601t，硝化棉、硝化棉溶液及硝基漆片 48.17t。

2. 事故分析

(1) 直接原因　瑞海公司危险品仓库运抵区南侧集装箱内的硝化棉由于湿润剂散失出现局部干燥，在高温（天气）等因素的作用下加速分解放热，积热自燃，引起相邻集装箱内的硝化棉和其他危险化学品长时间大面积燃烧，导致堆放于运抵区的硝酸铵等危险化学品发生爆炸。

(2) 间接原因　瑞海公司违法违规经营和储存危险货物，安全管理极其混乱，未履行安全生产主体责任，致使大量隐患长期存在。

① 严重违反天津市城市总体规划和滨海新区控制性详细规划，未批先建、边建边经营危险货物堆场。

② 无证违法经营。违规存放硝酸铵高达800t；硝酸钾存储量1342.8t，超设计最大存储量53.7倍；硫化钠存储量为484t，超设计最大存储量19.4倍；氰化钠存储量680.5t，超设计最大存储量42.5倍。

③ 违规混存、超高堆码危险货物，违规开展拆箱、搬运、装卸等作业。

④ 以不正当手段获得经营危险货物批复。

⑤ 未按要求进行重大危险源登记备案。

⑥ 安全生产教育培训严重缺失。

⑦ 未按规定制定应急预案并组织演练。

3. 事故预防

（1）遏制企业违法违规经营　瑞海公司无视安全生产主体责任，不择手段变更及扩展经营范围，长期违法违规经营危险货物，安全管理混乱，安全责任不落实，安全教育培训流于形式，企业负责人、管理人员及操作工、装卸工都不知道运抵区储存的危险货物种类、数量及理化性质，冒险蛮干问题十分突出，特别是违规大量储存硝酸铵等易爆危险品，直接造成此次特别重大火灾爆炸事故的发生。

（2）确立地方政府安全发展意识　事故暴露了天津市及滨海新区政府贯彻国家安全生产法律法规和有关决策部署不到位，对安全生产工作重视不足、摆位不够，安全生产领导责任落实不力、抓得不实，存在着“重发展、轻安全”的问题，致使重大隐患以及政府部门职责失守的问题未能被及时发现、及时整改。

（3）严查有关部门违反城市规划行为　天津市政府和滨海新区政府对违反规划的行为失察；天津市有关部门违法通过瑞海公司危险品仓库和易燃易爆堆场的行政审批，致使瑞海公司与周边居民住宅小区、天津港公安局消防支队办公楼等重要公共建筑物以及高速公路和轻轨车站等交通设施的距离均不满足标准规定的安全距离要求，导致事故伤亡和财产损失扩大。

（4）监督职能部门依法行政　有关职能部门有法不依、执法不严，甚至贪赃枉法是事故的重要原因。没有严格执行国家和地方的法律法规和工作规定，没有严格履行职责，甚至与企业相互串通，以批复的形式代替许可。一些职能部门的负责人和工作人员失职渎职、玩忽职守，与瑞海公司规避法定的审批、监管呼应配合，致使该公司长期违法违规经营。

（5）理顺管理体制　交通运输部、天津市政府以及天津港集团公司对港区管理职责交叉、责任不明、政企不分，安全监管工作同企业经营形成内在关系，难以发挥应有的监管作用。港口海监管区（运抵区）安全监管职责不明，致使瑞海公司违法违规行为长期得不到有效纠正。

（6）加强危险化学品安全监管　危险化学品生产、储存、使用、经营、运输和进出口等环节相关行政审批、资质管理、行政处罚等未形成完整的监管“链条”。全国缺乏统一的危险化学品信息管理平台，部门之间没有做到互联互通，信息不能共享，不能实时掌握危险化学品的去向和情况，难以实现对危险化学品全时段、全流程、全覆盖的安全监管。

（7）健全危险化学品安全管理法律法规　国家缺乏统一的危险化学品安全管理、环境风险防控的专门法律；《危险化学品安全管理条例》对危险化学品流通、使用等环节要求不明确、不具体，特别是针对物流企业危险化学品安全管理的规定空白点更多；现行有关法规对危险化学品安全管理违法行为处罚偏轻，单位和个人违法成本很低，不足以起到惩戒和震慑作用。

案例 4　张家口盛华氯乙烯泄漏爆炸事故

1. 事故经过

2018 年 11 月 28 日零时 41 分，位于河北张家口望山循环经济示范园区的中国化工集团河北盛华化工有限公司氯乙烯泄漏扩散至厂外区域，遇火源发生爆燃，导致停放公路两侧等候卸货车辆的司机等 24 人死亡、21 人受伤，38 辆大货车和 12 辆小型车损毁，直接经济损失 4148.8606 万元。

2. 事故分析

（1）直接原因　盛华化工公司违反《气柜维护检修规程》的规定，氯乙烯气柜长期未按规定检修，事发前氯乙烯气柜卡顿、倾斜，开始泄漏，压缩机入口压力降低；操作人员没有及时发现气柜卡顿，仍然按照常规操作方式调大压缩机回流，进入气柜的气量加大，加之调大过快，冲破环形水封泄漏；氯乙烯向厂区外扩散，遇火源发生爆燃。

（2）间接原因

① 企业层面。不重视安全生产，未设置负责安全生产监督管理工作的独立职能部门；安全管理混乱，劳动纪律涣散，操作记录流于形式，对各项报警习以为常，无法及时应对；安全投入不足，检修维护资金得不到保障；教育培训不到位，操作人员不清楚岗位安全风险，处理异常情况能力差；风险管控能力不足，意识淡薄，管控能力差；应急处置能力差，应急演练流于形式，泄漏发生后，企业应对不及时、不科学；生产组织机构设置不合理，相

关管理职责不明确，专业技术管理差；隐患排查治理不到位。

② 部门层面。张家口市安全监管局日常监督检查不深不细，监管能力、工作作风弱化，不能有效履行安全生产监管职责；交警宣化二大队对所在路段路面交通秩序管控不到位，致使事发路段长期违规停车问题未得到及时解决；宣化区法院未依法采取强制执行措施，导致非法停车场存在四年之久；张家口市交通运输局在对张小线养护改造工程路线评审中，未考虑盛华化工公司重大危险源（氯乙烯气柜、球罐）对该路段构成的安全风险，致使该路段的安全风险不可控；张家口市委、市政府对上级安全生产工作的部署和要求贯彻落实不到位，对有关部门落实安全生产监管责任组织领导不力。

3. 事故预防

（1）提高政治站位，进一步树立安全发展理念。各级党委政府要严格按照“党政同责、一岗双责、齐抓共管、失职追责”要求，压实各级安全生产责任，落实企业主体责任。

（2）加大执法力度，推动企业主体责任有效落实。加强对大型企业集团的安全监管，把企业主要负责人履行安全生产法定职责作为重点检查内容。提高企业违法成本，推动企业有效落实安全生产主体责任，坚决避免重特大安全事故发生。

（3）加强源头风险管控，严把危险化学品企业安全准入关口。

（4）强化生产过程管理，全面提升危险化学品行业安全生产水平。

（5）优化调整产业布局，切实推动重点地区化工产业提质升级。将规模小、安全水平低、经济效益差且提升难度大的企业有序淘汰，为化工产业提质升级腾出空间。

（6）强化安全教育培训，提升各类人员安全管理素质。

（7）严格各项工作措施，切实加强厂外区域车辆停放管理。

（8）强化安评机构监管，坚决杜绝各类违法违规行为。

（9）加强应急体系建设，提高应急处置能力。

（10）加强监管队伍建设，不断提高履职尽责的综合能力。

案例 5　响水天嘉宜硝化废料爆炸事故

1. 事故经过

2019 年 3 月 21 日 14 时，位于江苏省盐城市响水县生态化工园区的天嘉宜化工公司旧固废库内长期违法储存的硝化废料持续积热升温导致自燃，燃烧引发硝化废料爆炸，波及周边16家企业。事故共造成78人死亡、76人重伤、640人住院治疗，直接经济损失19.86亿元。

天嘉宜公司主要从事表面活性剂、感光材料、液晶材料、新型功能材料、环氧树脂固化剂和石油添加剂的生产和销售。从2015年起多次因环保、安全问题被罚。2018年2月8日，国家安全监管总局办公厅《国家安全监管总局办公厅关于督促整改安全隐患问题的函》指出该公司存在生产规范和安全相关问题13项。停产整治后，12月该公司复产，在《江苏天嘉宜化工有限公司环保设施效能评估及复产整治报告》中，对原先提出的安全隐患问题很少提及。

2. 事故分析

（1）直接原因　天嘉宜公司旧固废库内长期违法储存的硝化废料持续积热升温导致自燃，燃烧引发爆炸。事故调查组认定，天嘉宜公司无视国家环境保护和安全生产法律法规，刻意瞒报、违法储存、违法处置硝化废料，安全环保管理混乱，日常检查弄虚作假，固废仓库等工程未批先建。相关环评、安评等中介服务机构严重违法违规，出具虚假失实评价报告。

（2）间接原因　江苏省各级应急管理部门履行安全生产综合监管职责不到位，生态环境部门未认真履行危险废物监管职责，工信、市场监管、规划、住建和消防等部门也不同程度存在违规行为。响水县和生态化工园区招商引资安全环保把关不严，对天嘉宜公司长期存在的重大风险隐患视而不见，复产把关流于形式。江苏省、盐城市未认真落实地方党政领导干部安全生产责任制，重大安全风险排查管控不全面、不深入、不扎实。

3. 事故预防

事故调查组提出了6方面的防范措施建议，指出地方各级党委和政府及相关部门特别是江苏省、盐城市、响水县，要坚决贯彻落实习近平总书记关于安全生产一系列重要指示精神，深刻吸取事故教训，举一反三，切实把防范化解危险化学品系统性的重大安全风险摆在更加突出的位置，坚持底线思维和红线意识，牢固树立新发展理念，把加强危险化学品安全工作作为大事来抓，强化危险废物监管，严格落实企业主体责任，推动化工行业转型升级，加快制修订相关法律法规和标准，提升危险化学品安全监管能力，有效防范遏制重特大事故发生，切实维护人民群众生命财产安全。

索引

H

J

L

M

N

P

Q

X

Y

Z